高职高专机电及电气类“十三五”规划教材

机床数控技术及应用

主　编　马一民　关雄飞
副主编　王宏颖
参　编　崔　静　孙荣创
主　审　呼刚义

西安电子科技大学出版社

内 容 简 介

本书结合当前数控机床的实际应用水平，从应用的角度系统地介绍了数控机床及相关的技术知识，内容主要包括计算机数控系统、伺服系统及位置检测装置、数控机床机械结构、数控机床加工程序编制以及数控机床故障诊断。本书的参考学时数为50学时。

本书既可作为高职高专机电一体化、工业自动化、计算机应用、机械制造、模具设计与制造等专业学生的教材，也可作为机电工程技术人员的参考用书。

图书在版编目(CIP)数据

机床数控技术及应用/马一民，关雄飞主编.

—西安：西安电子科技大学出版社，2013.1(2018.11重印)

高职高专机电及电气类“十三五”规划教材

ISBN 978-7-5606-2953-7

Ⅰ.①机… Ⅱ.①马… ②关… Ⅲ.数控机床—高等职业教育—教材 Ⅳ.①TG659

中国版本图书馆CIP数据核字(2013)第004823号

策划编辑 马乐惠

责任编辑 任倍萱 马乐惠

出版发行 西安电子科技大学出版社(西安市太白南路2号)

电　　话 (029)88242885 88201467 邮　　编 710071

网　　址 www.xduph.com 邮　　箱 xdupfxb001@163.com

经　　销 新华书店

印刷单位 陕西利达印务有限责任公司

版　　次 2013年1月第1版 2018年11月第2次印刷

开　　本 787毫米×1092毫米 1/16 印　张 15.5

字　　数 362千字

印　　数 3001～5000册

定　　价 31.00元

ISBN 978-7-5606-2953-7/TG

XDUP 3245001-2

面向21世纪
机电及电气类专业高职高专规划教材

编审专家委员会名单

前　言

数控技术是现代制造技术的基础，它综合了计算机、自动控制、自动检测和精密机械等高科技技术，广泛应用于机械制造业。数控机床的应用使制造业发生了根本性变化，并由此带来了巨大的经济效益。数控技术的水准、拥有量和普及程度，已成为衡量一个国家工业现代化水平的重要标志。

目前，数控技术已被世界各国列为优先发展的关键工业技术，成为国际间科技竞争的重点。数控技术的应用将机械制造与微电子、计算机、信息处理、现代控制理论、检测以及光电磁等多种科学技术融为一体，使传统制造业成为知识、技术密集的现代制造业，成为国民经济的基础工业。

数控技术是当今柔性自动化和智能自动化技术的基础之一，它使传统的制造工艺发生了显著的、本质的变化，由分散单一工艺走向集成和科学化的工艺。随着数控技术的不断发展和应用，工艺方法和制造系统不断更新，现已形成采用 CAD、CAM、CAPP、CAT、FMS 等一系列具有划时代意义的新技术、新工艺的制造系统。

为了适应数控技术和国民经济发展的需求，培养数控人才，我们编写了本书。本书着眼于国内外数控技术的最新成果，力求将新知识、新信息介绍给大家。书中以数控技术的基本原理和基本知识为根基，以数控机床为主线，全面系统地反映了数控技术各方面的内容。本书对数控技术的核心内容和最新技术作了较为深入、系统的介绍。本书结构严谨，内容取材新颖，注重系统性与实用性相结合。全书共 7 章，第 1 章介绍了数控机床的组成、特点、分类及其发展趋势；第 2 章介绍了数控编程基本知识、常用功能指令及编程方法、数控加工工艺设计；第 3 章主要介绍车、铣床加工工艺编程及自动编程技术和发展；第 4 章主要介绍了数控装置的软硬件结构、接口电路、插补原理及进给速度控制；第 5 章介绍数控机床对伺服系统的要求及伺服系统的分类、各种伺服电动机的结构及其调速原理、位置检测装置；第 6 章主要介绍数控机床的机械结构，对其各组成部分的结构原理进行讲述；第 7 章主要介绍数控机床的故障规律、诊断方法以及人工智能在故障诊断中的应用。

本书由武警工程大学马一民、西安理工大学高等技术学院关雄飞担任主编，河南工业职业技术学院王宏颖任副主编，呼刚义担任主审。武警工程大学马一民编写了本书的第 1 章和第 4 章；西安理工大学高等技术学院关雄飞编写了第 3 章；河南工业职业技术学院王宏颖编写了第 2 章和第 5 章；陕西工业职业技术学院崔静、孙荣创编写了第 6 章和第 7 章；全书由马一民统稿。

限于编者的水平，书中难免存在不妥之处，恳请广大读者批评指正。

编　者

2012 年 12 月

目　　录

第 1 章

绪　　论

1.1　机床数控技术的基本概念

数字控制(Numerical Control，NC)技术，简称数控技术，是使用数字化信息按给定的工作程序、运动轨迹和速度，对控制对象进行控制的一种技术。数字控制系统中的控制信息是数字量，它所控制的一般是位移、角度、速度等机械量，也可以是温度、压力、流量、颜色等物理量。这些量的大小不仅可以测量，而且可经 A/D 或 D/A 转换，用数字信号表示。

采用了数控技术的设备称为数控设备，其操作命令用数字或数字代码的形式来描述，工作过程按指令程序自动进行。数控机床是一种典型的数控设备，它是装备了数控系统的金属切削机床。

数控技术综合运用了微电子、计算机、自动控制、精密测量、机械设计与制造等技术的最新成果。它具有动作顺序的程序自动控制，位移和相对位置坐标的自动控制，速度、转速及各种辅助功能的自动控制等功能。

数控技术具有以下特点：

(1) 生产效率高。运用数控设备对零件进行加工，可使工序安排相对集中，而且所用辅助装置(如工夹具等)也比较简单，这样既减少了生产准备时间，又大大缩短了产品的生产周期。并且减少了加工过程中的测量检验时间，有效地提高了生产效率。

(2) 加工精度高。由于采用了数字控制方式，同时在电子元器件、机械结构上采用了很多提高精度的措施，因此使数控设备能达到较高的加工精度(一般在 0.01 mm～0.005 mm 之间)。另外，由于数控设备是自动完成整个加工过程的，因此消除了各种人为因素的影响，提高了产品加工质量的稳定性。

(3) 柔性和通用性增强。数控设备特别适用于单件、小批量、轮廓复杂多样的零件的加工。若被加工产品发生了变化，只需改变相应的控制程序即可实现加工。另外，随着数控软件的不断升级，硬件电路的模块化，接口电路的标准化，使得数控技术可以极大地满足不同层次用户的需求。

(4) 可靠性高。对于数控系统，用软件替代一定的硬件后，可使系统中所需元件数量减少，硬件故障率大大降低。同时，较先进的数控系统自身具备故障诊断程序，将设备修复时间降低到了最低限度。

1.2 数控机床的组成与工作原理

1.2.1 数控机床的组成

数控机床一般由输入/输出装置、数控装置、伺服驱动装置、辅助控制装置和机床(或称裸机)等五部分组成，如图 1-1 所示。

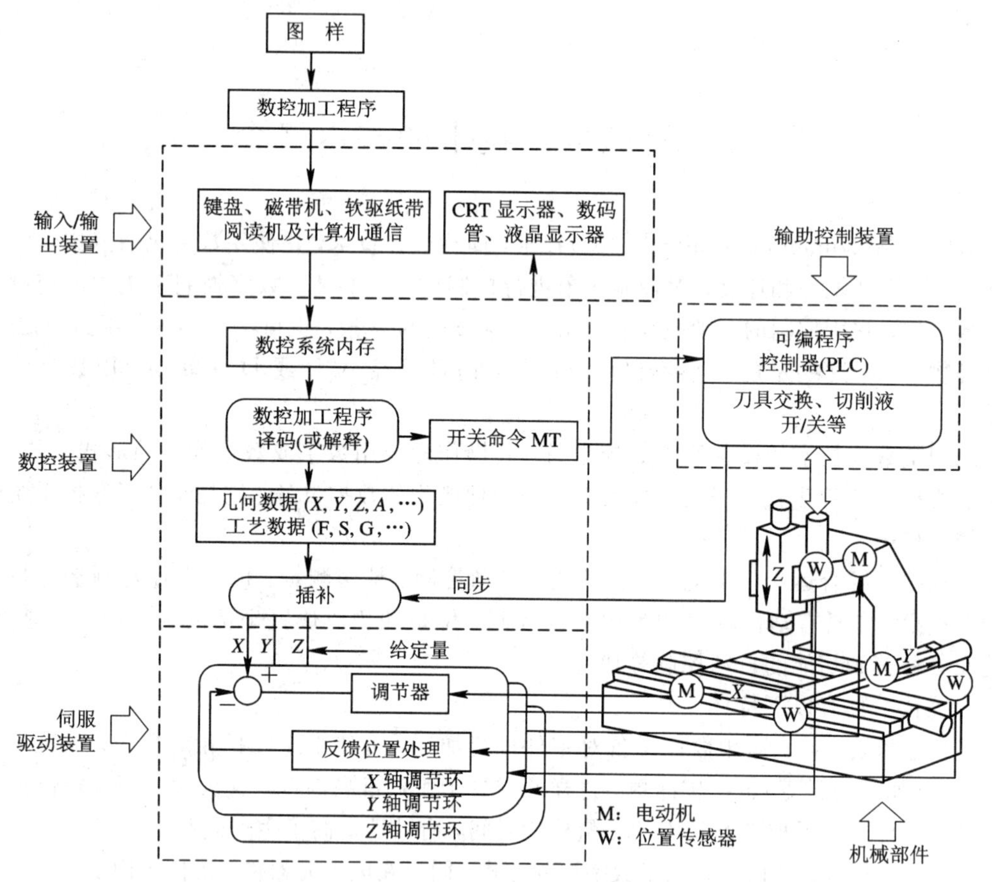

图 1-1 数控机床的组成

使用数控机床进行自动加工，应针对加工的零件编制加工程序，并将其输入到数控装置中。数控装置则以零件的加工程序为工作指令，控制机床主运动的启动、变速和停止，控制机床进给运动的方向、移动距离和速度，控制机床的辅助装置(如换刀装置、工件夹紧和松开装置以及冷却润滑装置等)的动作，从而使刀具和工件以及其他辅助装置严格地按数控加工程序所规定的顺序、路径和参数进行工作，以加工出形状、尺寸和精度均符合要求的零件。

1. 程序编制及程序载体

数控程序是数控机床自动加工零件的工作指令。在对加工零件进行工艺分析的基础上，确定零件坐标系在机床坐标系上的相对位置，即零件在机床上的安装位置、刀具与零件相对运动的尺寸参数、零件加工的工艺路线、切割加工的工艺参数以及辅助装置的动作等。在得到零件的所有运动、尺寸、工艺参数等加工信息后，用由文字、数字和符号组成的标准数控代码按规定的方法和格式，编制零件加工的数控程序。编制程序的工作可由人工进行。对于形状复杂的零件，则要在专用的编程机或通用计算机上使用CAD/CAM软件进行自动编程。

2. 输入装置

输入装置的作用是将程序载体上的数控代码传递并存入数控系统内。编好的数控程序可通过纸带阅读机、磁带机等输入装置存储到载体上。随着CAD/CAM、CIMS技术的发展，采用串行通信方式传输程序已越来越普通。

为了便于加工程序的编辑修改、模拟显示，数控系统通过显示器为操作人员提供了必要的信息界面。较简单的显示器只有若干个数码管，只能显示字符；较高级的系统一般配有CRT显示器或液晶显示器，可以显示图形。

3. 数控装置

数控装置是数控机床的核心。数控装置从内部存储器中读取或接收输入装置送来的一段或几段数控加工程序，经过数控装置的逻辑电路或系统软件进行编译、运算和逻辑处理后，输出各种控制信息和指令来控制机床各部分的工作，使其进行规定的有序运动和动作。

在数控装置的各项控制功能中，至关重要的是刀具相对于工件的运动轨迹的控制。零件的轮廓图形通常是由直线、圆弧或其他非圆弧曲线组成的，刀具在加工过程中必须按零件的形状和尺寸要求进行运动，即按图形轨迹移动。为此，数控系统要进行轨迹插补运算，也就是在线段的起点和终点坐标之间进行“数据点的密化”，求出一系列中间点的坐标值，并向相应的坐标输出脉冲信号，控制沿各坐标轴进给运动的执行元件的进给速度、进给方向和进给位移量等。

4. 伺服驱动装置

伺服驱动装置通过接收数控装置发出的速度和位置信息，来控制伺服电机的运动速度和方向。它一般由驱动电路和伺服电动机组成，并与机床上的进给传动链组成数控机床的进给系统。每个坐标轴方向都配有一套伺服驱动装置。根据是否配有位置检测及反馈装置，有开环、半闭环和闭环伺服驱动系统。

5. 辅助控制装置

辅助控制装置是介于数控装置和机床机械、液压部件之间的控制装置，可通过可编程控制器(PLC)对机床辅助功能M、主轴速度功能S和换刀功能T等实现逻辑控制。

6. 位置检测装置

位置检测装置与伺服驱动装置配套组成半闭环或闭环伺服驱动系统。位置检测装置通过直接或间接测量机床执行部件的实际位移，将检测结果反馈到数控装置并与指令位移进行比较，根据差值发出进给脉冲信号控制执行部件继续运动，直至差值为零，以便提高系统的精度。

7. 机床的机械部件

数控机床的机械部件包括主运动部件、进给运动执行部件，如机床工作台、滑板及其传动部件和床身、立柱及支撑部件。此外，还有转位、夹紧、润滑、冷却、排屑等辅助装置。对于加工中心类的数控机床，还有存放刀具的刀库、交换刀具的机械手或机器人等部件。数控机床机械部件的组成与普通机床相似，但传动结构要求更为简单，在精度、刚度、摩擦、抗震性等方面要求更高，而且传动和变速系统要便于实现自动化。

1.2.2 数控机床的工作原理

使用数控机床时，首先要将被加工零件图纸的几何信息和工艺信息用规定的代码和格式编写成加工程序；然后将加工程序输入到数控装置，按照程序的要求，经过数控系统信息处理、分配，使各坐标移动若干个最小位移量，实现刀具与工件的相对运动，完成零件的加工。

在钻削、镗削或螺纹等加工(常称为点位控制)过程中，在一定的时间内，使刀具中心从 P 点移动到 Q 点(见图 1－2(a))，即刀具在 X、Y 轴移动以最小单位计算的程序给定的距离，它们的合成量为 P 点和 Q 点间的距离。但是，对刀具轨迹并没有严格的限制，可先使刀具在 X 轴上由 P 点移动到 R 点，然后再沿 Y 轴从 R 点移动到 Q 点；也可以使两个坐标以相同的速度，让刀具移到 K 点，再沿 X 轴移动到 Q 点。这样的点位控制，只要求严格控制点到点之间的距离，而对所走的路径和速度无严格要求。这种运动控制是比较容易实现的，一般用于只需点位控制的简易数控机床。

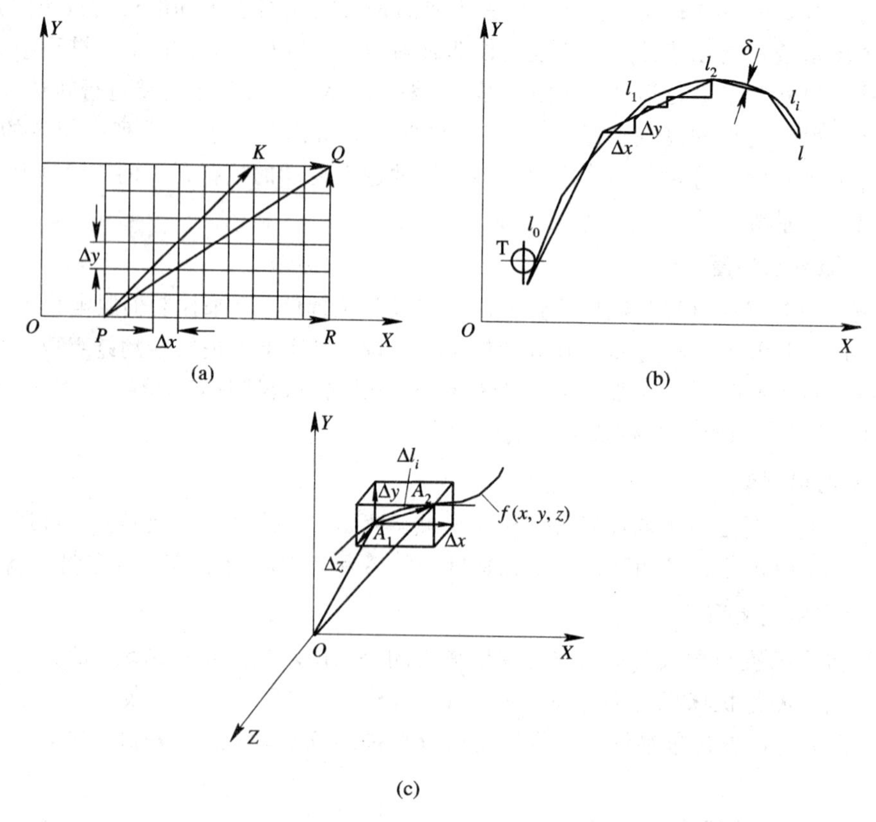

图 1－2　数控机床加工直线、曲线原理

(a) 直线；(b) 平面曲线；(c) 空间曲线

轮廓加工控制包括加工平面曲线和空间曲线两种情况。对于二维平面的任意曲线 l，要求刀具 T 沿曲线轨迹运动，进行切削加工，如图 1－2(b)所示。将曲线 l 分割成 l_0、l_1、l_2、…、l_i 等线段。用直线(或圆弧)代替(逼近)这些线段，当逼近误差相当小时，这些折线段之和就接近了曲线。由数控机床的数控装置进行计算、分配，再通过两个坐标轴最小单位量的单位运动(Δx，Δy)的合成，不断连续地控制刀具运动，向着目标点不断地逼近直线(或圆弧)，从而加工出工件轮廓曲线。对于空间三维曲线(见图 1－2(c))中的 $f(x, y, z)$，同样可用一段一段的折线(Δl_i)去逼近它，只不过这时 Δl_i 的单位运动分量不仅是 Δx 和 Δy，还有一个 Δz。

这种在允许的误差范围内，用沿曲线(精确地说是沿逼近线)的最小单位位移量合成的分段运动代替任意曲线运动，以得出所需要的轨迹运动，是数字控制的基本构思之一。轮廓控制也称连续轨迹控制，它的特点是不仅对坐标的移动量进行控制，而且对各坐标的速度及它们之间的比率都要进行严格控制，以便加工出工件的轮廓曲线。

目前，一般的数控机床都具有直线插补和圆弧插补功能。插补是指在被加工轨迹的起点和终点之间插进许多中间点，进行数据点的密化工作，然后用已知线型(如直线、圆弧等)逼近。随着科学技术的迅速发展，许多生产数控系统的厂家，逐渐推出了具有抛物线插补、螺旋线插补、极坐标插补、样条曲线插补、曲面直接插补等丰富功能的数控系统，以满足用户的不同需求。

机床的数字控制是由数控系统完成的。数控装置能接受零件图纸加工要求的信息，进行插补运算，实时地向各坐标轴发出速度控制指令。伺服驱动装置能快速响应数控装置发出的指令，驱动机床各坐标轴运动，同时也能提供足够的功率和扭矩。检测装置将坐标位移的实际值检测出来，反馈给数控装置的调节电路中的比较器，有差值就发出运动控制信号；然后不断地比较指令值与反馈的实际值，不断地发出信号，直到差值为零，运动结束。这种方式适用于连续轨迹控制。

在数控机床上除了上述轨迹控制和点位控制外，还有许多动作，如主轴的启停、刀具的更换、冷却液的开关、电磁铁的吸合、电磁阀的启闭、离合器的开合、各种运动的互锁和连锁；运动行程的限位、急停、报警、进给保持、循环启动、程序停止、复位等等。这些都属于开关量控制，一般由可编程控制器(Programmable Controller，PC)，也称为可编程逻辑控制器(PLC)或可编程机床控制器(PMC)来完成，开关量仅有“0”和“1”两种状态，显然，它们可以很方便地融入机床控制系统中，实现对机床各种运动的数字控制。

1.2.3 数控机床加工的特点及应用范围

1. 数控机床加工的特点

(1) 数控机床在适应不同零件的自动加工方面胜于自动化专用机床。数控机床是按照不同的零件编制不同的加工程序进行自动加工的，因而产品改型和创新时只需变换加工程序，而不必像自动化专用机床那样，在产品变更时需花费很长的生产准备周期去变更生产设备。

(2) 数控机床在生产效率、加工精度和加工质量稳定性方面胜于通用机床。由于数控机床机构简单、刚性好，故可采用较大的切削用量，以减少机加工的工时；还由于数控机床具有自动换刀等辅助操作功能，因此大大减少了辅助加工时间，从而提高了生产效率。此外，数控机床本身的精度较高，还可以运用软件进行传动部件的误差补偿和返程侧隙补偿，因而加工精度较高。数控机床采用自动化加工，避免了人为操作失误，因而加工质量稳定性高于通用机床。

（3）在数控机床上能完成复杂型面的加工。图 1－3 所示的手柄柄部旋转曲面的加工即可以在数控车床上实现。数控机床运用插补计算可以确定各进给运动轴相应的方向和步长，从而与主轴一起产生正确的成型运动，加工出复杂型面的零件。若在通用机床上加工，则很难加工出表面光滑，且尺寸、形状满足要求的手柄。

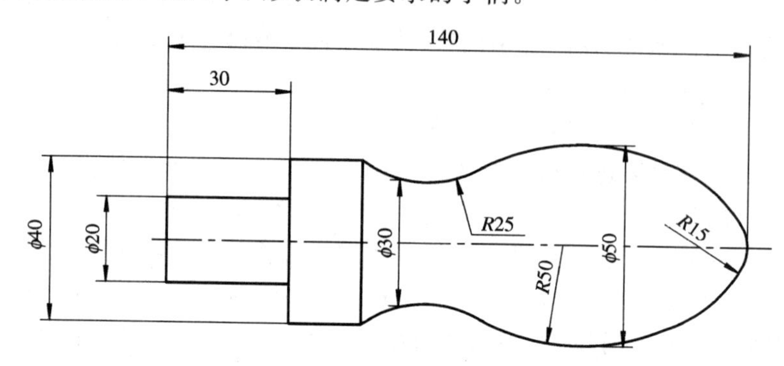

图 1－3　手柄简图

（4）一次装夹可以完成多道工序。数控机床，特别是具有刀库的加工中心，因为具有自动换刀功能，所以使得工件在一次装夹中可以完成多道工序，以减少装夹误差，减少辅助时间，减少工序间的运输。另外，一台数控机床可代替多台普通机床，因而能带来较高的经济效益。

（5）数控机床的其他特点。数控机床价格高，且对操作、维修人员的技术水平有较高的要求。

综上所述，使用数控机床可以高效、高质量地制造出新的产品，以满足社会不断变化的需求，使制造业得到较高的经济效益。尽管数控机床价格高，但可降低制造成本，提高经济效益。

2. 应用范围

近年来，在汽车及轻工业消费品等大批量生产方面，采用了大量的组合机床自动线、流水线；在标准件等大量生产中，采用了凸轮控制的专用机床和自动机床。这些适合于大批量生产的生产线，其制造和调试都很困难，过程很长。一旦需要更换产品，整个工艺过程全部发生变化。原有设备要抛弃，需另外购置新的设备，重新安装和调试生产线，资金和时间的投入将会很大。人们把这种生产模式称为刚性自动化。

由于产品多样化和产品更新加快的要求，解决单件、小批量生产自动化的问题便迫在眉睫。在航空、航天、造船、电子、军工、模具等领域对形状复杂零件的高精度加工要求越来越高。刚性自动化很难满足这些领域的要求，而以数控机床为基础的柔性加工和柔性自动化便应运而生。数控机床是一种新型的自动化机床，它具有广泛的通用性和很高的自动化程度。数控机床是实现柔性自动化的关键设备，是柔性自动化生产线的基本单元。

1.3 数控机床的分类

数控机床的品种很多，根据其加工、控制原理、功能和组成，可以从以下几个角度进行分类。

1. 按加工工艺方法分类

（1）普通数控机床。与传统的车、铣、钻、磨、齿轮加工相对应的数控机床有数控车床、数控铣床、数控钻床、数控磨床、数控齿轮加工机床等。尽管这些数控机床在加工工艺方法上存在很大的差别，具体的控制方式也各不相同，但机床的动作和运动都是数字化控制的，具有较高的生产效率和自动化程度。

在普通数控机床上加装一个刀库和换刀装置即成为了数控加工中心机床。加工中心机床提高了普通数控机床的自动化程度和生产效率。例如铣、镗、钻加工中心是在数控铣床基础上增加了一个容量较大的刀库和自动换刀装置形成的，工件一次装夹后，可以对箱体零件的四面甚至是五面大部分进行铣、镗、钻、扩、铰以及攻螺纹等多工序加工，特别适合箱体类零件的加工。加工中心机床可以有效地避免由于工件多次安装造成的定位误差，减少了机床的台数和占地面积，缩短了辅助时间，大大提高了生产效率和加工质量。

（2）特种加工类数控机床。除了切削加工数控机床以外，数控技术也大量应用于数控电火花线切割机床、数控电火花成型机床、数控等离子弧切割机床、数控火焰切割机床以及数控激光加工机床等。

（3）板材加工类数控机床。常用于金属板材加工的数控机床有数控压力机、数控剪板机和数控弯折机等。

近年来，其他机械设备中也大量采用了数控技术，如数控多坐标测量机、自动绘图机及工业机器人等。

2. 按控制运动轨迹分类

（1）点位控制数控机床。点位控制数控机床的特点是机床移动部件只能实现由一个位置到另一个位置的精确定位，在移动和定位过程中不进行任何加工，机床数控系统只控制行程终点的坐标值，不控制点与点之间的运动轨迹。

这种数控系统一般用于数控坐标镗床、数控钻床、数控冲床、数控点焊机等。点位控制数控机床的数控装置称为点位数控装置。

（2）点位/直线控制数控机床。这种控制的数控机床除了能够控制由一个位置到另一个位置的精确定位外，还可控制刀具或工作台以指定的进给速度，沿着平行于坐标轴的方向进行直线移动和切削加工，进给速度根据切削条件可在一定范围内变化。比如，直线控制的简易数控车床，可加工阶梯轴。直线控制的数控铣床，有三个坐标轴，可用于平面的铣削加工。现代组合机床采用数控进给伺服系统，驱动动力头带有多轴箱的轴向进给进行钻镗加工，它也可算是一个直线控制数控机床。

这种数控系统一般可用于数控车床、数控镗铣床、加工中心等机床。

（3）轮廓控制数控机床。轮廓控制数控机床能够对两个或两个以上运动的位移及速度进行连续相关的控制，使之合成平面曲线或空间曲线的运动轨迹以满足零件轮廓的加工要求。它不仅能控制机床移动部件的起点与终点的位置精度，而且能控制整个加工轮廓每一点的速度和位移，将工件加工成要求的轮廓形状。

常用的数控车床、数控铣床、数控磨床就是典型的轮廓控制机床。数控火焰切割机、电火花加工机床以及数控绘图机等也采用了轮廓控制系统。轮廓控制系统的结构要比点位/直线控制系统更为复杂，在加工过程中需要不断地进行插补运算，然后进行相应的速度与位移控制。

现代计算机数控装置的控制功能均由软件来实现。因此，目前的计算机数控装置都具有轮廓控制功能。

3. 按驱动装置的特点分类

(1) 开环控制数控机床。图 1－4 所示为开环控制数控机床的系统框图。这类数控机床的控制系统没有位置检测元件，伺服驱动部件通常为反应式步进电动机或混合式伺服步进电动机。数控系统每发出一个进给指令，经驱动电路功率放大后，驱动步进电机旋转一个角度，再经过齿轮减速装置带动丝杠旋转，通过丝杠螺母机构转换为移动部件的直线位移。移动部件的移动速度与位移量是由输入脉冲的频率与脉冲数所决定的。此类数控机床的信息流是单向的，即进给脉冲发出去后，实际移动值不再反馈回来，所以称为开环控制数控机床。

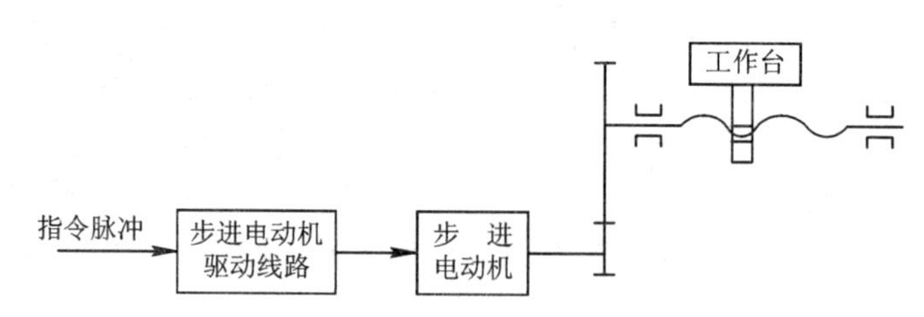

图 1－4　开环控制数控机床的系统框图

开环控制系统的数控机床结构简单，成本较低。但是，系统对移动部件的实际位移量不进行检测，也不能进行误差校正。因此，步进电动机的失步、步距角误差、齿轮与丝杠等传动误差都将影响被加工零件的精度。开环控制系统仅适用于加工精度要求不很高的中、小型数控机床，特别是简易经济型数控机床。

(2) 闭环控制数控机床。闭环数控机床是在机床移动部件上直接安装直线位移检测装置，直接对工作台的实际位移进行检测，将测量的实际位移值反馈到数控装置中，与输入的指令位移值进行比较，用差值对机床进行控制，使移动部件按照实际需要的位移量运动，最终实现移动部件的精确运动和定位。从理论上讲，闭环系统的运动精度主要取决于检测装置的检测精度，与传动链的误差无关，因此其控制精度较高。图 1－5 所示为闭环控制数控机床的系统框图。图中，A 为速度传感器，C 为直线位移传感器。当位移指令值发送到位置比较电路时，若工作台没有移动，则没有反馈量，指令值使得伺服电机转动，通过 A 将速度反馈信号送到速度控制电路，通过 C 将工作台实际位移量反馈回来，在位移比较电路中与位移指令值相比较，用比较后得到的差值进行位置控制，直至差值为零为止。这类控制的数控机床因把机床工作台纳入了控制环节，故称为闭环控制数控机床。

闭环控制数控机床的定位精度高，但调试和维修都较困难，系统复杂成本高。

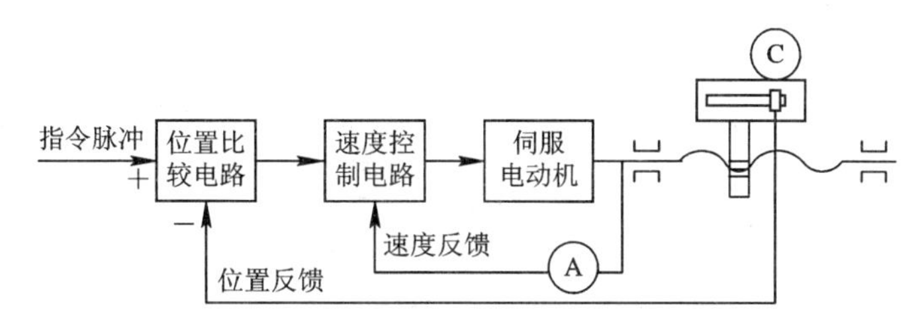

图 1－5　闭环控制数控机床的系统框图

（3）半闭环控制数控机床。半闭环控制数控机床是在伺服电动机的轴或数控机床的传动丝杠上装有角位移电流测量装置（如光电编码器等），通过检测丝杠的转角间接地检测移动部件的实际位移，然后反馈到数控装置中去，并对误差进行修正。图 1－6 所示为半闭环控制数控机床的系统框图。图中，A 为速度传感器，B 为角度传感器。通过 A 和 B 可间接检测出伺服电动机的转速，从而推算出工作台的实际位移量，将此值与指令值进行比较，用差值来实现控制。由于工作台没有包括在控制回路中，因而称为半闭环控制数控机床。

半闭环控制数控系统的调试比较方便，并且具有很好的稳定性。目前普遍将角度检测装置和伺服电动机设计为一体，使其结构更加紧凑。

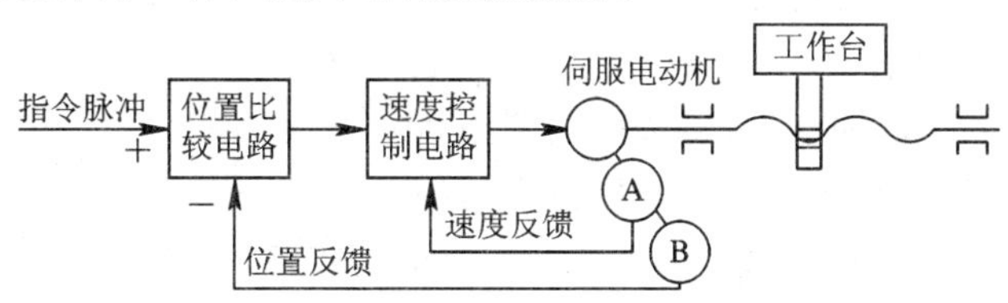

图 1－6　半闭环控制数控机床的系统框图

（4）混合控制数控机床。将以上三类数控机床的特点结合起来，就形成了混合控制数控机床。混合控制数控机床特别适用于大型或重型数控机床，因为大型或重型数控机床需要较高的进给速度与相当高的精度，其传动链惯量与力矩大，如果只采用全闭环控制，机床传动链和工作台全部置于控制闭环中，闭环调试就比较复杂。混合控制系统又分为两种形式：开环补偿型和半闭环补偿型。

图 1－7 所示为开环补偿型控制方式。它的基本控制选用步进电机的开环伺服机构，另外附加一个校正电路，用装在工作台的直线位移测量元件的反馈信号校正机械系统的误差。

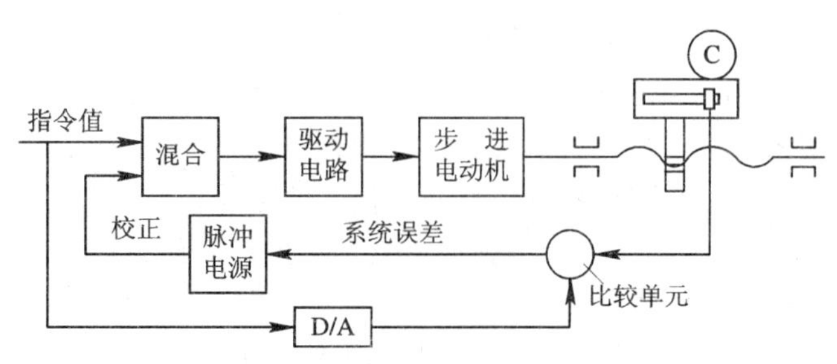

图 1－7　开环补偿型控制方式

图 1－8 所示为半闭环补偿型控制方式。它是用半闭环控制方式取得高精度控制，再用装在工作台的直线位移测量元件实现全闭环修正，以获得高速度与高精度的统一。图中，A 是速度测量元件（如测速发电机），B 是角度测量元件，C 是直线位移测量元件。

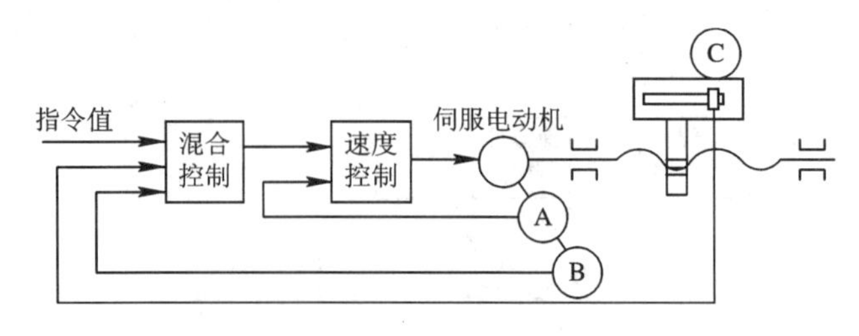

图 1-8　半闭环补偿型控制方式

1.4　数控机床的发展趋势

1. 数控系统的发展趋势

从 1952 年美国麻省理工学院研制出第一台试验性数控系统到现在已走过了数十年的历程。数控系统由当初的电子管式起步，经历了以下几个发展阶段：分立式晶体管式—小规模集成电路式—大规模集成电路式—小型计算机式—超大规模集成电路—微机式的数控系统。到 20 世纪 80 年代，总体的发展趋势是数控装置由 NC 向 CNC 发展；广泛采用 32 位 CPU 组成多微处理器系统；提高系统的集成度，缩小体积，采用模块化结构，便于裁剪、扩展和功能升级，满足不同类型数控机床的需要；驱动装置向交流、数字化方向发展；CNC 装置向人工智能化方向发展；采用新型的自动编程系统；增强通信功能；数控系统的可靠性不断提高。总之，数控机床技术不断发展，功能越来越完善，使用越来越方便，可靠性越来越高，性能价格比也越来越高。

1）新一代数控系统采用开放式体系结构

进入 20 世纪 90 年代以来，计算机技术的飞速发展推动了数控机床技术的更新换代。世界上许多数控系统生产厂家利用 PC 机丰富的软、硬件资源开发了开放式体系结构的新一代数控系统。开放式体系结构使数控系统有更好的通用性、柔性、适应性、扩展性，并向智能化、网络化方向发展。近几年，许多国家纷纷研究开发这种系统，如美国科学制造中心(NCMS)与空军共同领导的下一代工作站、机床控制器体系结构(NGC)，欧共体的自动化系统中开放式体系结构(OSACA)，日本的 OSEC 计划等。部分开发研究成果已得到应用，如 Cincinnati-Milacron 公司从 1995 年开始在其生产的加工中心、数控铣床、数控车床等产品中采用了开放式体系结构的 A2100 系统。开放式体系结构可以大量采用通用微机的先进技术，如多媒体技术，实现声控自动编程、图形扫描自动编程等功能。新一代数控系统继续向高集成度方向发展，使系统更加小型化、微型化，可靠性大大提高，可利用多 CPU 的优势实现故障自动排除，并可增强通信功能，提高进线、连网能力。开放式体系结构的新一代数控系统，其软、硬件和总线规范都是对外开放的，由于有充足的软、硬件资源可供利用，不仅使数控系统制造商和用户进行的系统集成得到有力的支持，而且也为用户的二次开发带来了极大的方便，促进了数控系统多档次、多品种的开发和广泛应用；它既可通过升档或剪裁构成各种档次的数控系统，又可通过扩展构成不同类型数控机床的数控系统，而且这种数控系统可随 CPU 的升级而升级，结构上不必变动。

2）新一代数控系统控制性能大大提高

新一代数控系统在控制性能上向智能化发展。随着人工智能在计算机领域的渗透和发展，数控系统引入了自适应控制、模糊系统和神经网络的控制机理，不但具有自动编程、前馈控制、模糊控制、学习控制、自适应控制、工艺参数自动生成、三维刀具补偿、运动参数动态补偿等功能，而且人机界面极为友好，并具有故障诊断专家系统使自诊断和故障监控功能更趋完善。伺服系统智能化的主轴交流驱动和智能化进给伺服装置，能自动识别负载并自动优化调整参数。直线电机驱动系统也已投入使用。

总之，新一代数控系统技术水平大大提高，促进了数控机床性能向高精度、高速度、高柔性化方向发展，使柔性自动化加工技术水平不断提高。

2. 数控机床的发展趋势

为了满足市场和科学技术发展的需要，并且达到现代制造技术对数控技术提出的更高的要求，当前，世界数控技术及其装备发展趋势主要体现在以下几个方面。

1）高速、高效、高精度和高可靠性

要提高加工效率，首先必须提高切削和进给速度，同时，还要缩短加工时间；要确保加工质量，必须提高机床部件运动轨迹的精度，而可靠性则是上述目标的基本保证。为此，必须要有高性能的数控装置作保证。

（1）高速、高效。机床向高速化方向发展，可充分发挥现代刀具材料的性能，不但可大幅度提高加工效率、降低加工成本，还可提高零件的表面加工质量和精度。超高速加工技术对制造业实现高效、优质、低成本的生产有广泛的适用性。

新一代数控机床（含加工中心）只有通过高速化大幅度缩短切削工时才可能进一步提高其生产率。超高速加工特别是超高速铣削与新一代高速数控机床以及高速加工中心的开发应用紧密相关。自20世纪90年代以来，美、日和欧洲各国争相开发应用新一代高速数控机床，加快了机床高速化发展步伐。高速主轴单元（电主轴，转速15 000～100 000 r/min）、高速且高加/减速度的进给运动部件（快移速度为60～120 m/min，切削进给速度高达60 m/min）、高性能数控和伺服系统以及数控工具系统都出现了新的突破，达到了新的技术水平。随着超高速切削机理、超硬耐磨长寿命刀具材料和磨料磨具，大功率高速电主轴、高加/减速度直线电机驱动进给部件以及高性能控制系统（含监控系统）和防护装置等一系列技术领域中关键技术的解决，应不失时机地开发应用新一代高速数控机床。

依靠快速、准确的数字量传递技术，可对高性能的机床执行部件进行高精密度、高响应速度的实时处理。由于采用了新型刀具，车削和铣削的速度已达到5000 m/min～8000 m/min以上；主轴转数在30 000 r/min（有的高达10万r/min）以上；工作台的移动速度（进给速度）：在分辨率为1 μm时，为100 m/min（有的到200 m/min）以上，在分辨率为0.1 μm时，为24 m/min以上；自动换刀速度在1 s以内；小线段插补进给速度达到12 m/min。

（2）高精度。从精密加工发展到超精密加工（特高精度加工），是世界各工业强国致力发展的方向。加工精度从微米级到亚微米级，乃至纳米级（小于10 nm）。超精密加工主要包括超精密切削（车、铣）、超精密磨削、超精密研磨抛光以及超精密特种加工（三束加工及微细电火花加工、微细电解加工和各种复合加工等）。随着现代科学技术的发展，对超精密加工技术又提出了新的要求。新材料及新零件的出现，更高精度要求的提出等都需要超精密加工工艺。只有发展新型超精密加工机床，完善现代超精密加工技术，才能适应现代科技的发展。

当前，高精度的机械加工要求如下：普通的加工精度提高了一倍，达到 5 μm；精密加工精度提高了两个数量级，超精密加工精度进入纳米级(0.001 μm)，主轴回转精度要求达到 0.01 μm～0.05 μm，加工圆度为 0.1 μm，加工表面粗糙度为 0.003 μm 等。

精密化既是为了适应高新技术发展的需要，也是为了提高普通机电产品的性能、质量和可靠性。随着高新技术的发展和对机电产品性能与质量要求的提高，机床用户对机床加工精度的要求也越来越高。为了满足用户的需要，近 10 多年来，普通级数控机床的加工精度已由±10 μm 提高到±5 μm，精密级加工中心的加工精度则从±(3～5)μm 提高到±(1～1.5)μm。

(3) 高可靠性。它是指数控系统的可靠性要高于被控设备的可靠性一个数量级以上，但可靠性也不是越高越好，因为商品受其性能价格比的约束，仍然应采用适度可靠。对于每天工作两班的无人工厂而言，如果要求在 16 小时内连续正常工作，无故障率 $P(t)=99\%$ 以上的话，则数控机床的平均无故障运行时间(MTBF)就必须大于 3000 小时。MTBF 大于 3000 小时，对于由不同数量的数控机床构成的无人化工厂差别就大多了，若只对一台数控机床而言，如主机与数控系统的失效率之比为 10∶1 的话(数控系统的可靠性比主机高一个数量级)。此时数控系统的 MTBF 就要大于 33 333.3 小时，而其中的数控装置、主轴及驱动等的 MTBF 就必须大于 10 万小时。

当前，国外数控装置的 MTBF 值已达 6000 小时以上，驱动装置达 30 000 小时以上。

2) 模块化、智能化、柔性化和集成化

(1) 模块化、专门化与个性化。为了适应数控机床多品种、小批量的特点，数控系统必须结构模块化、数控功能专门化。机床性能价格比必须提高并加快优化，而个性化是近几年来特别明显的发展趋势。

(2) 智能化。智能化的内容包括在数控系统中的各个方面：

① 为追求加工效率和加工质量方面的智能化，如自适应控制，工艺参数自动生成。

② 为提高驱动性能及使用连接方便方面的智能化，如前馈控制、电机参数的自适应运算、自动识别负载自动选定模型、自整定等。

③ 简化编程、简化操作方面的智能化，如智能化的自动编程，智能化的人机界面等。

④ 智能诊断、智能监控，方便系统的诊断及维修等。

(3) 柔性化和集成化。数控机床向柔性自动化系统发展的趋势是：一方面从点(数控单机、加工中心和数控复合加工机床)、线(FMC、FMS、FTL、FML)向面(工段车间独立制造、FA)、体(CIMS、分布式网络集成制造系统)的方向发展；另一方面向注重应用性和经济性方向发展。柔性自动化技术是制造业适应动态市场需求及产品迅速更新的主要手段，是各国制造业发展的主流趋势，是先进制造领域的基础技术，其重点是以提高系统的可靠性、实用化为前提，以易于连网和集成为目标，注重加强单元技术的开拓、完善；CNC 单机向高精度、高速度和高柔性方向发展；数控机床及其构成柔性制造系统能方便地与 CAD、CAM、CAPP、MTS 连接，向信息集成方向发展；网络系统向开放、集成和智能化方向发展。

3）开放性

为适应数控进线、连网，普及型个性化、多品种、小批量，柔性化及数控迅速发展的要求，最重要的发展趋势是体系结构的开放性，设计生产开放式的数控系统。例如美国、欧共体及日本发展开放式数控的计划等。

4）新一代数控加工工艺与装备的出现

为适应制造自动化的发展，向FMC、FMS和CIMS提供基础设备，要求数字控制制造系统不仅能完成通常的加工功能，还要具备自动测量、自动上下料、自动换刀、自动更换主轴头(有时带坐标变换)、自动误差补偿、自动诊断、进线和连网等功能。新一代数控加工工艺和装备的主要发展方向有：

(1) FMC、FMS Web-based制造及无图纸制造技术。

(2) 围绕数控技术在快速成型、并联机构机床、机器人化机床、多功能机床等整机方面的运用，这种虚拟轴数控机床用软件的复杂性代替传统机床机构的复杂性，开拓了数控机床发展的新领域。

(3) 以计算机辅助管理和工程数据库、因特网等为主体的信息支持技术和智能化决策系统，对机械加工中的信息进行存储和实时处理。应用数字化网络技术，使得机械加工整个系统趋于资源合理支配并高效地应用。

(4) 采用神经网络控制技术、模糊控制技术、数字化网络技术，使机械加工向虚拟制造的方向发展。

1.5 制造自动化技术的发展概况

1.5.1 概述

制造业是技术革新最迅速的领域之一。制造业对提高劳动生产率、产品质量和加速新品开发的不断追求，使得机械、电子、信息、材料及现代管理技术等方面的最新成果在产品的整个生命周期中得到综合应用，不断产生先进的制造技术。目前，先进的制造技术主要包括设计自动化技术、现代管理技术、制造自动化技术、流程工业综合自动化技术和系统集成技术等。

制造自动化(以下简称自动化)的概念是一个动态发展的过程。过去，人们对自动化的理解或者说自动化的功能目标是以机械的动作代替人力操作，自动地完成特定的作业。这实质上是自动化代替人的体力劳动的观点。后来随着电子和信息技术的发展，特别是随着计算机的出现和广泛应用，自动化的概念已扩展为用机器(包括计算机)不仅代替人的体力劳动而且还代替或辅助脑力劳动，以自动地完成特定的作业。

1.5.2 CAD/CAPP/CAM集成

1. CAD/CAPP/CAM集成技术的意义

21世纪，高科技迅猛发展并广泛应用。高科技之一的先进制造技术已成为当前制造业发展的重要技术保证。CAD/CAPP/CAM 集成技术是先进制造技术的核心基础，它的发展与应用已成为一个国家科技进步和工业现代化的重要标志。

全球市场日趋一体化，市场竞争激烈、产品更新换代加快、产品性能价格比越来越高，促使世界上许多国家和企业都把发展 CAD/CAM 技术确定为本国制造业的发展战略，制定了很多计划，借以推动 CAD/CAM 集成技术的开发与应用。目前 CAD/CAM 集成技术已成为我国制造工业的热点。

2. CAD/CAPP/CAM 集成技术产生的背景、过程

20 世纪 60 年代开始，CAD 和 CAM 技术各自独立地发展，国内外先后开发了一批性能优良、相互独立的商品化 CAD、CAPP 和 CAM 系统。它们分别在产品设计自动化、工艺过程设计自动化和数控编程自动化方面起到了重要的作用。这些系统提高了企业的生产效率，缩短了产品设计与制造周期，适应了市场的需求。

经集成的 CAD、CAPP、CAM 系统，即“孤岛”之间的信息传输依赖于工程图样和工艺规程等有关技术文档，由手工将这些文档通过键盘输入至各个“孤岛”的计算机。

采用人工传递信息的方法，“孤岛”之间的信息传递效率较低。因数据量不能过多，所以会造成信息不完整、准确度差、无法进行实时控制。解决这一问题的办法是借助于计算机来辅助企业生产的全过程，包括产品的设计，并将有关产品信息存放于数据库中，使产品信息成为制造产品的重要依据，例如：

(1) 用来制定工艺规程和生产作业计划。

(2) 组织各项制造活动，包括及时备料和物料的采购，及时向机床提供毛坯和所需的工夹量具。

(3) 同时编制完成零件加工用的数控程序，并传输给加工机床。

(4) 加工和装配时，实时检测出加工、装配和物料搬运中的有关数据，并反馈给计算机系统，进行监控和工艺过程的自动校正。

上述过程就是所谓的 CAD/CAM 集成系统。在此系统的支持下，CAD、CAPP、CAM 之间的数据和信息能够自动地传递和转换，保证了系统内信息的畅通无阻，使各个子系统能协调高效地运行。

3. CAD/CAM 软件系统的组成

1) 系统软件

系统软件用于实现计算机系统的管理、控制、调度、监视和服务，是应用软件的开发环境(内容有操作系统、程序设计语言处理系统、服务性程序等)，并与计算机硬件直接联系，可为用户提供方便，也可扩充用户计算机功能。

2) 管理软件

管理软件负责 CAD/CAM 系统中生成的各类数据的组织和管理，通常采用数据库管理系统。它是 CAD/CAM 软件系统的核心。

3) 支撑软件

支撑软件是 CAD/CAM 的基础软件，它包括工程绘图、三维实体造型、曲面造型、有限元分析、数控编程、系统运行学与动力学模拟分析等。它以系统软件为基础，用于开发 CAD/CAM 应用软件所必需的通用软件。目前市场上出售的大部分软件是支撑软件。

4）应用软件

应用软件是为用户解决某种应用问题而编制的一些程序。软件应用范围为各个领域专用，其开发一般由用户或用户与研究机构在系统软件与支撑软件的基础上联合进行。

4. CAD/CAM 系统流程

CAD/CAM 系统的基本构成如图 1－9 所示。

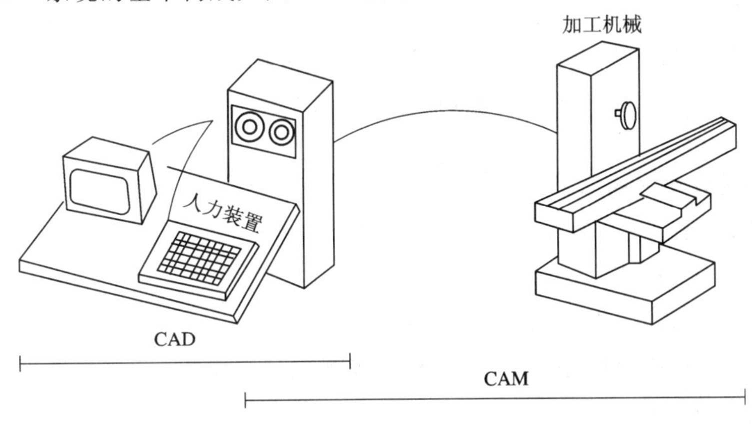

图 1－9　CAD/CAM 系统的基本构成

5. CAD/CAM 系统的集成

1）CAD/CAM 系统集成的概念

CAD/CAM 系统集成是指设计与制造过程中，CAD、CAPP 和 NCP 三个主要环节的软件集成，有时也叫 CAD/CAPP/CAM 集成。

CAM 的广义概念：CAM 应包括从工艺过程设计、夹具设计到加工、在线检测、加工过程中的故障诊断、装配以及车间生产计划调度等制造过程的全部环节。

CAD/CAM 系统集成的具体定义是把 CAD、CAE、CAPP、NCP，以至 PPC(生产计划与控制)等功能不同的软件结合起来，统一组织各种信息的提取、交换、共享和处理，保证系统内信息流的畅通，协调各个系统的运行。

CAD/CAM 系统集成最显著的特点是与生产管理和质量管理有机地集成在一起，通过生产数据采集和信息流形成一个闭环系统。CAD/CAM 的集成作用是制造业迈向 CIM 的基础。

2）CAD/CAM 系统三个方面的集成

（1）硬件集成：CAD 系统网和 CAM 系统网互连。

（2）信息集成：CAD/CAM 系统双向数据共享与集成。

（3）功能集成：PDMS(产品数据管理系统)，它是 CAD/CAM 集成的核心。通过 PDMS 可以实现 CAD/CAM 的数据共享与集成。

3）CAD/CAM 系统的集成方法

CAD/CAM 系统主要有以下几种集成方法：

（1）基于数据交换接口的方法。这种方法通过标准格式(IGES、STEP)数据交换接口来实现数据共享。所谓 IGES，即原始图形数据交换规范，以图形描述数据为主(已不适应信息集成发展的需要)。STEP 克服了 IGES 的缺点，它是由 ISO 制定的一个进行产品数据交换与实现共享的国际标准。

(2) 基于特征的方法。基于特征的产品建模是把特征作为产品定义模型的基本构造单元，并将产品描述为特征的有机集合。基于特征的方法通过引入特征的概念，建立特征造型系统，以特征为桥梁完成系统的信息集成。

(3) 面向并行工程的方法。在设计阶段就进行工艺分析和设计，并在整个过程中贯穿着质量控制和价格控制，使集成达到更高的程度。在设计产品的同时，同步地设计与产品生命周期有关的全部过程，包括设计、分析、制造、装配、检验、维护等。在每一个设计阶段同时考虑设计结果能否在现有的制造环境中以最优的方式制造，整个设计过程是一个并行的动态设计过程。

6. CAD/CAM 集成的体系结构

现有的或正在开发的 CAD/CAM 系统可分为下述三种类型。

1) 传统型系统

传统型系统有 I-DEAS、VG-Ⅱ、CADAM、CATIA、CADDS 等较著名的系统。这些系统在结构上是以某种应用功能(如工程绘图)为基础发展起来的，后来逐渐将其功能扩充到 CAD/CAM 的其他领域。

如 I-DEAS 是美国 SDRC 公司开发的 CAD/CAM 软件，国外如波音、索尼、三星、现代、福特等公司均是 SDRC 公司的大客户和合作伙伴。该软件是高度集成化的 CAD/CAE/CAM 软件系统，它可帮助工程师以极高的效率，完成从产品设计、仿真分析、测试直至数控加工的产品研发全过程。它是全世界制造业用户广泛应用的大型 CAD/CAE/CAM 软件，可以方便地仿真刀具及机床的运动，从简单的 2 轴、2.5 轴加工到以 7 轴 5 联动方式来加工极为复杂的工件表面，并可以对数控加工过程进行自动控制和优化。

2) 改进型系统

改造型系统是 20 世纪 80 年代中期发展起来的，如 CIMPLEX、Pro/ENGINEER 等，这些系统提高了某些功能的自动化程度；又如参数化特征设计、系统数据与文件管理、数据加工程序(NC 程序)的自由生成等。

3) 数据驱动型系统

数据驱动型系统是正在发展中的新一代 CAD/CAM 集成系统，其基本出发点是从解决产品整个生命周期的统一数据模型出发，寻求产品数据完全实现交换和共享的途径。

这类系统采用 STEP 产品数据交换标准，逐步实现统一的系统信息结构设计和系统功能设计。

7. CAD/CAM 系统的推广与应用效益评价

国外推广 CAD/CAM 技术是在 20 世纪 70 年代，美国科学研究院的工程技术委员会曾对 CAD/CAM 集成技术所取得的效益做过一个测算，其所得数据如下：

(1) 降低工程设计成本 15%～30%。

(2) 减少产品设计到投产的时间 30%～60%。

(3) 由于较准确地预测了产品的合格率而提高了产品的质量，其预测量级提高了 2～5 倍。

(4) 增加工程师分析问题广度和深度的能力 3～35 倍。

(5) 增加产品作业生产率 40%～70%。

(6) 减少加工过程 30%～60%。

(7) 降低人力成本 5%～20%。

国内推广 CAD/CAM 技术是在 20 世纪 90 年代。1992 年，国务院转批了《CAD 应用工程联合报告》，成立了全国 CAD 应用工程协调指导小组，促使全国 CAD/CAM 的开发推广走上一条适合国情健康发展的道路。

1.5.3 计算机集成制造系统

1. 计算机集成制造系统的概念

1973 年，美国的约瑟夫·哈林顿(Joseph Harrington)博士在《Computer Integrated Manufacturing》一书中，首次提出了计算机集成制造系统(Computer Integrated Manufacturing, CIM)的概念，其基本思想可归纳为两点：① 从产品研制到售后服务的生产周期全部活动是一个不可分割的整体，每个组成过程应紧密连接安排而不能单独考虑；② 整个生产过程的活动，实质上是一系列数据处理过程。每一过程都有数据产生、分类、传输、分析、加工等，其最终生成的产品，可以看做是数据的物质表现。

此后，许多专家对 CIM 提出各种认识，但是，到目前为止，还没有形成一个对 CIM 公认的、统一的定义。

根据 CIM 概念提出后数十年来的研究与实践，可以对它作如下理解：CIM 是一种现代信息技术、管理技术和生产技术，它对生产企业从产品设计、生产准备、生产管理、加工制造、直到产品发货与用户服务的整个生产过程的信息进行统一管理、控制，以优化企业生产活动，提高企业效益与市场竞争力的思想方法或生产模式。

2. CIMS 与工厂自动化

CIMS 与 FA 两者虽然有许多共同点，但又有本质的区别。

(1) 在功能上：CIMS 包含了一个企业全部生产经营活动的功能，即从市场预测、产品设计、加工制造直到产品售后服务的全部活动。CIMS 比传统的工厂自动化的范围要大得多。

(2) 在组成上：CIMS 涉及的自动化不是工厂各环节的自动化或计算机化的简单相加，而是有机的集成。它不仅是设备、机器的集成，更主要的是以体现信息集成为特征的技术集成，创造整体配合协作的环境，将各子系统紧密集成为一个整体。

3. CIMS 的特征

CIMS 的特点可以归纳为以下四个方面：

(1) 从科学技术、创造发明角度来看，CIMS 是高科技密集型技术，是系统工程、管理科学、计算技术、通信网络技术、软件工程和制造技术等高新技术的高度综合体。

(2) 从制造业的生产管理和经营管理角度来看，CIMS 是一个大型的一体化的管理系统。由于 CIMS 将市场分析、预测、经营决策、产品设计、工艺设计、加工制造和销售、经营集成为一个良性循环系统，因此增强了企业的应变和竞争能力。

(3) 从数据共享的角度来看，CIMS 将物流、技术信息流和管理信息流集成为一体。它使企业中的数据共享达到了一个崭新的水平。

(4) 从管理技术和方法上来看，CIMS将MIS、MRPⅡ、计算机辅助设计、计算机辅助工艺计划、计算机辅助制造、成组技术等技术集成了起来。

4. CIMS的功能与组成

1) 功能

CIMS的功能包括四个功能分系统与两个支撑系统，分别如下：

(1) 经营管理功能，通过对经营信息及管理控制层的业务性信息进行管理，来控制和协调企业的生产活动。

(2) 工程设计自动化用以支持产品的设计和工艺准备。

(3) 生产制造自动化用以支持企业的制造功能。

(4) 质量保证自动化用以控制产品质量。

(5) 计算机网络系统用以实现CIMS的数据传递和系统通信功能，从而满足各功能分系统对网络支持服务的不同要求。

(6) 数据库系统用以实现CIMS的数据共享和信息集成。

2) 组成

制造型企业CIMS的组成是上述功能结构企业中的具体化，四方面功能中包括以下功能模块。

(1) 管理信息分系统(Management Information System，MIS)，包括经营管理、生产计划与控制、采购管理、财务管理等功能，与MRPⅡ系统相似。

(2) 技术信息分系统，包括计算机辅助设计(Computer Aided Design，CAD)、计算机辅助工艺规程编制(Computer Aided Process Planning，CAPP)和数控程序编制(Numerical Control Programmed，NCP)等功能，用以支持产品的设计和工艺准备，处理有关产品结构方面的信息。

(3) 制造自动化分系统也可称为计算机辅助制造(Computer Aided Manufacture，CAM)分系统，它包括各种不同自动化程度的制造设备和子系统，如数控机床，柔性制造单元，柔性制造系统、装配系统、进货管理系统、运输管理系统、设备维修系统等，用来实现信息流对物流的控制和完成物流的转换。它是信流和物流的接合部，用来支持企业的制造功能。

(4) 计算机辅助质量管理(Computer Aided Quality Control，CAQ)分系统具有制定质量管理计划，实施质量管理、处理质量方面信息、支持质量保证等功能。

5. CIMS实施的效益

根据许多资料分析，CIMS取得的效益主要有以下几方面：提高设备利用率；降低直接和间接劳动强度；缩短制造周期；加工中使用设备较少；生产计划具有可调性。

以上这些效果直接表现在产品成本的降低、生产周期的缩短和产品质量的提高等直接经济效益上。CIMS的实施还可以带来一系列重要的、间接的、不可定量计算的效果。如提高了企业的市场竞争能力，提高了顾客的满意度，保证了均衡生产，加快了产品更新换代周期、交货期准时，改善了企业形象，提高了人员素质，改善了人员结构和员工工作气氛。因此，实施CIMS已成为现代企业发展的一个方向。

1.5.4 柔性制造系统

1. 柔性制造系统的组成

典型的柔性制造系统由数字控制加工设备、物料储运系统和信息控制系统组成。为了实现制造系统的柔性，FMS必须包括以下几个组成部分。

(1) 加工系统。柔性制造系统采用的设备由待加工工件的类别决定，主要有加工中心、车削中心或计算机数控(CNC)车、铣、磨及齿轮加工机床等，用以自动完成多种工序的加工。

(2) 物料系统。物料系统用以实现工件及工装夹具的自动供给和装卸以及完成工序间的自动传送、调运和存储工作，包括各种传送带、自动导引小车、工业机器人及专用起吊运送机等。

(3) 计算机控制系统。计算机控制系统用以处理柔性制造系统的各种信息，输出数控CNC机床和物料系统等自动操作所需的信息，通常采用三级(设备级、工作站级、单元级)分布式计算机控制系统，其中单元级控制系统(单元控制器)是柔性制造系统的核心。

(4) 系统软件。系统软件用以确保柔性制造系统有效地适应中小批量、多品种生产的管理、控制及优化工作，包括设计规划软件、生产过程分析软件、生产过程调度软件、系统管理和监控软件。

2. 柔性制造系统的分类

按规模大小，柔性制造系统FMS可分为以下三类。

(1) 柔性制造单元(FMC)。FMC由单台带多托盘系统的加工中心或三台以下的CNC机床组成，具有适应加工多品种产品的灵活性。FMC的柔性最高。

(2) 柔性制造线(FML)。FML是处于非柔性自动线和FMS之间的生产线，对物料系统的柔性要求低于FMS，但生产效率更高。

(3) 柔性制造系统(FMS)。FMS通常包括三台以上的CNC机床(或加工中心)，由集中的控制系统及物料系统连接起来，可在不停机的情况下实现多品种、中小批量的加工管理。FMS是使用柔性制造技术最具代表性的制造自动化系统。

3. 柔性制造系统的效用

采用FMS的主要技术经济效果是能按装配作业配套需要，及时安排所需零件的加工，实现及时生产，从而减少毛坯和在制品的库存量及相应的流动资金占用量，缩短生产周期；提高设备的利用率，减少设备数量和厂房面积；减少直接劳动力，在少数人看管条件下可实现24小时昼夜地连续无人化生产，也可提高产品质量的一致性。

4. 柔性制造系统的发展方向

(1) 加快发展各种工艺内容的柔性制造单元和小型FMS。因为FMC的投资比FMS少得多而且效果相仿，所以它更适合于财力有限的中小型企业。多品种、大批量生产中应用FML的发展趋势是用价格低廉的专用数控机床代替通用的加工中心。

(2) 完善FMS的自动化功能。FMS完成的作业内容扩大，由早期单纯的机械加工型向焊接、装配、检验及板材加工乃至铸锻等综合性领域发展。另外，FMS还要与计算机辅助设计和辅助制造技术(CAD/CAM)相结合，向全盘自动化工厂方向发展。

1.5.5 智能制造技术和智能制造系统

智能制造是在制造生产的各个环节中，以一种高度柔性和高度集成的方式，应用智能制造技术和智能制造系统进行制造的生产模式。智能制造系统是一种由智能机器和人类专家共同组成的人机一体化智能系统。它在制造过程中，通过计算机模拟人类专家的智能活动，进行诸如分析、推理、判断、构思和决策等活动，旨在取代或延伸制造环境中人的部分脑力劳动，并对人类专家的制造智能进行收集、存储、完善、共享、继承和发展；智能制造技术的宗旨在于通过人与智能机器的合作共事，去扩大、延伸和部分地取代人类专家在制造过程中的脑力劳动，以实现制造过程的优化。智能制造可实现决策自动化的优势使其能很好地与未来制造生产的知识密集型特征相吻合，实现"制造智能"和制造技术的"智能化"。智能制造将是未来制造自动化发展的重要方向。

与传统的制造系统相比，智能制造系统具有以下特征：

(1) 自律能力。它具有搜集与理解环境信息和自身的信息，并进行分析判断和规划自身行为的能力。具有自律能力的设备称为"智能机器"。"智能机器"在一定程度上表现出独立性、自主性和个性，甚至相互间还能协调运作与竞争。强有力的知识库和基于知识的模型是自律能力的基础。

(2) 人机一体化。IMS不单纯是"人工智能"系统，而是人机一体化智能系统，是一种混合智能。基于人工智能的智能机器只能进行机械式的推理、预测、判断，它只能具有逻辑思维(专家系统)，最多做到形象思维(神经网络)，而做不到灵感(顿悟)思维，只有人类专家才能同时具备以上三种思维能力。因此，想以人工智能全面取代制造过程中人类专家的智能，独立承担起分析、判断、决策等任务是不现实的。人机一体化一方面突出了人在制造系统中的核心地位，同时在智能机器的配合下，更好地发挥出人的潜能，使人机之间表现出一种平等共事、相互"理解"、相互协作的关系，使二者在不同的层次上能各显其能，相辅相成。

因此，在智能制造系统中，高素质、高智能的人将发挥更好的作用，机器智能和人的智能将真正地集成在一起，互相配合，相得益彰。

(3) 虚拟现实(Virtual Reality)技术。这是实现虚拟制造的支持技术，也是实现高水平人机一体化的关键技术之一。虚拟现实技术是以计算机为基础，融信号处理、动画技术、智能推理、预测、仿真和多媒体技术为一体，借助各种音像和传感装置，虚拟展示现实生活中的各种过程、物件等，因而也能模拟实际制造过程和未来的产品，从感官和视觉上使人获得完全如同真实的感受。尤其是可以按照人们的意愿任意变化，这种人机结合的新一代智能界面是智能制造的一个显著特征。

(4) 自组织与超柔性。智能制造系统中的各组成单元能够依据工作任务的需要，自行组成一种最佳结构，其柔性不仅表现在运行方式上，而且表现在结构形式上，所以称这种柔性为超柔性，如同一群人类专家组成的群体，具有生物特征。

(5) 学习能力与自我维护能力。智能制造系统能够在实践中不断地充实知识库，它具有自学功能。同时，在运行过程中可自行诊断故障，并具备对故障自行排除、自行维护的能力。这种特征使智能制造系统能够自我优化并适应各种复杂的环境。

综上所述，可以看出智能制造作为一种模式，它是集自动化、柔性化、集成化和智能化于一身，并不断向纵深发展的高技术含量和高技术水平的先进制造系统。它需要投入巨大的科研力量去突破一个个技术难点。目前，研究的重点涉足四个层次，即虚拟企业、分布式智能系统、并行工程和代理结构。但同时也应看到，这是一个人机一体化的智能系统，只要不是单纯追求人工智能，而是注重人的智能和机器智能的有效结合，这样的系统就有可能实现。当然，这种实现是一个从初级到高级的发展过程。最后，需强调指出，随着知识经济的发展，知识将作为主要的经济禀赋，智能产品的价值日益攀升，智能制造模式将会成为下一代重要的生产模式。

思考与练习题

1. 数控技术有哪些特点？
2. 数控机床由哪几部分组成？各部分有什么作用？
3. 什么是点位控制、点位/直线控制和轮廓控制？
4. 简述数控机床的分类。
5. 数控技术的主要发展方向是什么？
6. 简述数控机床的发展趋势。
7. 柔性制造系统由哪几部分组成？每个部分的主要功能是什么？
8. 什么是计算机集成制造系统？它由哪几个部分组成？

第2章

数控机床编程基础

2.1 数控编程的基本概念

数控机床是用数字信息来控制机床进行自动加工的。人们将这些能控制机床进行加工的数字信息归纳、综合成便于记忆的指令代码，按工件图纸及工艺要求将这些指令代码有序地排列，即组成为数控加工程序。

2.1.1 编程过程与方法

1. 编程过程

数控机床是按照事先编制好的数控程序自动地对工件进行加工的高效自动化设备。理想的数控程序不仅应该保证能加工出符合图样要求的合格工件，还应该使数控机床的功能得到合理的应用与充分的发挥，以使数控机床能安全、可靠、高效地工作。

在程序编制以前，编程人员应了解所用数控机床的规格、性能、数控系统所具备的功能及编程指令格式等。编制程序时，需要先对零件图样规定的技术特性、几何形状、尺寸及工艺要求进行分析，确定加工方法和加工路线，再进行数值计算，以获得刀具中心运动轨迹的位置数据。然后，按数控机床规定采用的代码和程序格式，将工件的尺寸、刀具运动中心轨迹、位移量、切削参数(主轴转速、切削进给量、背吃刀量等)以及辅助功能(换刀、主轴的正转与反转、切削液的开与关等)编制成数控加工程序。在大部分情况下，要将加工程序记录在加工程序控制介质(简称控制介质)上。常见的控制介质有磁盘、磁带、穿孔带等。通过控制介质将零件加工程序输入至数控系统，由数控系统控制数控机床自动地进行加工。数控机床的加工过程见图2-1。

数控机床的程序编制主要包括：分析零件图样、工艺处理、数学处理、编写程序单、制作控制介质及程序检验。因此，数控程序编制也就是指由分析零件图样到程序检验的全部过程，见图2-2。

数控机床程序编制的具体步骤与要求如下：

(1) 分析零件图样和制定工艺方案。这一步骤的内容：对零件图样进行分析，明确加工的内容和要求；确定加工方案；选择合适的数控机床；选择、设计刀具和夹具；确定合理的走刀路线及选择合理的切削用量等。

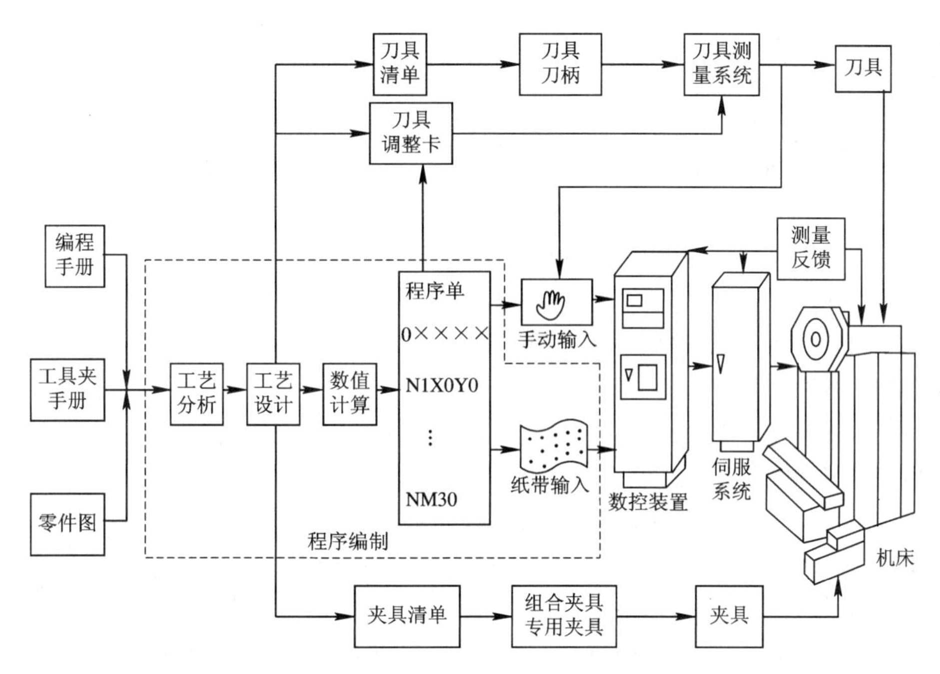

图 2-1　数控机床的加工过程

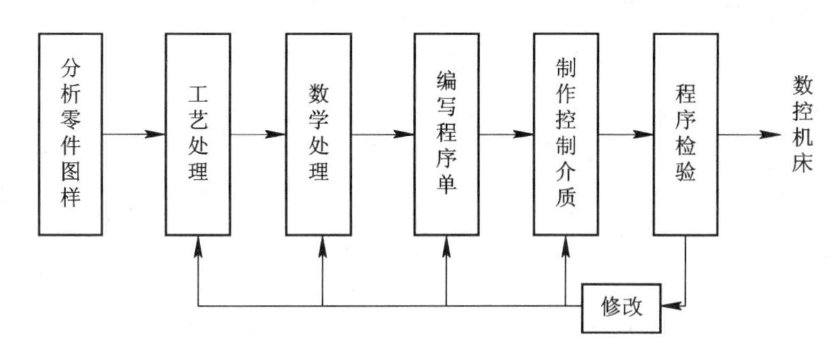

图 2-2　数控机床程序的编制过程

(2) 数学处理。在确定了工艺方案后，下一步需要根据零件的几何尺寸、加工路线，计算刀具中心的运动轨迹，以获得刀位数据。一般的数控系统均具有直线插补与圆弧插补的功能，对于加工由圆弧和直线组成的较简单的平面零件，只需要计算出零件轮廓上相邻几何元素的交点或切点的坐标值，得出各几何元素的起点、终点、圆弧的圆心坐标值。如果数控系统无刀具补偿功能，还应该计算刀具运动的中心轨迹。对于较复杂的零件或零件的几何形状与控制系统的插补功能不一致时，就需要进行较复杂的数值计算。例如，对非圆曲线(如渐开线、阿基米德螺旋线等)需要用直线段或圆弧段来逼近，在满足加工精度的条件下，计算出曲线各节点的坐标值。对于列表曲线、空间曲面的程序编制，其数学处理更为复杂，一般需要使用计算机辅助计算，否则难以完成。

(3) 编写零件加工程序单及程序检验。在完成上述工艺处理及数值计算工作后，即可编写零件加工程序单。程序编制人员使用数控系统的程序指令，按照规定的程序格式，逐段编写零件加工程序。程序编制人员应对数控机床的性能、程序指令及代码非常熟悉，才能编写出正确的加工程序。

程序编写好之后，需将它存放在控制介质上，然后输入到数控系统，从而控制数控机床工作。一般说来，正式加工之前，要对程序进行检验。对于平面零件可用笔代替刀具，以坐标纸代替工件进行空运转画图，通过检查机床动作和运动轨迹的正确性来检验程序。在具有图形模拟显示功能的数控机床上可通过显示走刀轨迹或模拟刀具对工件的切削过程，对程序进行检查。对于复杂的零件，需要采用铝件、塑料或石蜡等易切材料进行试切。通过检查试件，不仅可确认程序是否正确，还可知道加工精度是否符合要求。若能采用与被加工工件材质相同的材料进行试切，则更能反映实际加工效果。当发现工件不符合加工技术要求时，可修改程序或采取尺寸补偿等措施。

2. 编程方法

在普通机床上加工零件时，应由工艺员制定零件的加工工艺规程。在工艺规程中规定了所使用的机床和刀具、工件和刀具的装夹方法、加工顺序和尺寸、切削参数等内容，然后由操作者按工艺规程进行加工。在数控机床上加工零件时，首先要进行程序编制。将加工零件的加工顺序，工件与刀具相对运动轨迹的尺寸数据，工艺参数(主运动和进给运动速度，背吃刀量等)以及辅助操作(变速、换刀、切削液启/停、工件夹紧、松开等)等加工信息，用规定的文字、数字、符号组成的代码，按一定的格式编写成加工程序单，并将程序单的信息通过控制介质输入到数控装置，再由数控装置控制机床进行自动加工。从零件图样到编制零件加工程序和制作控制介质的全部过程，称为程序编制。

程序编制可分为手工编程和自动编程两类。

1) 手工编程

手工编程是指从零件图样到编制零件加工程序和制作控制介质的全部过程(工艺过程确定、加工轨迹和尺寸的计算、程序单编制及校验、控制介质制备、程序校验及试切等)都是由人工完成的。这就要求编程人员不仅要熟悉数控代码及编程规则，还必须具备机械加工工艺知识和数值计算能力。

手工编程对于简单零件通常可以胜任，但对于一些形状复杂的零件或空间曲面零件，编程工作量十分巨大，计算非常繁琐，花费时间太长，且容易出错。

2) 自动编程

所谓自动编程，是指编程人员只需根据零件图样的要求，按照某个自动编程系统的规定，编写一个零件源程序，送入编程计算机，由计算机自动进行程序编制，编程系统便可自动打印出程序清单和制备控制介质。自动编程既可减轻劳动强度、缩短编程时间，又可减少差错，使编程工作变得简便。

美国从 1953 年开始研究自动编程，1955 年推出世界上第一个自动编程系统，即 APT 系统。1961 年又推出 APT Ⅲ，后又发展了 APTIV、ADAPT 等。德国的 EXAPT、意大利的 MODAPT、苏联的 CIIC 和 CAIIC、法国的 IFAPT、英国的 2C、日本的 FAPT 与 HAPT 也相继出台。我国自 20 世纪 60 年代中期开始研究数控自动编程方法，70 年代开发了几种类似 APT 的数控语言系统，如 SKC、ZCX 等。这些编程系统以几何形状处理为主体，具有丰富的几何定义词汇和后置处理程序，均属于语言编程范畴，对于复杂零件，用 APT 语言编程，工作量大且有很多困难。近年来，自动编程技术发展迅速，各种新型数控编程系统相继出现。从国际范围来看，自动编程系统大致分为数控语言编程系统、图形编程系统、语音编程系统和视觉编程系统。

数控语言编程，就是编程人员用数控语言把被加工零件的有关信息(如零件的几何形状、材料、加工要求或切削参数、进给路线、刀具等)编制成一个简短的零件源程序，输入到计算机中，计算机则通过预先存入的自动编程系统对其进行前置处理，翻译零件源程序并进行刀位数据计算，最后由后置处理得到数控机床能够接受的指令单，也可以通过通信接口将后置处理的输出直接输入至CNC系统的存储器中。图2-3为数控语言编程的过程示意图。

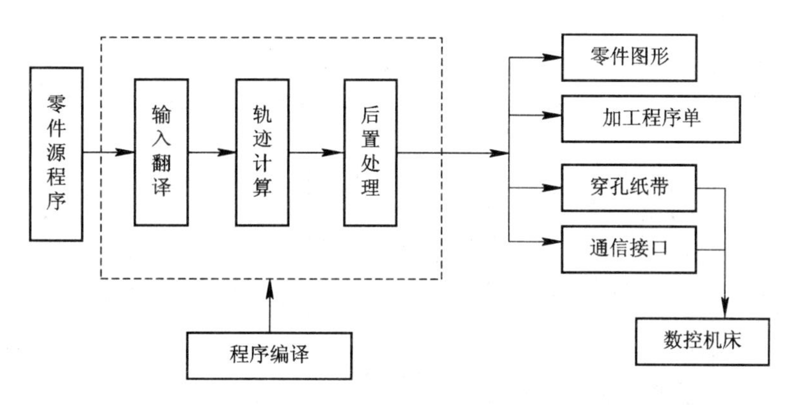

图2-3　数控语言编程的过程示意图

数控图形编程是利用图形输入装置，如键盘、鼠标器等直接向计算机输入被加工零件的图形，编程员基本上是将零件图的数控语言编程过程示意图“照搬”给计算机，就能得到零件各轮廓点的位置坐标值，再给出一些必要的工艺参数，便可立即在图形显示屏上显示出刀具的加工轨迹，自动生成NC加工指令清单。图2-4是一种典型的配置方案。

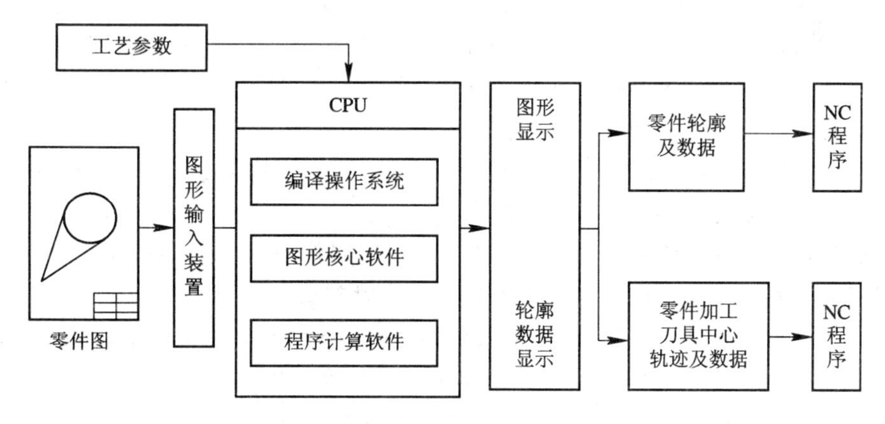

图2-4　一种典型的配置方案

语音编程系统是随着电子技术的研究而发展起来的。语音编程是用人说话作为输入介质的。编程人员只需对着话筒说出各种基本操作，计算机即可自动编制零件的数控加工程序。图2-5为语音编程的系统框图。

视觉编程系统是采用计算机视觉系统来自动阅读、理解图样，由编程员在编程过程中实时给定切刀点、下刀点和退刀点，然后自动计算出刀位点，经后置处理输出数控加工程序清单。图2-6为视觉系统编程的系统框图。

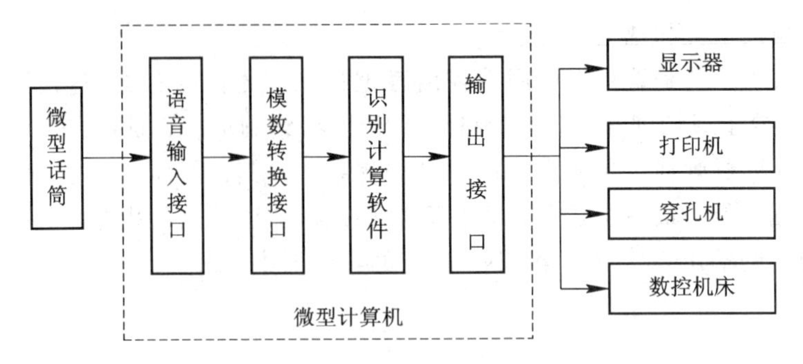

图 2-5　语音编程的系统框图

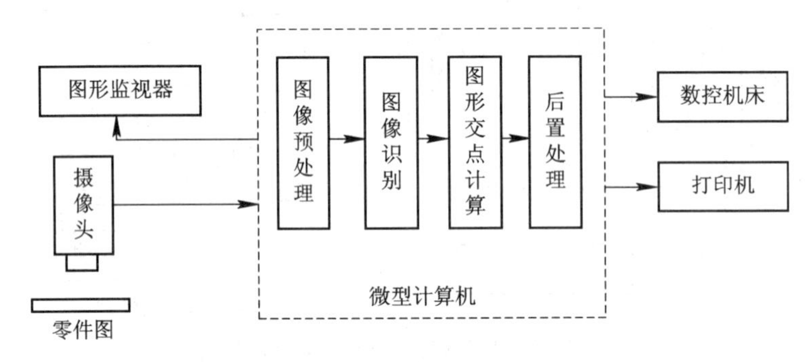

图 2-6　视觉系统编程的系统框图

数控语言编程系统是应用最广泛的自动编程系统。现在世界上实际应用的数控语言系统有100余种，其中最主要的是美国的APT(Automatically Programmed Tools，自动化编程工具)语言系统。它是一种发展最早、容量最大，功能较全面又成熟，应用广泛的数控编程语言。它能用于点位、连续控制系统以及2～5坐标数控机床，可以加工极为复杂的空间曲面。数控语言(多用APT)接近于自然语言，易于编程人员学习与掌握。但是，数控语言编程系统也有不少缺点，主要有以下几方面：

(1) 编程人员要学习和掌握数控语言。

(2) 需要将被加工零件的信息转换为文字信息，而文字信息远不如图形信息直观，且在这种转换中容易产生一些人为的错误。

(3) 数控语言编程目前还是采用批处理形式，即用数控语言编写的零件源程序，输入给计算机后一次处理，在处理过程中编程人员不能对其运行结果进行调整。因此，零件源程序的编写、编辑、修改等还不够直观，这些缺点阻碍了编程效率和质量的进一步提高。

虽然语音和视觉是快速传递和接收信息的主要手段，比手写快十几倍，甚至几十倍，操作简单，也容易实现高度自动化。但是，语音编程和视觉编程的发展及应用，依赖于语音识别技术和计算机视觉技术的发展水平，而且受工厂、企业的具体条件限制。国际上有些国家的语音编程系统和视觉编程系统在生产中已有所应用，但到目前为止，真正在生产中大面积推广应用的还很少；而在国内，也刚刚进入试验、研制阶段。

数控图形编程系统是利用图形输入装置直接向计算机输入被加工零件的图形，无需再对图形信息进行转换，大大减少了人为错误，比语音编程系统具有更多的优越性和广泛的适应性，从而提高了编程的效率和质量。另外，由于CAD的结果是图形，故可利用CAD系统的信息生成NC指令单，因此它能实现CAD/CAM集成化。正因为图形编程具有这样的优点，目前乃至将来一段时间内，它是自动编程系统的发展方向，必将在自动编程方面占主导地位。

2.1.2　坐标系的概念

为了保证数控机床的正确运动，避免工作的不一致性，简化编程和便于培训编程人员，ISO 和国际统一规定了数控机床坐标轴的代码及其运动的正、负方向，这给数控系统和机床的设计、使用和维修带来了极大的方便。

1. 机床坐标系

标准坐标系采用右手笛卡尔坐标系，其坐标命名为 X、Y、Z，常称为基本坐标系，如图 2－7 所示。右手的大拇指、食指和中指互相垂直时，拇指的方向为 X 坐标轴的正方向，食指为 Y 坐标轴的正方向，中指为 Z 坐标轴的正方向。

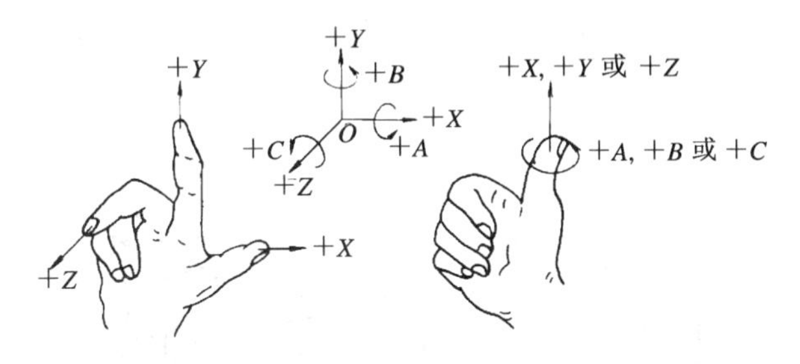

图 2－7　右手直角笛卡尔坐标系

以 X、Y、Z 坐标轴线或以与 X、Y、Z 坐标轴平行的坐标轴线为中心旋转的圆周进给坐标轴分别用 A、B、C 表示，根据右手螺旋定理，分别以大拇指指向 $+X$、$+Y$、$+Z$ 方向，其余四指方向则分别为 $+A$、$+B$、$+C$ 轴的旋转方向。

1）坐标轴的指定

（1）Z 轴：通常把传递切削力的主轴定为 Z 轴。对于工件旋转的机床，如车床、磨床等，工件转动的轴为 Z 轴；对于刀具旋转的机床，如镗床、铣床、钻床等，刀具转动的轴为 Z 轴；如果有几根轴同时符合上述条件，则其中与工件夹持装置垂直的轴为 Z 轴；如果主轴可以摆动，且在其允许的摆角范围内有一根与标准坐标系轴平行的轴时，则该轴为 Z 轴；若有两根或两根以上的轴与标准直角坐标轴平行时，其中与装夹工件的工作台相垂直的轴定为 Z 轴。对于工件和刀具都不转的机床，如刨床、插床等，无主轴，则 Z 轴垂直于工件装夹表面。Z 轴的正方向取为刀具远离工件的方向。

（2）X 轴：它一般平行于工件装卡面，且与 Z 轴垂直。对于工件旋转的机床，取平行于横向滑座的方向，即工件的径向为 X 轴坐标，取刀具远离工件旋转中心的方向为 X 轴的正向；对于刀具旋转的机床，若 Z 轴为水平（如卧式铣床、卧式镗床），则从刀具主轴向工件看，右手方向为 X 轴正向；若 Z 轴为垂直，对单立柱机床（如立式铣床），从刀具主轴向立柱方向看，右手方向为 X 轴正向，对于龙门机床，从主轴看龙门的方向为 X 轴正向；对于工件和刀具都不旋转的机床，X 轴与主切削方向平行且切削运动方向为正向。

（3）Y 轴：当 X 轴与 Z 轴确定之后，Y 轴垂直于 X 轴、Z 轴，其方向可由右手螺旋定理来决定。

图 2－8～图 2－11 分别给出了部分数控机床的标准坐标系。

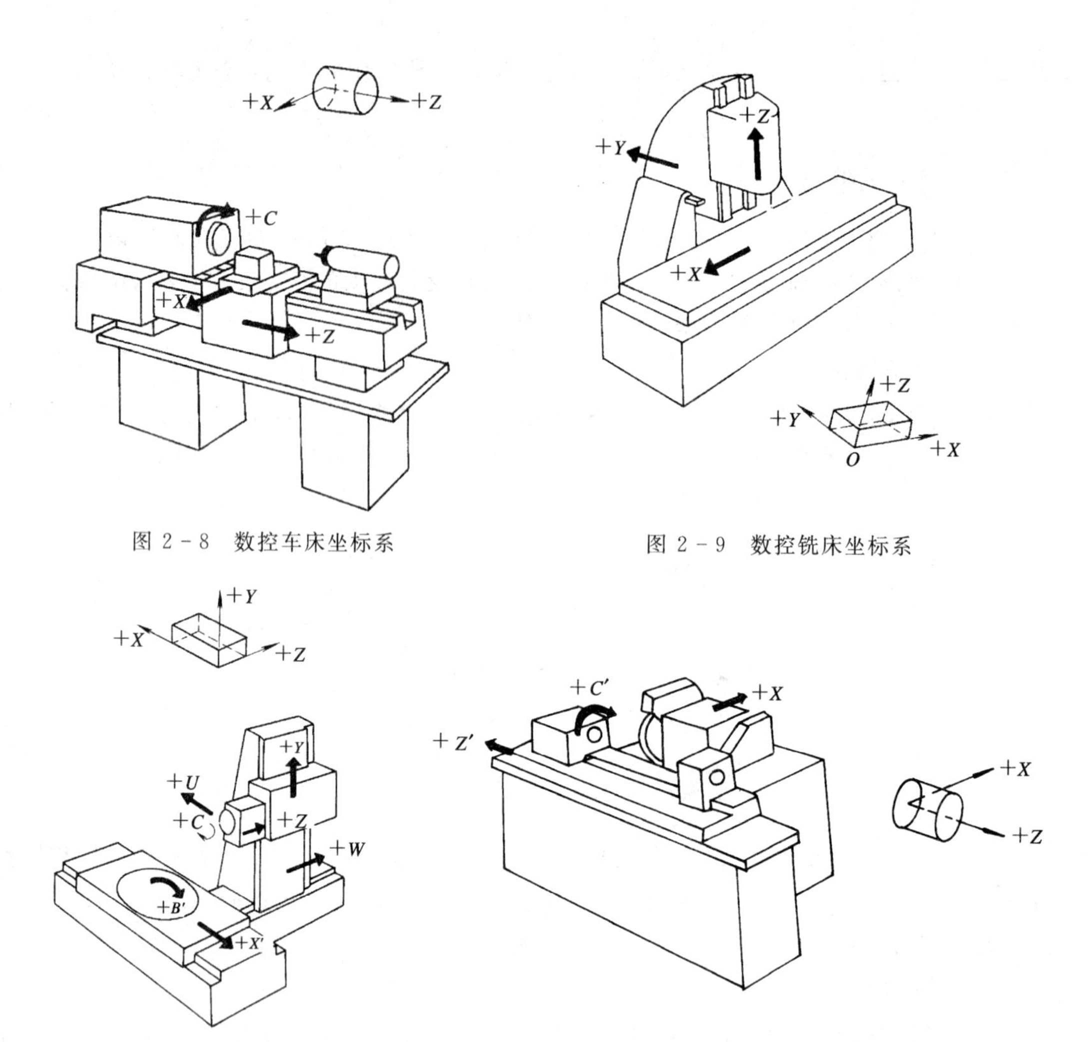

图 2-8　数控车床坐标系

图 2-9　数控铣床坐标系

图 2-10　数控镗、铣床坐标系

图 2-11　数控外磨床坐标系

2）回转运动的回转方向

有的数控机床需要有绕坐标轴的回转运动，例如绕 X 轴、Y 轴、Z 轴回转运动的轴别称为 A 轴、B 轴和 C 轴，它们的方向如图 2-12 所示。

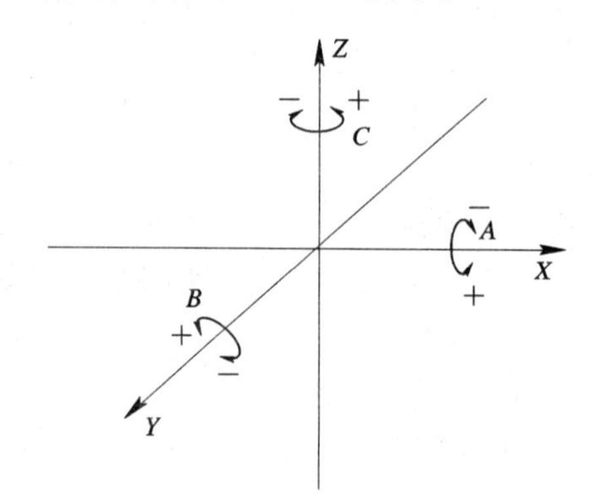

图 2-12　回转运动的方向

2. 工作坐标系

工作坐标系是编程人员在编程过程中所使用的。它由编程人员以工件图样上的某一固定点为原点所建立的坐标系，又称为工件坐标系或编程坐标系，编程尺寸都按工件的尺寸确定。

3. 附加坐标系

以上 X 轴、Y 轴、Z 轴通常称为第一坐标系；若有与这些轴平行的第二直线运动时称为第二坐标系，对应地命名为 U 轴、V 轴、W 轴；若有第三直线运动时，则对应地命名为 P 轴、Q 轴、R 轴，或者称为第三坐标系。

如果有不平行于 X 轴、Y 轴、Z 轴的直线运动，可根据使用方便的原则确定 U 轴、V 轴、W 轴和 P 轴、Q 轴、R 轴。当有两个以上相同方向的直线运动时，可按靠近第一坐标轴的顺序确定 U 轴、V 轴、W 轴和 P 轴、Q 轴、R 轴。

对于旋转轴除了 A 轴、B 轴和 C 轴以外，还可以根据使用要求继续命名为 D 轴、E 轴。

4. 坐标系的原点

1）坐标系与机床原点

机床坐标系是机床上固有的坐标系，并设有固定的坐标原点。机床上有一些固定的基准线，如主轴中心线；也有一些固定的基准面，如工作台面、主轴端面、工作台侧面等等。当机床的坐标轴手动返回各自的原点(或称零点)以后，用各坐标轴部件上的基准线和基准面之间的距离便可确定机床原点的位置，该点在数控机床的使用说明书上均有说明。如立式数控铣床的机床原点为 O，X 轴、Y 轴返回原点后，在主轴中心线与工作台面的交点处，可由主轴中心线至工作台的两个侧面的给定距离来测定。

2）工作坐标系与工作原点

工作坐标系原点在机床坐标系中称为调整点。在加工时，工件随夹具在机床上安装后，测量工作原点与机床原点之间的距离，这个距离称为工作原点偏置，如图 2－13 所示。该偏置值需要预存到数控系统中，在加工时，工作原点偏置值便能自动附加到工作坐标系上，使数控系统可按机床坐标系确定加工时的坐标值。因此，编程人员可以不考虑工件在机床上的安装位置和安装精度，而利用数控系统的原点偏置功能，通过工作原点偏置值来补偿工件的安装误差，使用起来非常方便，现在多数数控机床都具有这种功能。

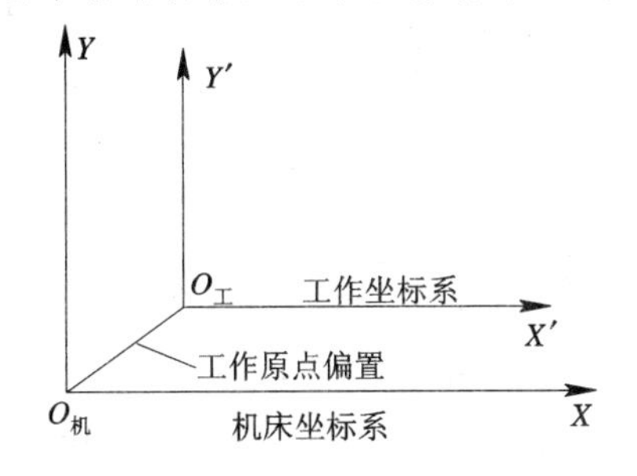

图 2－13　机床坐标系与工作坐标系

3）绝对坐标与相对坐标

运动轨迹的终点坐标是相对于起点计量的坐标系，称为相对坐标系(或称增量坐标系）。所有坐标点的坐标值均从某一固定坐标原点计量的坐标系，称为绝对坐标系。如图2－14中的A、B两点，若以绝对坐标计量，则$X_A=30$，$Y_A=35$，$X_B=12$，$Y_B=15$。

若以相对坐标计量，则B点的坐标是在以A点为原点建立起来的坐标系内计量的，则终点B的相对坐标为$X_B=-18$，$Y_B=-20$。

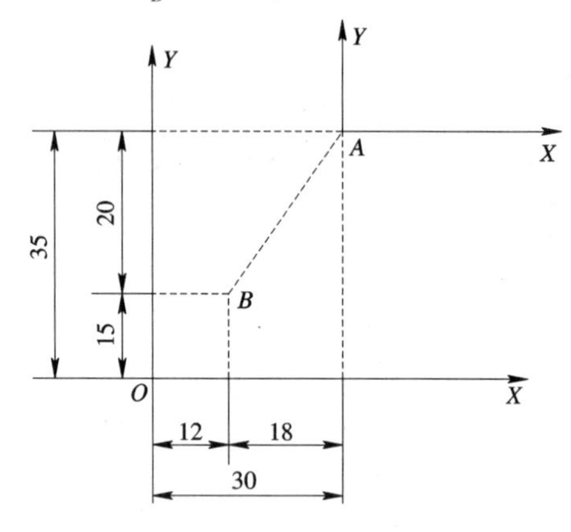

图2－14　绝对坐标系和相对坐标系

编程时，可根据具体机床的坐标系，从编程方便及加工精度要求的角度选用坐标系的类型。

2.1.3　程序结构

每种型号的数控系统，根据系统本身的特点及编程要求，都有一定的程序格式。对于不同的机床，其程序的格式也不同，因此编程人员必须严格按照机床说明书中的规定格式进行编程。

1. 程序的结构

一个完整的程序由程序号、程序内容和程序结束三部分组成。

1）程序号

程序号即为程序的开始部分，为了区别存储器中的程序，每个程序都要有程序编号，在编号前采用程序编号地址码。如在FANUC6系统中，一般采用英文字母O作为程序编号地址，而其他系统有的采用P、%以及“：”等，程序号的范围是0～999。接下来书写程序段，程序号的格式为N4(即N后最多允许有4位数)，程序号的范围是0～9999。为了修改程序时能随时插入一些程序段，程序号一般不按自然数列编写，而是采用跳写的方式，例如N10、N20、N30…或N0、N5、N10…。

2）程序内容

程序内容部分是整个程序的核心。它由许多程序段组成，每个程序段由一个或多个指令构成，它表示数控机床要完成的全部动作。程序开头的几个程序段一般先进行选刀、换刀、设定切削用量，规定主轴转向，是否使用冷却液等工作，还要用G54～G59或G92指出编程的原点；然后书写工件各表面加工的内容；最后是程序结束语句M02或M30。

3）程序结束

程序结束是以程序结束指令M02或M30作为整个程序结束的符号，来结束整个程序。

M30 与 M02 的不同点在于，前者程序结束后自动返回刚执行过的程序的起始处，准备接下去启动机床加工下一个(相同的)工件，而无需人工进行查找和调用等操作。程序结构如下：

```
O XXXX                                  (程序号)
N10  G92 X40 Y30 LF
N20  G90 G00 X28 T01 S800 M03 LF
N30  G01X-8 YS F200 LF                  (程序内容)
N40  X0 Y0 LF
N50  X28 Y30 LF
N60  G00 X40 LF
N70  M02 LF                             (程序结束)
```

2. 程序段格式

零件的加工程序是由程序段组成的。每个程序段由若干个数据字组成，每个字是控制系统的具体指令，它是由表示地址的英语字母、特殊文字和数字集合而成的。

程序段格式是指一个程序段中字、字符、数据的书写规则，通常有以下三种格式。

1) 字—地址程序段格式

字—地址程序段格式是由语句号字、数据字和程序段结束组成。各字前有地址，各字的排列顺序要求不严格，数据的位数可多可少，不需要的字以及与上一程序段相同的续效字可以不写。该格式的优点是程序简短、直观以及容易检验、修改，故该格式在目前广泛使用。字—地址程序段格式如下：

N—G—X—Y—Z—F—S—T—M—LF

例如，N40 G01 X25 Y—36 F100 S300 T02 M03 LF。

程序段内各字的说明：

(1) 语句号字(N)：用以识别程序段的编号。用地址码 N 和后面的若干位数字来表示。例如，N40 表示该语句的语句号为 40。

(2) 准备功能字(G 功能字)：G 功能是使数控机床做某种操作的指令，用地址符 G 和两位数字来表示，从 G00 至 G99 共 100 种。

(3) 尺寸字(X、Y、Z 等)：尺寸字由地址码、＋、－符号及绝对值(或增量)的数值构成。

尺寸字的地址码有 X、Y、Z、U、V、W、P、Q、R、A、B、C、I、J、K、D 等，例如，X20 Y—40。

尺寸字的“＋”可省略。表示地址码的英文字母的含义见表 2－1。

表 2－1　地址码中英文字母的含义

地址码	含　义	地址码	含　义
O、P	程序号、子程序号	P、Q、R	平行于 X、Y、Z 坐标的第三坐标
N	程序段号	A、B、C	绕 X、Y、Z 坐标的转动
X、Y、Z	X、Y、Z 方向的主运动	I、J、K	圆弧中心坐标
U、V、W	平行于 X、Y、Z 坐标的第二坐标	D、H	补偿号指定

(4) 进给功能字 (F)：表示刀具中心运动时的进给速度。它由地址码 F 和后面若干位数字构成。这个数字的单位取决于每个数控系统所采用的进给速度的指定方法。如 F100 表示进给速度为 100 mm/min，有的以 F * * 表示后两位既可以是代码，也可以是进给量的数值。具体内容见所用数控机床编程说明书。

(5) 主轴转速功能字(S)：由地址码 S 和其后的若干位数字组成，单位为转速单位(r/min)，例如，S800 表示主轴转速为 800 r/min。

(6) 刀具功能字(T)：由地址码 T 和若干位数字组成。刀具功能字的数字是指定的刀号。数字的位数由所用系统决定，例如，T04 表示第四号刀。

(7) 辅助功能字(M 功能)：辅助功能表示一些机床辅助动作的指令，用地址码 M 和后面两位数字表示。从 M00 至 M99 共 100 种。

(8) 程序段结束符：它写在每一程序段之后，表示程序结束。当用 EIA 标准代码时，结束符为"CR"，用 ISO 标准代码时为"NL"或"LF"。有的用符号"；"或"＋"表示。

2) 使用分隔符的程序段格式

使用分隔符的程序段格式预先规定了输入时可能出现的字的顺序，在每个字前写一个分隔符"HT"，这样就可以不使用地址符，只要按规定的顺序把相应的数字跟在分隔符后面就可以了。

使用分隔符的程序段与字—地址程序段的区别在于用分隔符代替了地址符。在这种格式中，重复的可以不写，但分隔符不能省略。若程序中出现连在一起的分隔符，表明中间略去了一个数据字。

使用分隔符的程序格式一般用于功能不多且较固定的数控系统，但程序不直观，容易出错。

3) 固定程序段格式

固定程序段格式既无地址码也无分隔符，各字的顺序及位数是固定的。重复的字不能省略，所以每个程序段的长度都是一样的。这种格式的程序段长且不直观，目前很少使用。

2.2 常用功能指令及编程方法

在数控机床上进行工件加工过程中的各种操作和运动特征是在加工程序中用指令的方式予以规定的。这些指令包括 G 指令、M 指令以及 F 功能(进给功能)、S 功能(主轴转速功能)、T 功能(刀具功能)。

2.2.1 准备功能 G 指令代码

G 指令代码也称准备功能指令。这类指令在数控装置插补运算之前需要预规定，为插补运算、刀补运算、固定循环等做好准备。例如，刀具在哪个坐标平面加工，是直线还是圆弧等。JB 3208—83 中规定：G 指令由字母 G 和其后面的两位数字组成，从 G00 至 G99 共 100 种代码，见表 2 - 2。

表 2-2 G 指令代码

代码	功能保持到被取消或被同样字母表示的程序指令所代替	功能仅在所出现的程序段内有作用	功能	代码	功能保持到被取消或被同样字母表示的程序指令所代替	功能仅在所出现的程序段内有作用	功能
(1)	(2)	(3)	(4)	(1)	(2)	(3)	(4)
G00	a		点定位	G50	#(d)	#	刀具偏置 0/−
G01	a		直线插补	G51	#(d)	#	刀具偏置+/0
G02	a		顺时针方向圆弧插补	G52	#(d)	#	刀具偏置−/0
G03	a		逆时针方向圆弧插补	G53	f		直线偏移，注销
G04	*		暂停	G54	f		直线偏移 X
G05	#	#	不指定	G55	f		直线偏移 Y
G06	a		抛物线插补	G56	f		直线偏移 Z
G07	#	#	不指定	G57	f		直线偏移 XY
G08		*	加速	G58	f		直线偏移 XZ
G09		*	减速	G59	f		直线偏移 YZ
G10～G16	#	#	不指定	G60	h		准确定位 1(精)
G17	c		XY 平面选择	G61	h		准备定位 2(中)
G18	c		ZX 平面选择	G62	h		快速定位(粗)
G19	c		YZ 平面选择	G63		*	攻螺纹
G20～G32	#	#	不指定	G64～G67	#	#	不指定
G33	a		螺纹切削，等螺距	G68	#(d)	#	刀具偏置，内角
G34	a		螺纹切削，增螺距	G69	#(d)	#	刀具偏置，外角
G35	a		螺纹切削，减螺距	G70～G79	#	#	不指定
G36～G39	#	#	永不指定	G80	c		固定循环注销
G40	d		刀具补偿/刀具偏置注销	G81～G89	e		固定循环
G41	d		刀具补偿——左	G90	j		绝对尺寸
G42	d		刀具补偿——右	G91	j		增量尺寸
G43	#(c)	#	刀具偏置——正	G92		*	预置寄存
G44	#(c)	#	刀具偏置——负	G93	k		时间倒数，进给率
G45	#(c)	#	刀具偏置+/+	G94	k		每分钟进给
G46	#(c)	#	刀具偏置+/−	G95	k		主轴每转进给
G47	#(c)	#	刀具偏置−/−	G96	l		恒线速度
G48	#(c)	#	刀具偏置−/+	G97	l		每分钟转数(主轴)
G49	#(c)	#	刀具偏置 0/+	G98～G99	#	#	不指定

注：(1) #号：如选作特殊用途，必须在程序格式说明中说明。

(2) 如在直线切削控制中没有刀具补偿，用 G43～G52 可指定作其他用途。

(3) 在表中左栏括号中的字母(d)表示：可以被同栏中没有括号的字母(d)所注销或代替，亦可被有括号的字母(d)所注销或代替。

(4) G45～G52 的功能可用于机床上任意两个预定的坐标。

(5) 控制机上没有 G53～G59、G63 功能时，可以指定作其他用途。

G 指令有以下两种：

（1）模态 G 指令。在表 2－2 内第二栏中，如标有字母则表示相对应的 G 代码为模态指令。相同字母对应的 G 代码为一组，同组的任意两个代码不能同时出现在一个程序段中。模态代码表示这种代码在一个程序段中一经指定，便保持有效到以后的程序段中出现同组的另一个代码时才失效。在某一程序中一经应用某模态 G 指令，如果其后续的程序段中还有相同功能的操作且没有出现过同组的 G 指令时，则在后续的程序段中可以不再出现和书写这一功能代码。

（2）非模态 G 指令。表 2－2 内第二栏中没有字母的表示对应的 G 代码为非模态代码，即只有书写了该代码时才有效。

2.2.2 辅助功能 M 指令代码

辅助功能代码也有 M00～M99 共计 100 种，见表 2－3。M 代码也有续效代码与非续效代码。

表 2－3 M 代 码

代码	功能开始时间		功能保持到被注销或被适当程序指令代替	功能仅在所出现的程序段内有作用	功能	代码	功能开始时间		功能保持到被注销或被适当程序指令代替	功能仅在所出现的程序段内有作用	功能
	与程序段指令运动同时开始	在程序段指令运动完成后开始					与程序段指令运动同时开始	在程序段指令运动完成后开始			
(1)	(2)	(3)	(4)	(5)	(6)	(1)	(2)	(3)	(4)	(5)	(6)
M00		*		*	程序停止	M36	*		#		进给范围 1
M01		*		*	计划停止	M37	*		#		进给范围 2
M02		*		*	程序结束	M38	*		#		主轴速度范围 1
M03	*		*		主轴顺时针方向	M39	*		#		主轴速度范围 2
M04	*		*		主轴逆时针方向	M40～M45	#	#	#	#	如有需要作为齿轮换挡，此外不指定
M05		*	*		主轴停止	M46、M47	#	#	#	#	不指定
M06	#	#		*	换刀	M48		*	*		注销 M49
M07	*		*		2 号切削液开	M49	*		#		进率修正旁路
M08	*		*		1 号切削液开	M50	*		#		3 号切削液开
M09		*	*		切削液关	M51	*		#		4 号切削液开
M10	#	#	*		夹紧	M52～M54	#	#	#	#	不指定
M11	#	#	*		松开	M55	*		#		刀具直线位移，位置 1
M12	#	#	#	#	不指定	M56	*		#		刀具直线位移，位置 2

续表

代码	功能开始时间		功能保持到被注销或被适当程序指令代替	功能仅在所出现的程序段内有作用	功能	代码	功能开始时间		功能保持到被注销或被适当程序指令代替	功能仅在所出现的程序段内有作用	功能
	与程序段指令运动同时开始	在程序段指令运动完成后开始					与程序段指令运动同时开始	在程序段指令运动完成后开始			
(1)	(2)	(3)	(4)	(5)	(6)	(1)	(2)	(3)	(4)	(5)	(6)
M13	*		*		主轴顺时针方向，切削液开	M57～M59	#	#	#	#	不指定
M14	*		*		主轴逆时针方向，切削液开	M60		*		*	更换工件
M15	*			*	正运动	M61	*				工件直线位移，位置1
M16	*			*	负运动	M62	*		*		工件直线位移，位置2
M17、M18	#	#	#	#	不指定	M63～M70	#	#	#	#	不指定
M19		*	*		主轴定向停止	M71	*		*		工件角度位移，位置1
M20～M29	#	#	#	#	永不指定	M72	*		*		工件角度位移，位置2
M30		*		*	纸带结束	M73～M89	#	#	#	#	不指定
M31	#	#		*	互锁旁路	M90～M99	#	#	#	#	永不指定
M32～M35	#	#	#	#	不指定						

注：(1) #号表示如选作特殊用途，必须在程序说明中说明。

(2) M90～M99可指定为特殊用途。

M指令代码的含义如下：

(1) M00为程序停止指令。在执行完含有M00的程序段后，机床的主轴、进给及切削液都自动停止。该指令用于加工过程中进行测量工件的尺寸、命令工件调头、手动变速等固定操作。当程序运行停止时，全部现存的模态信息保持不变，固定操作完成，重按“启动”键，便可继续执行后续的程序。

(2) M01为计划(任选)停止代码。该代码与M00基本相似，所不同的是：只有在“任选、停止”按键被按下时，M01才有效，否则机床仍不停地继续执行后续的程序段。该代码常用于工件关键尺寸的停机抽样检查等情况，当检查完成后，按启动键继续执行以后的程序。

(3) M02为程序结束代码。当全部程序结束时，用此代码使主轴、进给、冷却全部停止并使机床复位。该代码必须出现在程序的最后一个程序段中。

(4) M03、M04、M05分别表示主轴正转、反转和主轴停止转动。

(5) M06用于电动控制刀架或多轴转塔刀架的自动转位实现换刀，或具有刀库的数控机床(如加工中心)的自动换刀。

(6) M07、M08、M09用于冷却装置的启动和关闭。M07表示雾状切削液开关；M08表示液状切削液开关；M09表示关闭切削液开关，并注销M07、M08、M50及M51。

(7) M30 为程序结束。该指令与 M02 的功能基本相同，所不同的是，M30 可使环形纸带越过接头或转换到第二台输入机中。

2.2.3 其他功能 F、S、T 指令代码

1. F 功能(进给功能)

F 功能也称进给功能，它表示进给速度。根据数控系统的不同，F 功能的表示方法也不同。用“F+1～5 位数字”表示，通常用 F 后跟三位数字(FXXX)表示。进给功能的单位一般为 mm/min，当进给速度与主轴转速有关时(如车削螺纹)，单位为 mm/r。

2. S 功能(主轴转速功能)

S 功能也称为主轴转速功能，它主要表示主轴转速或速度。S 功能用“S+2～4 位数字”组成，其单位有两种，分别为 r/min 或 m/min。通常使用 r/min(如 800 r/min)表示主轴转速为每分钟 800 转。

3. T 功能(刀具功能)

T 功能也称刀具功能，表示选择刀具和刀补号。一般具有自动换刀的数控机床才有此功能。刀具功能用“T+2 或 4 位数字”表示。

F、S、T 功能均为模态代码。

2.2.4 常用准备功能指令的编程方法

1. G90 绝对值编程指令

该指令表示在 G90 方式下，程序段中的轨迹坐标都是相对于某一原点所给定的绝对尺寸。以图 2－15 为例用绝对值编程的程序如下：

```
N10  G90;
N20  G01 X10 Y20 F120;
N30  X30 Y30;
N40  X40 Y60;
N50  X80 Y30;
N60  M02
```

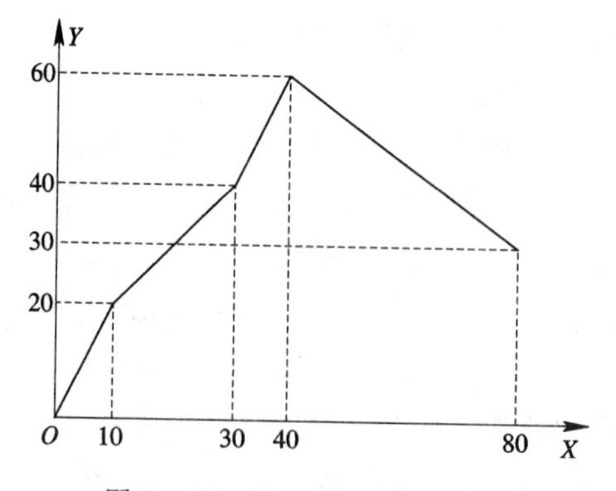

图 2－15　G90、G91 应用图例

2. G91 增量值编程指令

该指令表示在 G91 方式下，程序段中的轨迹坐标都是相对于前一位置坐标的增量尺

寸。仍以图 2－15 为例，在下列用增量值编程的程序中，各点坐标都是相对于前一点位置来编程的。

```
N10  G91;
N20  G01 X10 Y20 F120;
N30  X20 Y20;
N40  X10 Y20;
N50  X40 Y30;
N60  M02
```

如果在开始程序段不注明是 G90 还是 G91 方式，则系统按 G90 方式运行。

3. G92 坐标系设定指令

当用绝对值编程时，首先需要建立一个坐标系，用来确定绝对坐标原点(又称编程原点)设在距刀具现在位置多远的地方，即确定刀具起始点在某坐标系中的坐标值。这个坐标系就是工件坐标系。设定工件坐标系的指令格式如下：

G92 X Y Z

其中，X Y Z 为刀位点在工件坐标系中的初始位置。工件坐标系建立后，程序内所有用绝对值指定的坐标值，均为这个坐标系中的坐标值。

必须注意，执行 G92 指令时，机床并不动作，即 X、Y、Z 轴均不动作。只是显示器上的坐标值发生了变化。以图 2－16 为例，加工工件前，刀具起始点在机床坐标系(XOY)中的坐标值为(200，20)，此时，显示器上显示的坐标值也为(200，20)，当机床执行"G92 X160 Y－20"时，就建立起了工件坐标系。这时显示器上显示的坐标值改变为(160，20)，这个坐标值是刀具起始点相对于工件坐标系($X'O'Y'$)中的坐标值，但刀具相对机床的位置没有改变。在运行后面的程序时，凡是绝对值方式下的坐标值均为点在 $X'O'Y'$ 这个坐标系中的坐标。

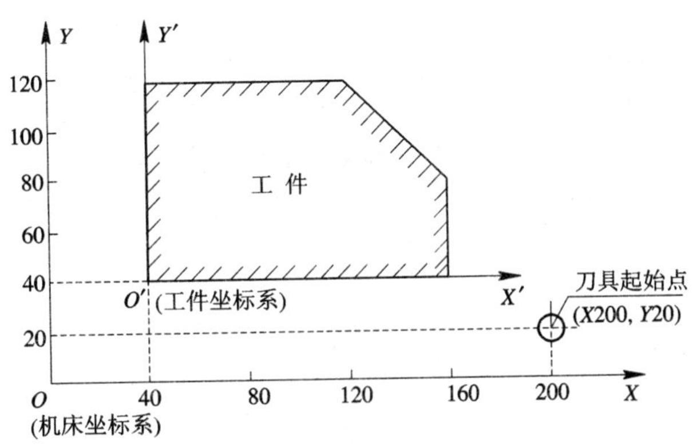

图 2－16　工件坐标系的设定

需要指出的是，工件坐标系原点 O'(编程原点)相对机床坐标系原点 O 的位置必须事先调整好，或者说刀具起始点相对工件坐标系原点 O' 的位置是已知的。

4. G00 快速定位指令

G00 快速定位指令的格式如下：

G00　X Y Z

其中，X Y Z 为目标点坐标。

G00 指令的功能是指令刀具相对于工件从一个定位点快速移动到下一个定位点运动速度不需在程序段里设定，而根据 NC 系统里预先设定的速度来执行。

5. G01 直线插补指令

G01 直线插补指令的格式如下：

G01　X Y Z F

其中，X Y Z 为目标点坐标。

G01 指令的功能是指令两个(或三个)坐标以联动的方式，按程序段中规定的进给速度 F，插补加工出任意斜率的直线(或空间平面)。

X Y Z 值在 G90 方式下用绝对值坐标，在 G91 方式下用增量值坐标。F 为刀具进给速度。

如图 2－17 所示，加工直线 AB，刀具起点为 A、终点为 B。

用绝对值编程的程序：G90 G01 X60 Y50 F120；

用增量值编程的程序：G91 G01 X50 Y40 F120；

G01 和 F 均为模态代码，G01 程序段中必须含有 F 指令。若无 F 指令，则认为进给速度为 0。

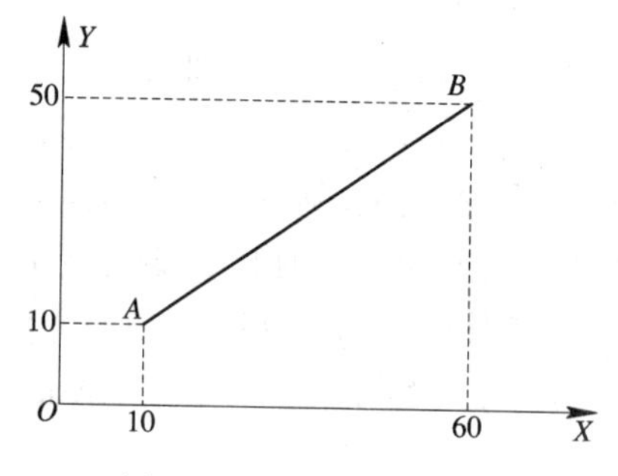

图 2－17　直线插补 G01

6. G02、G03 圆弧插补指令

G02、G03 指令的功能是使机床在给定的坐标平面内进行圆弧插补运动。顺圆弧和逆圆弧在各坐标平面内的判别方法如图 2－18 所示，即在圆弧插补中沿垂直于要加工圆弧所在平面的坐标轴由正方向向负方向看，刀具相对于工件的转动方向是顺时针方向为 G02，逆时针方向为 G03。指令格式如下：

$$\begin{Bmatrix}\text{G02}\\\text{G03}\end{Bmatrix}\ \text{X—Y—I—J—F}$$

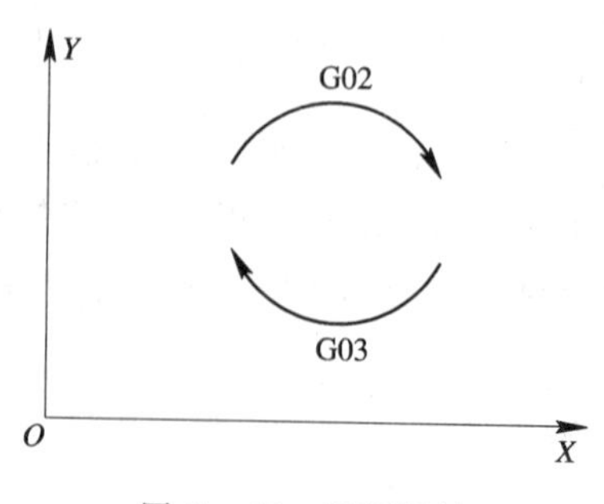

图 2－18　圆弧插补

其中，X、Y 为圆弧终点坐标值。在绝对值编程(G90)方式下，圆弧终点坐标是绝对坐标尺寸；在增量值编程(G91)方式下，圆弧终点坐标是相对于圆弧起点的增量值。I、J 表示圆弧圆心相对于圆弧起点在 X、Y 方向上的增量坐标，与 G90 和 G91 方式无关。F 为刀具沿圆弧切向的进给速度。

下面以图 2-19 为例，说明 G02、G03 的编程方法。

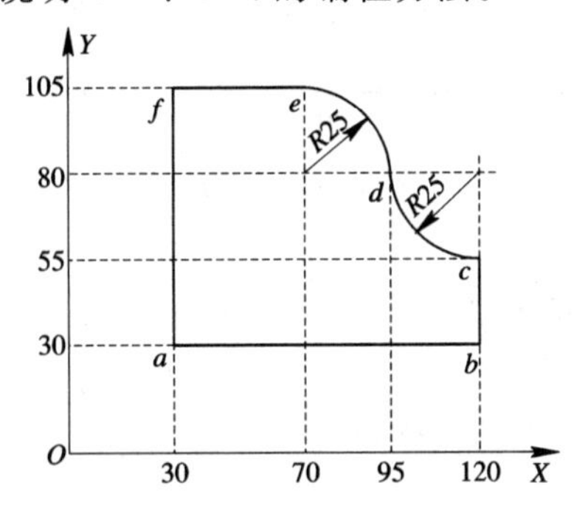

图 2-19　G02、G03 的编程图例

设刀具由坐标原点 O 快进至 a 点，从 a 点开始沿 a、b、c、d、e、f、a 切削，最终回到原点 O。

用绝对值编程程序如下：

```
N10  G92 X0 Y0;
N20  G90 G00 X30 Y30;
N30  G01 X120 F120;
N40  Y55;
N50  G02 X95 Y80 I0 J25 F100;
N60  G03 X70 Y105 I-25 J0;
N70  G01 X30 Y105 F120;
N80  Y30;
N90  G00 X0 Y0;
N100  M02
```

用增量值编程程序如下：

```
N10  G91 G00 X30 Y30;
N20  G01 X90 F120;
N30  Y25;
N40  G02 X-25 Y25 I0 J25 F100;
N50  G03 X-25 Y25 I-25 J0;
N60  G01 X-40 F120;
N70  Y-75;
N80  G00 X-30 Y-30;
N100  M02
```

在实际铣削加工中，往往要求在工件上加工出一个整圆轮廓，在编制整圆轮廓程序时需注意圆心坐标 I、J 不能同时为 0。否则，在执行此指令时，刀具将原地不动或系统发出错误信息。

下面以图 2-20 为例，说明整圆的编程方法。

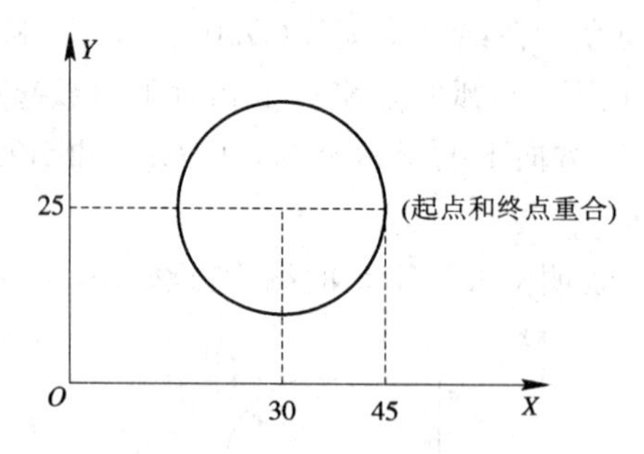

图 2-20　整圆的编程方法

用绝对值编程程序如下：

G02　X45 Y25 I-15 J0 F100；

用增量值编程程序如下：

G91　G02 X0 Y0 I-15 J0 F100；

7. G04 暂停指令

G04 指令的功能是使刀具作短暂的无进给加工，以获得平整而光滑的表面，主要用于以下几种情况：

(1) 横向切槽、倒角、车顶尖孔时，为使表面平整，使用暂停指令，使刀具在加工表面位置停留几秒钟再退刀。

(2) 对不通孔进行钻削加工时，刀具进给到孔底位置，用暂停指令使刀具作非进给光整切削，然后再退刀，保证孔底平整。暂停指令的指令格式如下：

$$G04\begin{cases}X\\P\end{cases}$$

地址码 X 或 P 为暂停时间。其中，X 后面可用带小数点的数，单位为 s。例如，G04X4.5 表示前一段程序执行完，刀具在原地停留 4.5 s 后，后一段程序才执行。P 后面不允许用小数点，单位为 ms。例如，G04 P2000 表示暂停 2 s。应注意，G04 必须单独编写一个程序段，并紧跟在需要暂停的程序段后。

图 2-21 为车槽工序。假设主轴转速 $n=600$ r/min，则转一圈所需要的时间为 $T=0.1$ s，若使刀具在槽底暂停到工件转三圈，程序如下：

G01　X45 F60；

G04　X0.3；

G01　X60 F60；

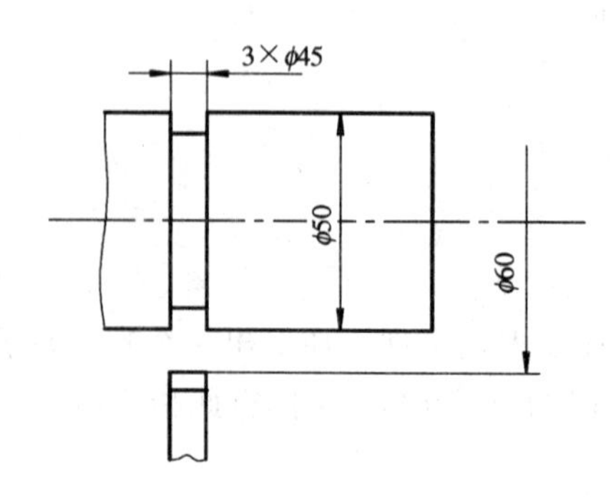

图 2-21　车槽工序

2.3 数控加工工艺设计

2.3.1 工艺分析与设计

在数控机床上加工零件，首先遇到的问题就是工艺问题。数控机床的加工工艺与普通机床的加工工艺有许多相同之处，也有许多不同，在数控机床上加工的零件通常要比普通机床所加工的零件工艺规程复杂得多。在数控机床加工前，要将机床的运动过程、零件的工艺过程、刀具的形状、切削用量和走刀路线等都编入程序，这就要求程序设计人员要有多方面的知识基础。合格的程序员首先是一个很好的工艺人员，应对数控机床的性能、特点、切削范围和标准刀具系统等有较全面的了解，否则就无法做到全面周到地考虑零件加工的全过程以及正确、合理地确定零件的加工程序。

数控机床是一种高效率的设备，它的效率一般高于普通机床的 2～4 倍。要充分发挥数控机床的这一特点，必须熟练掌握性能、特点及使用方法，同时还必须在编程之前正确地确定加工方案，进行工艺设计，再考虑编程。

根据实际应用中的经验，数控加工工艺主要包括下列内容：

(1) 选择并决定零件的数控加工内容。

(2) 零件图样的数控工艺性分析。

(3) 数控加工的工艺路线设计。

(4) 数控加工工序设计。

(5) 数控加工专用技术文件的编写。

数控加工工艺设计的原则和内容在许多方面与普通加工工艺相同，下面主要针对不同点进行简要说明。

1. 数控加工工艺内容的选择

对于某个零件来说，并非全部加工工艺过程都适合在数控机床上完成。而往往只是其中的一部分适合于数控加工。这就需要对零件图样进行仔细的工艺分析，选择那些最适合、最需要进行数控加工的内容和工序。在选择并做出决定时，应结合本企业设备的实际，立足于解决难题、攻克关键和提高生产效率，充分发挥数控加工的优势。在选择时，一般可按下列顺序考虑：

(1) 通用机床无法加工的内容应作为优选内容。

(2) 通用机床难加工，质量也难以保证的内容应作为重点选择内容。

(3) 通用机床效率低、工人手工操作劳动强度大的内容，可在数控机床尚存在富余能力的基础上进行选择。

一般来说，上述这些加工内容采用数控加工后，在产品质量、生产效率与综合效益等方面都会得到明显提高。相比之下，下列一些内容则不宜选择数控加工：

(1) 占机调整时间长。如以毛坯的粗基准定位加工第一个精基准，要用专用工装协调的加工内容。

(2) 加工部位分散，要多次安装、设置原点。这时，采用数控加工很麻烦，效果不明显，可安排通用机床补加工。

(3) 按某些特定的制造依据(如样板等)加工的型面轮廓。主要原因是获取数据困难，容易与检验依据发生矛盾，增加编程难度。

此外，在选择和决定加工内容时，也要考虑生产批量、生产周期、工序间周转情况等等。总之，要尽量做到合理，达到多、快、好、省的目的。要防止把数控机床降格为通用机床使用。

2. 数控加工工艺性分析

在选择和决定数控加工内容的过程中，数控技术人员已经对零件图样作过一些工艺性分析，但还不够具体与充分。在进行数控加工的工艺分析时，还应根据所掌握的数控加工基本特点及所用数控机床的功能和实际工作经验，力求把这一前期准备工作做得更仔细、更扎实些，以便为下面要进行的工作铺平道路，减少失误和返工，不留隐患。

对图样的工艺性分析与审查，一般是在零件图样设计和毛坯设计以后进行的。特别是在把原来采用通用机床加工的零件改为数控加工的情况下，零件设计都已经定型，我们再要求根据数控加工工艺的特点，对图样或毛坯进行较大的更改，一般是比较困难的，所以一定要把重点放在零件图样或毛坯图样初步设计划定之间的工艺性审查与分析上。因此，编程人员要与设计人员密切合作，参与零件图样审查，提出恰当的修改意见，在不损害零件使用特性的许可范围内，更多地满足数控加工工艺的各种要求。

关于数控加工的工艺性问题，其涉及面很广，这里仅从数控加工的可能性与方便性两个角度提出一些必须分析和审查的主要内容。

1) 尺寸标注应符合数控加工的特点

在数控编程中，所有点、线、面的尺寸和位置都是以编程原点为基准的。因此，零件图中最好直接给出坐标尺寸，或尽量以同一基准标注尺寸。这种标注法，既便于编程，也便于与尺寸之间的相互协调，会在保持设计、工艺、检测基准与编程原点设置的一致性方面带来很大方便。由于零件设计人员往往在尺寸标注中较多地考虑装配等方面，而不得不采取局部分散的标注方法，这样会给工序安排与数控加工带来诸多不便。事实上，由于数控加工精度及重复定位精度都很高，不会因产生较大的累积误差而破坏使用性能，因而改动局部的分散标注法为集中标注或坐标式尺寸是完全可以的。

2) 几何要素的条件应完整、准确

在程序编制中，编程人员必须充分掌握构成零件轮廓的几何要素参数及各几何要素间的关系。因为在自动编程时要对构成零件轮廓的所有几何元素进行定义，手工编程时要计算出每一个节点的坐标，无论哪一点不精确或不确定，编程都无法进行。但由于零件设计人员在设计过程中考虑不周或被忽略，常常出现给出参数不全或不清楚，也可能有自相矛盾之处，如圆弧与直线、圆弧与圆弧到底是相切还是相交或相离状态？这就增加了数学处理与节点计算的难度。所以，在审查与分析图样时，一定要仔细认真，发现问题及时找设计人员更改。

3) 定位基准可靠

在数控加工中，加工工序往往较集中，可对零件进行双面、多面的顺序加工，确定基准定位十分必要，否则很难保证两次安装加工后两个面上的轮廓位置及尺寸协调。所以，如零件本身有合适的孔，最好就用它来做定位基准孔，即使零件上没有合适的孔，也要想办法专门设置工艺孔作为定位基准。如零件上实在无法制出工艺孔，可以考虑以零件轮廓的基准边定位或在毛坯上增加工艺凸耳，制出工艺孔，在完成定位加工后再除去。

此外，在数控铣削工艺中也常常需要对零件轮廓的凹圆弧半径及毛坯的有关问题提一些特殊要求。

3. 数控加工工艺路线的设计

数控加工的工艺路线设计与用通用机床加工的工艺路线设计的主要区别在于它不是指从毛坯到成品的整个工艺过程，而仅是几道数控加工工序工艺过程的具体描述。因此在工艺路线设计中一定要注意到，由于数控加工工序一般均穿插于零件加工的整个工艺过程中间，因而要与普通加工工艺衔接好。

另外，在通用机床加工时由工人根据自己的实践经验和习惯所自行决定的工艺问题，如工艺中各工步的划分与安排、刀具的几何形状、走刀路线及切削用量等，都是数控工艺设计时必须认真考虑的内容，并将正确的选择编入程序中。在数控工艺路线设计中主要应注意以下几个问题。

1）工序的划分

根据数控加工的特点，数控加工工序的划分一般可按下列方法进行：

(1) 以一次安装、加工作为一道工序。这种方法适合于加工内容不多的工件，加工完后就能达到待检状态。

(2) 以同一把刀具加工的内容划分工序。有些零件虽然能在一次安装中加工出很多待加工面，但考虑到程序太长，会受到某些限制，如控制系统的限制(主要是内存容量)，机床连续工作时间的限制(如一道工序在一个工作班内不能结束)等。此外，程序太长会增加出错检索困难。因此程序不能太长，一道工序的内容不能太多。

(3) 以加工部位划分工序。对于加工内容很多的零件，可按其结构特点将加工部位分成几个部分，如内形、外形、曲面或平面。

(4) 以粗、精加工划分工序。对于易发生加工变形的零件，由于粗加工后可能发生的变形而需要进行校形，故一般来说凡要进行粗、精加工的都要将工序分开。

总之，在划分工序时，一定要视零件的结构与工艺性、机床的功能、零件数控加工内容的多少、安装次数及本企业生产组织状况灵活掌握。零件宜采用工序集中的原则还是采用工序分散的原则，也要根据实际情况合理确定。

2）顺序的安排

顺序的安排应根据零件的结构和毛坯状况，以及定位安装与夹紧的需要来考虑，重点是工件的刚性不被破坏。顺序安排一般应按以下原则进行：

(1) 上道工序的加工不能影响下道工序的定位与夹紧，中间穿插有通用机床加工工序的也要综合考虑。

(2) 先进行内形内腔加工工序，后进行外形加工工序。

(3) 以相同定位、夹紧方式或同一刀具加工的工序，最好接连进行，以减少重复定位次数、换刀次数与挪动压板次数。

(4) 在同一次安装中进行的多道工序，应先安排对工件刚性破坏较小的工序。

3）数控加工工艺与普通工序的衔接

数控工序前后一般都穿插有其他普通工序，如衔接得不好就容易产生矛盾，因此在熟悉整个加工工艺内容的同时，要清楚数控加工工序与普通加工工序各自的技术要求、加工目的、加工特点，如要不要留加工余量、留多少，定位面与孔的精度要求及形位公差，对校形工序的技术要求，对毛坯的热处理状态等，这样才能使各工序满足加工需要，且质量目标及技术要求明确，交接验收有依据。

数控工艺路线设计是下一步工序设计的基础，其设计质量会直接影响零件的加工质量与生产效率，设计工艺路线时应对零件图、毛坯图认真消化，结合数控加工的特点灵活运用普通加工工艺的一般原则，尽量把数控加工工艺路线设计得更合理一些。

4. 数控加工工序的设计

当数控加工工艺路线设计完成后，各道数控加工工序的内容已基本确定，要达到的目标已比较明确，对其他一些问题(如刀具、夹具、量具、装夹方式等)也大体做到心中有数，接下来便可以着手数控工序设计。

在确定工序内容时，要充分注意到数控加工的工艺是十分严密的。因为数控机床虽然自动化程度较高，但自适应性差。它不能像通用机床，加工时可以根据加工过程中出现的问题比较自由地进行人为调整，即使现代数控机床在自适应调整方面作出了不少努力与改进，但自由度也不大。比如，数控机床在攻制螺纹时，它就不知道孔中是否已挤满了切屑，是否需退一下刀，或清理一下切屑再继续。所以，在数控加工的工序设计中必须注意加工过程中的每一个细节。同时，在对图形进行数学处理、计算和编程时，都要力求准确无误。因为，数控机床比同类通用机床价格要高得多，在数控机床上加工的也都是一些形状比较复杂、价值较高的零件，万一损坏机床或零件都会造成较大的损失。在实际工作中，由于一个小数点、一个逗号的差错而酿成重大机床事故和质量事故的例子也是屡见不鲜的。

数控工序设计的主要任务是进一步把本工序的加工内容、切削用量、工艺装备、定位夹紧方式及刀具运动轨迹都确定下来，为编制加工程序做好充分准备。

1) 确定走刀路线和安排工步顺序

在数控加工工艺过程中，刀具时刻处于数控系统的控制下，因而每一时刻都应有明确的运动轨迹及位置。走刀路线就是刀具在整个加工工序中的运动轨迹，它不但包括了工步的内容，也反映了工步的顺序。走刀路线是编写程序的依据之一，因此，在确定走刀路线时，最好画一张工序简图，将已经拟定出的走刀路线画上去(包括进、退刀路线)，这样可为编程带来不少方便。工步的划分与安排一般可随走刀路线来进行，在确定走刀路线时，主要考虑以下几点：

(1) 寻求最短加工路线，减少空刀时间以提高加工效率。

(2) 为保证工件轮廓表面加工后的粗糙度要求，最终轮廓应安排在最后一次走刀中连续加工出来。

(3) 刀具的进、退刀(切入与切出)路线要认真考虑，以尽量减少在轮廓切削中停刀(切刀突然变化会造成弹性变形)而留下刀痕，也要避免在工件轮廓面上垂直而上下刀，从而划伤工件。

(4) 要选择工件在加工后变形小的路线，对横截面积小的细长零件或薄板零件应采用分几次走刀，可采用对称去余量法安排走刀路线。

2) 定位基准与夹紧方案的确定

在确定定位基准与夹紧方案时应注意以下三点：

(1) 尽可能做到设计、工艺与编程计算的基准统一。

(2) 尽量做到工序集中，从而减少装夹次数，尽可能做到在一次装夹后就能加工出全部待加工表面。

(3) 避免采用占机人工调整装夹方案。

3) 夹具的选择

由于夹具确定了零件在机床坐标系中的位置，即加工原点的位置，因而首先要求夹具能保证零件在机床坐标系中的正确坐标方向，同时协调零件与机床坐标系的尺寸。除此之外，还要考虑下列几点：

(1) 当零件加工批量小时，尽量采用组合夹具，可调试夹具及其他通用夹具。

(2) 当小批量或成批生产时才考虑采用专用夹具，但应力求结构简单。

(3) 夹具要开敞，其定位、夹紧机构元件不能影响加工中的走刀(如产生碰撞等)。

(4) 装卸零件要方便可靠，以缩短准备时间。有条件时，批量较大的零件应采用气动或液压夹具、多工位夹具。

4) 刀具的选择

数控机床对所使用的刀具有许多性能上的要求，只有达到这些要求才能使数控机床真正发挥效率。在选择数控机床所用的刀具时应注意以下几个方面：

(1) 良好的切削性能。现代数控机床正向着高速、高刚性和大功率方向发展，因而所使用的刀具必须具有能够承受高速切削和强力切削的性能。同时，同一批刀具在切削性能和刀具寿命方面一定要稳定，这是由于在数控机床上为了保证加工质量，往往实行按刀具使用寿命换刀或由数控系统对刀具寿命进行管理。

(2) 较高的精度。随着数控机床、柔性制造系统的发展，要求刀具能实现快速和自动换刀；又由于加工的零件日益复杂和精密，这就要求刀具必须具备较高的形状精度。对数控机床上所用的整体式刀具也提出了较高的精度要求，有些立铣刀的径向尺寸精度高达5 μm，可满足精密零件的加工需要。

(3) 先进的刀具材料。刀具材料是影响刀具性能的重要环节。除了不断发展常用的高速钢和硬质合金钢材料外，涂层硬质合金刀具已在国外普遍使用。硬质合金刀片的涂层工艺足以在韧性较大的硬质合金基体表面沉积一薄层(一般为5 μm～7 μm)高硬度的耐磨材料，把硬度和韧性高度地结合在一起，从而可改善硬质合金刀片的切削性能。

在如何使用数控机床刀具方面，也应掌握一条原则：尊重科学，按切削规律办事，对于不同的零件材质，在客观规律上就有一个切削速度(v)、背吃刀量(a_p)、进给量(f)三者互相适应的最佳切削参数。这对大零件、稀有金属零件、贵重零件更为重要，应在实践中不断摸索这个最佳切削参数。

在选择刀具时，要注意对工件的结构及工艺性认真分析，结合工件材料、毛坯余量及刀具加工部位来综合考虑。在确定好以后，要把刀具规格、专用刀具代号和该刀所要加工的内容列表记录下来，供编程时使用。

5) 确定刀具与工件的相对位置

对于数控机床来说，在加工开始时，确定刀具与工件的相对位置是很重要的，它是通过对刀点来实现的。对刀点是指通过对刀确定刀具与工件相对位置的基准点。在程序编制时，不管实际上是刀具相对工件移动，还是工件相对刀具移动，都是把工件看做静止，而把刀具看做运动的。对刀点往往就是零件的加工原点。它既可以设在被加工零件上，也可以设在夹具上与零件定位基准有一定尺寸联系的某一位置。对刀点的选择原则如下：

(1) 所选的对刀点应使程序编制简单。

(2) 对刀点应选择在容易找正、便于确定零件的加工原点的位置。

(3) 对刀点的位置应在加工时检查方便、可靠。

(4) 有利于提高加工精度。

例如，加工如图 2 - 22 所示的零件时，对刀点的选择如图 2 - 23 所示。

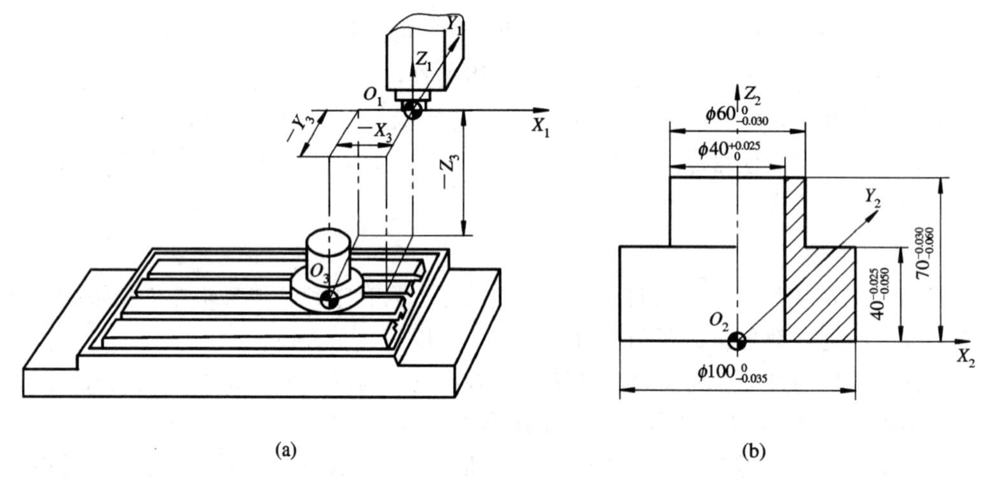

图 2 - 22　数控铣床机床原点

(a) 数控铣床坐标系；(b) 铣削加工零件

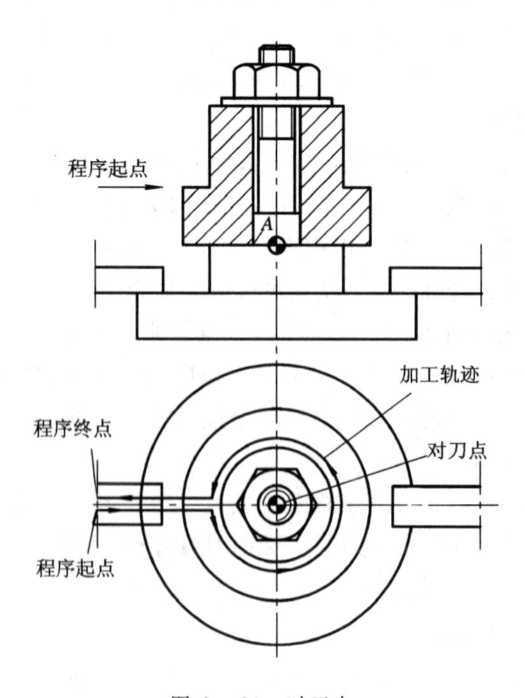

图 2 - 23　对刀点

当按照图 2－23 所示路线来编制数控程序时，我们选择夹具定位元件圆柱销的中心线与定位平面 A 的交点作为加工的对刀点。显然，这里的对刀点也恰好是加工原点。

在使用对刀点确定加工原点时，就需要进行“对刀”。所谓对刀，是指使“刀位点”与“对刀点”重合的操作。“刀位点”是指刀具的定位基准点。圆柱铣刀的刀位点是刀具中心线与刀具底面的交点；球头铣刀是球头的球心点；车刀是刀尖或刀尖圆弧中心；钻头是钻尖。

“换刀点”是为加工中心、数控车床等多刀加工的机床编程而设置的，因为这些机床在加工过程中要自动换刀。对于手动换刀的数控铣床等机床，也应确定相应的换刀位置。为防止换刀时碰伤工件或夹具，换刀点常常设置在被加工零件轮廓之外，并要有一定的安全量。

6）确定加工用量

当编制数控加工程序时，编程人员必须确定每道工序的切削用量。确定时一定要根据机床说明书中规定的要求以及刀具的耐用度去选择，当然也可结合实践经验采用类比的方法来确定切削用量。在选择切削用量时要充分保证刀具能加工完一个零件或保证刀具的耐用度不低于一个工作班，最少也不低于半个班的工作时间。

背吃刀量主要受机床刚度的限制，在机床刚度允许的情况下，尽可能使背吃刀量等于零件的加工余量，这样可以减少走刀次数，提高加工效率。对于表面粗糙度和精度要求较高的零件，要留有足够的精加工余量，数控加工的精加工余量可以比普通机床加工的余量小一些。切削速度、进给速度等参数的选择与普通机床加工基本相同，选择时还应注意机床的使用说明书。在计算好各部位与各把刀具的切削用量后，最好能建立一张切削用量表，主要是为了防止遗忘和方便编程。

2.3.2 工艺文件的编制

编写数控加工技术文件是数控加工工艺设计的内容之一。这些技术文件既是数控加工的依据、产品验收的依据，也是需要操作者遵守、执行的规程；有的则是加工程序的具体说明或附加说明，目的是让操作者更加明确程序的内容、装夹方式、各个加工部位所选用的刀具及其他问题。

为加强技术文件的管理，数控加工技术文件也应标准化、规范化，但目前国内尚无统一标准，下面介绍几种数控加工技术文件，以供参考使用。

1. 数控加工工序卡

数控加工工序卡与普通加工工序卡有许多相似之处，所不同的是：草图中应注明编程原点与对刀点，对编程要进行简要说明(如所用机床型号、程序介质、程序编号、刀具半径补偿方式、镜像加工对称方式等)及切削参数(程序编入的主轴转速、进给速度、最大背吃刀量或宽度等)的确定。

在工序加工内容不十分复杂的情况下，用数控加工工序卡的形式较好，可以把零件草图，尺寸、技术要求、工序内容及程序要说明的问题集中反映在一张卡片上，做到一目了然。数控加工工序卡如表 2－4 所示。

表 2-4　数控加工工序卡

数控加工工序卡	零件图号	零件名称	文件编号	第　页
	NC 01	凸轮		共　页
		工序号	工序名称	材料
		50	铣周边轮廓	45#
		加工车间	设备型号	
			XK5032	
		主程序名	子程序名	加工原点
		O100		G54
		刀具半径补偿	刀具长度补偿	
		H01=10	0	
工步号	工步内容	工	装	
1	数控铣周边轮廓	夹具	刀具	
		定心夹具	立铣刀 ϕ20	
		更改标记	更改单号	更改者/日期

工艺员		校　对		审 定		批 准	

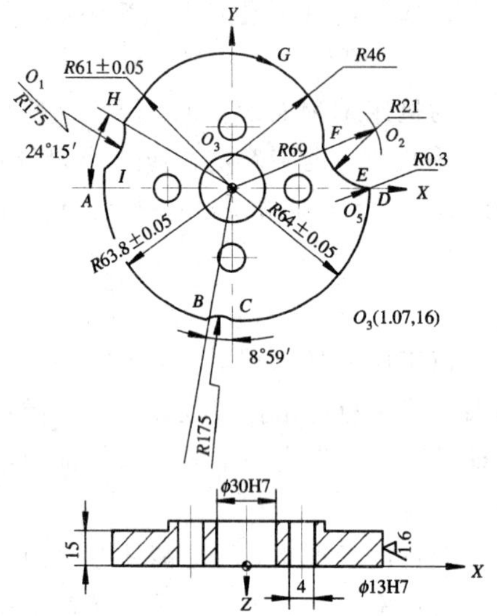

2. 数控加工程序说明卡

实践证明，仅用加工程序单和工艺规程来进行实际加工还有许多不足之处。由于操作者对程序的内容不清楚，对编程人员的意图不够理解，经常需要编程人员在现场进行口头解释、说明与指导，这种做法在程序仅使用一两次就不再用的场合还是可以的。但是，若程序是用于长期批量生产的，则编程人员很难每次都到达现场。再者，如果程序编制人员临时不在现场，或熟练的操作工人不在现场或调离，麻烦就更多了，弄不好会造成质量事故或临时停产。因此，对加工程序进行必要的详细说明是很有用的，特别是对于那些需要长时间保留和使用的程序尤其重要。

根据应用实践，对加工程序需作说明的主要内容如下：

(1) 所用数控设备型号及数控系统型号。

(2) 对刀点(编程原点)及允许的对刀误差。

(3) 加工原点的位置及坐标方向。

(4) 镜像加工使用的对称轴。

(5) 所用刀具的规格、图号及其在程序中对应的刀具号，必须按实际刀具半径(或长度)加大(缩小)补偿值的特殊要求(如用同一条程序、同一把刀具利用改变刀具半径补偿值作粗精加工时)，更换该刀具的程序段号等。

(6) 整个程序加工内容的安排(相当于工步内容说明与工步顺序)，使操作者明白先干什么后干什么。

(7) 子程序的说明。对程序中编入的子程序应说明其内容，使人明白这一子程序是干什么的。

(8) 其他需要作特殊说明的问题，如需要在加工中更换夹紧点(挪动压板)的计划停车程序段号，中间测量用的计划停车段号，允许的最大刀具半径和长度补偿值等。

3. 数控加工走刀路线图

在数控加工中，常常要注意并防止刀具在运动中与夹具、工件等发生意外的碰撞，为此，必须设法告诉操作者关于编程中的刀具运动路线(如从哪里下刀，在哪里抬刀，哪里是斜下刀等)，使操作者在加工前就有所了解并计划好夹紧位置及控制夹紧元件的高度，这样可以减少上述事故的发生。此外，对有些被加工零件，由于工艺性问题，必须在加工中挪动夹紧位置，也需要事先告诉操作者：在哪个程序段前挪动，夹紧点在零件的什么地方，然后更换什么地方，需要在什么地方事先备好夹紧元件等，以防出现安全问题。这些用程序说明卡和工序说明卡是难以说明或表达清楚的，如用走刀路线图加以附加说明，效果就会更好。

为简化走刀路线图，一般可采取统一约定的符号来表示。不同的机床可以采用不同图例与格式，图 2-24 为数控加工走刀路线图。

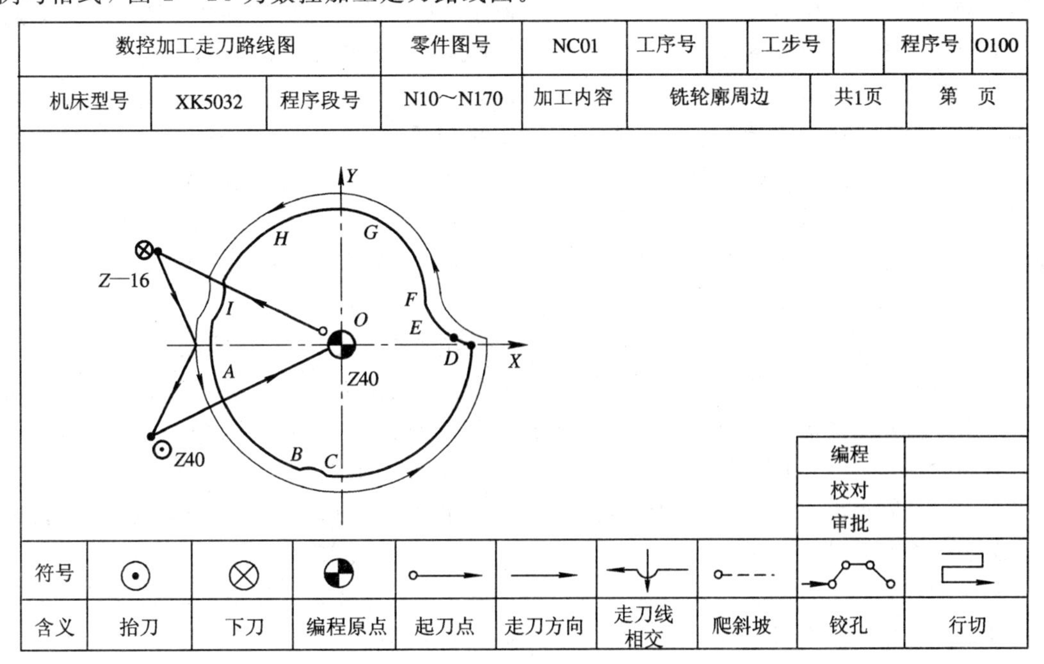

图 2-24 数控加工走刀路线图

4. 编写要求

数控加工技术文件在生产中通常可指导操作工人正确地按程序加工，同时也可对产品的质量起保证作用，有的甚至是产品制造的依据。所以，在编写数控加工专用技术文件时，应像编写工艺规程一样准确、明了。

编写的基本要求如下：

(1) 字迹工整、文字简练达意。

(2) 草图清晰、尺寸标注准确无误。

(3) 应该说明的问题要全部说得清楚、正确。

(4) 文图相符、文实相符，不能互相矛盾。

(5) 当程序更改时，相应文件要同时更改，需办理更改手续的要及时办理。

(6) 准备长期使用的程序和文件要统一编号，办理存档手续，建立相应的管理制度。

2.4 数控编程中的数值计算

2.4.1 基点的坐标计算

编程时的数值计算主要是计算零件加工轨迹的尺寸，即计算零件轮廓基点和节点的坐标或刀具中心轨迹基点和节点的坐标。

数控机床一般只有直线和圆弧插补功能，因此，对于由直线和圆弧组成的平面轮廓，编程时主要是求各基点的坐标。所谓基点，就是构成零件轮廓不同几何素线元素的交点或切点，如直线与直线的交点，直线段和圆弧段的交点、切点及圆弧与圆弧的交点、切点等。根据基点坐标，可以编写出直线和圆弧的加工程序。基点的计算比较简单，选定坐标原点以后，应用三角、几何关系就可以算出各基点的坐标，因此采用手工编程即可。

由于数控机床无法直接加工除直线和圆弧之外的曲线，因此加工此类曲线时数值计算较为复杂(含曲线拟合与曲线逼近两部分)。对于平面轮廓是非圆方程 $Y=f(X)$ 组成的曲线，如渐开线、阿基米德螺旋线等，必须用直线和圆弧逼近该曲线，即将轮廓曲线按编程允许的误差分割成许多小段，用直线和圆弧逼近这些小段(可采用等间距直线逼近法、等弦长直线逼近法、等误差直线逼近法和圆弧逼近法等)。逼近直线和圆弧小段与轮廓曲线的交点或切点称为节点。

对于用实验或经验数据点表示，没有轮廓曲线方程的平面轮廓，如果给出的数据点比较密集，则可以用这些点作为节点，用直线或圆弧连接起来逼近轮廓形状。如果数据点较稀疏，则必须先用插值法将节点加密，或进行曲线拟合(如牛顿插值法、样条曲线拟合法、双圆弧拟合法等)，然后再进行曲线逼近。对于空间曲面，则用许多平行的平面曲线逼近空间曲面，这时需求出所有的平面曲线，并计算出各平面曲线的基点或节点，然后按基点、节点划分各个程序段，编写各节点、基点之间的直线或圆弧加工程序。

有关曲线逼近和曲线拟合的计算方法很多，其计算非常繁琐，花费的时间也长，如采用手工编程，编程工作将十分艰巨，因此必须借助计算机进行计算。目前许多国家都已开发了自动编程技术。自动编程的过程分为两个阶段：第一阶段是对零件图纸进行工艺分析，用编程语言编写零件的源程序，制作穿孔带；第二阶段是借助计算机对源程序进行处理，然后自动打印零件加工的程序单和穿孔带。目前生产企业已把CAD/CAM技术用于数控编程和数控加工中。

2.4.2 节点的坐标计算

手工编程中，常用的逼近计算方法有等间距直线逼近法、等弦长直线逼近法及三点定圆法等。

等间距直线逼近法是在一个坐标轴方向上，将需逼近的轮廓进行等分，再对其设定节点，然后进行坐标值计算。等弦长直线逼近法是设定相邻两点间的弦长相等，再对该轮廓曲线进行节点坐标值计算。等误差直线逼近法是一种用圆弧逼近非圆曲线时常用的计算方法，其实质是先用直线逼近方法计算出轮廓曲线的节点坐标，然后再通过连续的三个节点作圆，用一段段圆弧逼近曲线。

1. 等间距直线逼近法的节点计算

等间距法直线逼近节点计算的方法比较简单，其特点是使每个程序段的某一坐标增量相等，然后根据曲线的表达式求出另一坐标值，即可得到节点坐标。在直角坐标系中，可使相邻节点间的 X 坐标增量或 Y 坐标增量相等；在极坐标中，可使相邻节点间的转角坐标增量或径向坐标增量相等。计算方法如图 2－25 所示。

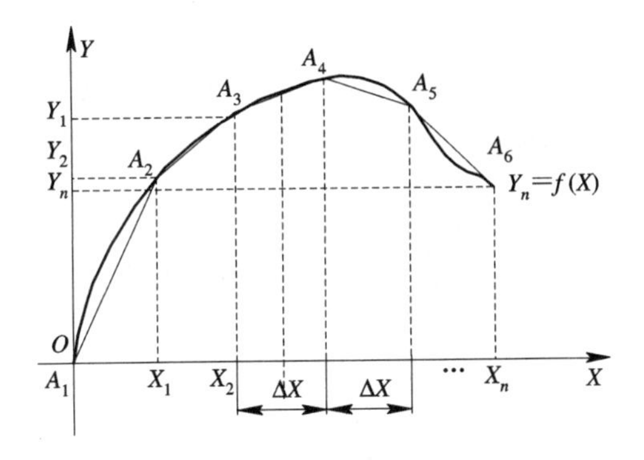

图 2－25 等间距直线逼近法求节点

由起点开始，每次增加一个坐标增量 ΔX，即可得到 X，将 X 代入轮廓曲线方程 $Y=f(X)$，即可求出 A_1 点的 Y_1 坐标值。(X_n, Y_n)即为逼近线段的终点坐标值。如此反复，便可求出一系列节点坐标值。这种方法的关键是确定间距值，该值应保证曲线 $Y=f(X)$相邻两节点间的法向距离小于允许的程序编制误差，误差通常为零件公差的1/5～1/10。在实际生产中，常根据加工精度要求，凭经验选取间距值。

2. 等弦长直线逼近法的节点计算

等弦长直线逼近法是使所有逼近线段的弦长相等，如图 2－26 所示。由于轮廓曲线 $Y=f/(X)$各处的曲率不等，因此各程序段的插补误差 δ 不等。所以编程时必须使产生的最大插补误差小于允许的插补误差，以满足加工精度的要求。在用直线逼近曲线时，一般认为误差的方向是曲线的法线方向，同时误差的最大值产生在曲线的曲率半径最小处。

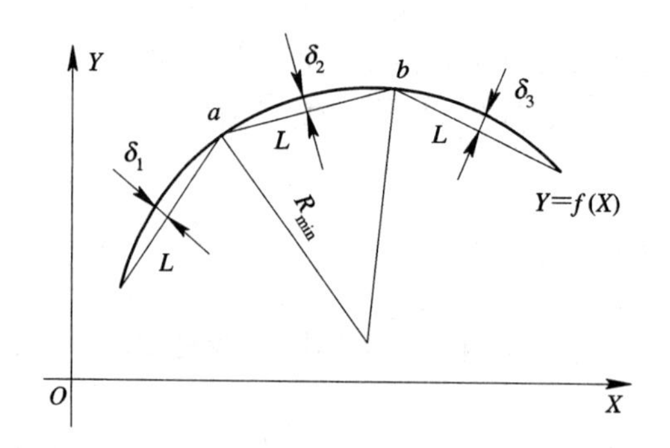

图 2－26　等弦长直线逼近法求节点

3. 等误差直线逼近法的节点计算

等误差法的特点是使零件轮廓曲线上各逼近线段的插补误差 δ 相等，并小于或等于 δ，如图 2－27 所示。用这种方法确定的各逼近线段的长度不等。

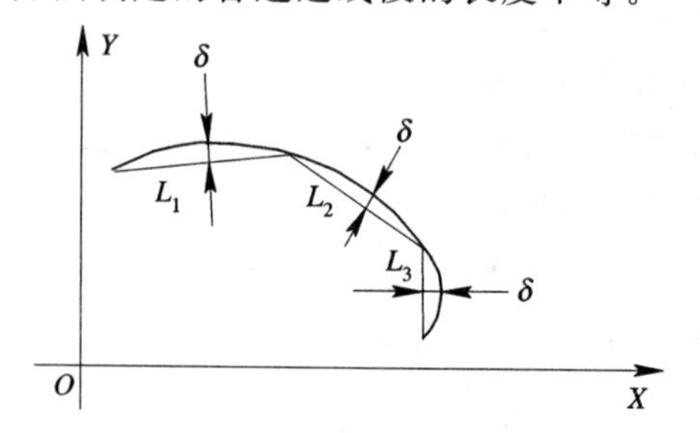

图 2－27　等误差直线逼近法求节点

在上述方法中，等误差法的程序段数目最少，但相对来说其计算比较繁琐。

思考与练习题

1. 简述数控编程的内容和步骤。
2. 手工编程和自动编程的特点分别是什么？
3. 对刀点有何作用？应如何确定对刀点？
4. 程序段中各程序字由什么组成？
5. 机床坐标系和工件坐标系的区别是什么？
6. 数控加工工序设计的目的是什么？工序设计的内容有哪些？
7. G 指令和 M 指令的基本功能是什么？
8. 什么是基点和节点？
9. 常用的自动编程方法有哪些？各自的特点是什么？
10. 在确定数控机床加工工艺内容时，应首先考虑哪些方面的问题？

第3章

数控加工工艺与编程

3.1 数控车床加工工艺编程

数控车床是机械加工生产中使用最为广泛的数控机床之一，主要用于轴类、盘类等回转类零件的加工。通过程序的控制，数控车床不但能够自动完成内外圆柱面、圆锥面、圆弧面、螺纹等工序的切削加工，还能进行切槽、钻孔、扩孔、铰孔等工作。

3.1.1 加工编程准备

1. 工件坐标系的设定

工件坐标系是编程人员根据零件图形特点和尺寸标注的情况，为了方便计算编程坐标值而建立的坐标系。工件坐标系的坐标轴方向必须与机床坐标系的坐标轴方向一致，因此，工件坐标系的设定其实就是工件坐标原点的设定。

机床坐标系是生产厂家在制造机床时设置的固定坐标系，其坐标原点也称机床原点或机械原点，通过开机回参考点来确认。

参考点位置一般都设在机床坐标系正向的极限位置处，通过装配制造时设置的限位开关确定。参考点就是与机床原点之间有确定的位置关系的点。

车床的机床原点一般取卡盘端面法兰盘与主轴中心线的交点处。数控车削零件的工件坐标系原点一般位于零件右端面或左端面与轴线的交点上。如图3-1所示。

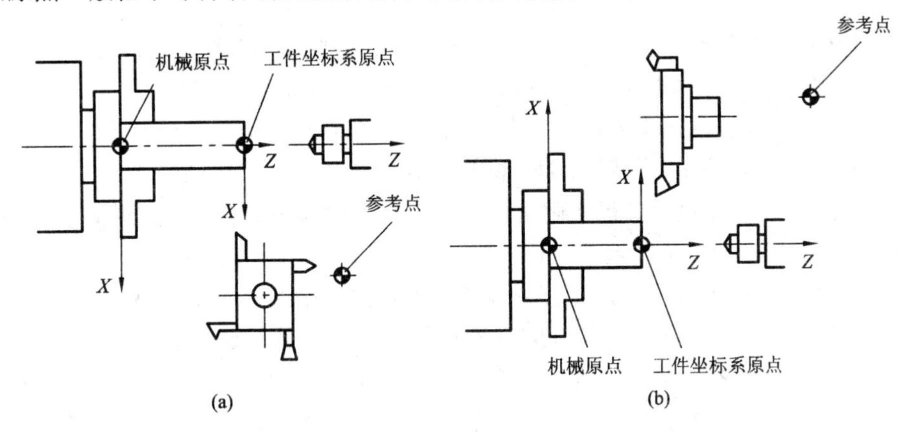

图3-1 机床坐标系与工件坐标系

(a) 刀架前置的工件坐标系；(b) 刀架后置的工件坐标系

常见的确定工件坐标系的方法及其具体操作过程如下所述。

1）用 G50 设置工件坐标原点

用 G50 建立工件坐标系的方法是通过设定刀具起始点在工件坐标系中的坐标值来建立工件坐标系的，也就是通过实际测得刀位点在开始执行程序时，在工件坐标系的位置坐标值后，通过程序中的 G50 指令设定的方法建立工件坐标系，其指令格式为

G50 X_ Z_；

其实，G50 指令实现的功能是一种反求方法。通过 G50 指令后面的刀位点“X_ Z_”坐标值，使数控系统推算出工件坐标系原点的位置。

例如，刀位点停在 *A* 点位置，当程序执行“G50 X200 Z300”指令时，建立如图 3-2 所示工件坐标系原点为 0 点，并且刀位点在工件坐标系的坐标为(200，300)，其中 X 轴为直径编程。

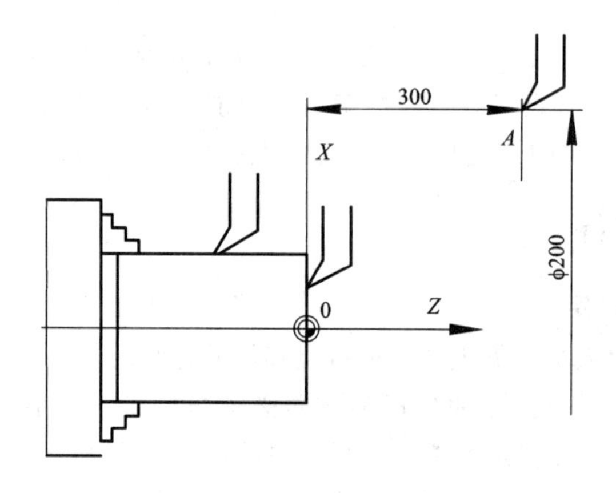

图 3-2　工件坐标系的建立

2）用试切法对刀确定工件坐标原点

试切法对刀是通过试切工件来获得刀位点在试切点的偏置量(简称刀偏量)，将刀偏值写入机床参数刀具偏置表中，并通过运行指令 T××××时来获得工件坐标系的方法，其实质就是测出各把刀的刀位点到达工件坐标原点时，相对机床原点(参考点)的位置偏置量。

下面以外圆车刀为例，简述用试切法建立工件原点的具体操作。

(1) *X* 向对刀。用 1 号刀车削工件外圆。车外圆后，*X* 向不能移动(保持坐标不变)，沿 *Z* 向正向退出后主轴停转。测量出工件外圆直径实际值(*Φ*56.4850)如图 3-3 所示。随后打开刀具偏置补偿“工具补正/形状”界面，将光标选中该刀所对应的番号“G_01”(通常选此番号同刀位号)，输入已测量直径实际值(X56.4850)，再按软键盘上的“测量”就完成 *X* 向对刀，系统自动计算得出 *X* 轴偏置值(－178.333)。

(2) *Z* 向对刀。用 1 号刀车削工件右端面，*Z* 向保持坐标不变，沿 *X* 向正向退出后主轴停转，如图 3-4 所示。测量工件坐标系的原点与刀位点 *Z* 向距离，已知为 0。打开刀具偏置补偿“工具补正/形状”界面，将光标选中该刀所对应的刀号番号“G_01”，输入测量的距离“Z0”，再按软键盘上的“测量”就完成 *Z* 向对刀，系统自动求得 *Z* 轴偏置值(－178.333)。

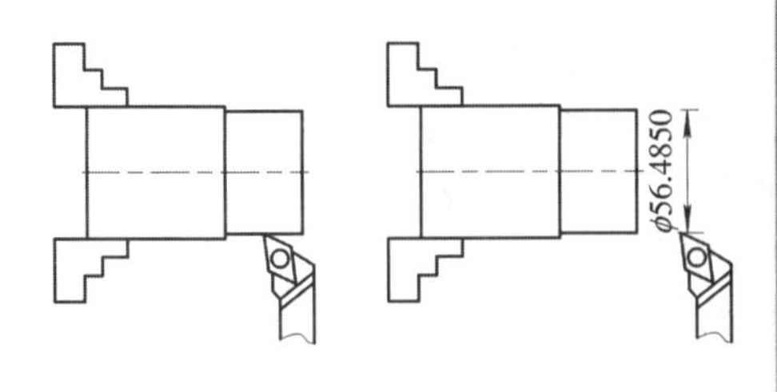


```
工具补正 / 形状                         O0000   N0000
  番号        X          Z          R      T
 G_01       0.000      0.000      0.000   0
 G 02       0.000      0.000      0.000   0
 G 03       0.000      0.000      0.000   0
 G 04       0.000      0.000      0.000   0
 G 05       0.000      0.000      0.000   0
 G 06       0.000      0.000      0.000   0
 G 07       0.000      0.000      0.000   0
 G 08       0.000      0.000      0.000   0
现在位置 （相对坐标）
    U   -11.770          W   -226.900

>_                              OS   50% T0000
  HNDL  **** *** ***      15:21:44
[ 补正 ][SETTING][      ][坐标系][(操作)]
```

```
工具补正 / 形状                         O0000   N0000
  番号        X          Z          R      T
 G_01       0.000      0.000      0.000   0
 G 02       0.000      0.000      0.000   0
 G 03       0.000      0.000      0.000   0
 G 04       0.000      0.000      0.000   0
 G 05       0.000      0.000      0.000   0
 G 06       0.000      0.000      0.000   0
 G 07       0.000      0.000      0.000   0
 G 08       0.000      0.000      0.000   0
现在位置 （相对坐标）
    U   -11.770          W   -226.900

>X56.4850_                      OS   50% T0000
  HNDL  **** *** ***      15:23:29
[NO检索][ 测量 ][C.输入][+输入][ 输入 ]
```

```
工具补正 / 形状                         O0000   N0000
  番号        X          Z          R      T
 G_01    -178.333      0.000      0.000   0
 G 02       0.000      0.000      0.000   0
 G 03       0.000      0.000      0.000   0
 G 04       0.000      0.000      0.000   0
 G 05       0.000      0.000      0.000   0
 G 06       0.000      0.000      0.000   0
 G 07       0.000      0.000      0.000   0
 G 08       0.000      0.000      0.000   0
现在位置 （相对坐标）
    U   -26.870          W   -240.300

>_                              OS   50% T0000
  HNDL  **** *** ***      15:29:48
[NO检索][ 测量 ][C.输入][+输入][ 输入 ]
```

图 3-3　*X* 轴对刀刀具偏置操作过程

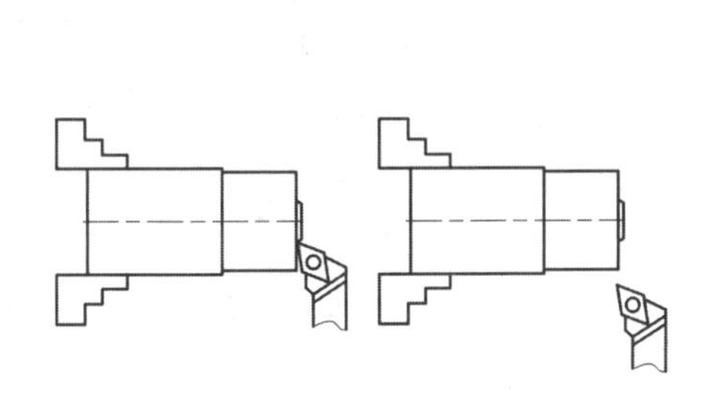

```
工具补正 / 形状                         O0000   N0000
  番号        X          Z          R      T
 G_01    -178.333      0.000      0.000   0
 G 02       0.000      0.000      0.000   0
 G 03       0.000      0.000      0.000   0
 G 04       0.000      0.000      0.000   0
 G 05       0.000      0.000      0.000   0
 G 06       0.000      0.000      0.000   0
 G 07       0.000      0.000      0.000   0
 G 08       0.000      0.000      0.000   0
现在位置 （相对坐标）
    U   -26.870          W   -240.300

>_                              OS   50% T0000
  HNDL  **** *** ***      15:29:48
[NO检索][ 测量 ][C.输入][+输入][ 输入 ]
```

```
工具补正 / 形状                         O0000   N0000
  番号        X          Z          R      T
 G_01    -178.333      0.000      0.000   0
 G 02       0.000      0.000      0.000   0
 G 03       0.000      0.000      0.000   0
 G 04       0.000      0.000      0.000   0
 G 05       0.000      0.000      0.000   0
 G 06       0.000      0.000      0.000   0
 G 07       0.000      0.000      0.000   0
 G 08       0.000      0.000      0.000   0
现在位置 （相对坐标）
    U   -11.470          W   -240.700

>Z0_                            OS   50% T0000
  HNDL  **** *** ***      15:39:50
[NO检索][ 测量 ][C.输入][+输入][ 输入 ]
```

```
工具补正 / 形状                         O0000   N0000
  番号        X          Z          R      T
 G_01    -178.333   -461.500      0.000   0
 G 02       0.000      0.000      0.000   0
 G 03       0.000      0.000      0.000   0
 G 04       0.000      0.000      0.000   0
 G 05       0.000      0.000      0.000   0
 G 06       0.000      0.000      0.000   0
 G 07       0.000      0.000      0.000   0
 G 08       0.000      0.000      0.000   0
现在位置 （相对坐标）
    U   -26.870          W   -240.300

>_                              OS   50% T0000
  HNDL  **** *** ***      15:29:48
[NO检索][ 测量 ][C.输入][+输入][ 输入 ]
```

图 3-4　*Z* 轴对刀刀具偏置操作过程

需要注意：

① 对刀完毕时，数控系统并没有执行当前建立的工件坐标系，因此显示屏上显示的工件坐标系仍是上次建立的工件坐标系。要实现当前的工件坐标系，就必须在MDI方式下或自动运行方式下执行“T××××”，其中，前两位的“××”代表当前的刀位号，后两位的“××”代表的是与当前的刀位号所对应的刀具偏置值地址号。

② 由于刀架上其他刀具结构形状、安装位置的不同，需要逐一对刀，对刀方法与上述类似。

2. FANUC 0i 数控系统的基本功能指令表

常见的准备功能G代码如表3-1所示。需要说明的是，表3-1中，01～16组的G指令为模态指令。模态指令又称续效指令，该指令在程序段中一经指定便一直有效，直到出现同组另一指令或被其他指令取消时才失效。表3-1中，00组的指令为非模态指令，即仅在当前程序段中有效。表3-2中是常用的辅助功能M代码，是控制机床或系统开关功能的一种命令，其中带☆号的M指令是非模态指令，其余指令为模态指令。

表3-1 FANUC 0i 车床数控系统的准备功能G代码及其功能

G代码	组别	功　能	G代码	组别	功　能
G00	01	快速点定位	G65	00	宏程序调用
G01		直线插补	G66	12	宏程序模态调用
G02		顺时针圆弧插补	G67		宏程序模态调用取消
G03		逆时针圆弧插补	G70	00	精加工循环
C04	00	暂停	G71		外圆/内孔粗车循环
G10		数据设置	G72		端面粗车循环
G11		数据设置取消	G73		平行(成形)轮廓车削循环
G18	16	ZX平面选择	G74		*Z*向啄式钻孔、端面沟槽循环
G20	06	英制(in)(1 in＝2.54 cm)	G75		外径/内径钻孔循环
G21		毫米制(mm)	G76		螺纹切削复循环
G22	09	行程检查功能打开	G80	10	取消钻孔固定循环
G23		行程检查功能关闭	G83		正面钻孔循环
G27	00	参考点返回检查	G84		正面攻丝循环
G28		参考点返回	G85		正面镗孔循环
G30		第二参考点返回	G87		侧面钻孔循环
G31		跳步功能	G88		侧面攻丝循环
G32	01	螺纹切削	G89		侧面镗孔循环
G40	07	刀尖半径补偿取消	G90	01	外径/内径切削循环
G41		刀尖半径左补偿	G92		螺纹切削循环
G42		刀尖半径右补偿	G94		端面切削循环
G50	00	工件坐标原点或最大主轴转速设置	G96	02	恒线切削速度
G52		局部坐标系设置	G97		恒线切削速度取消
G53		机床坐标系设置	G98	05	每分钟进给
G54～G59	14	选择工件坐标系1～6	G99		每转进给

表 3-2 FANUC 0i 车床数控系统的常见的 M 代码及其功能

M代码	功　　能	M代码	功　　能
M00 ☆	程序停止	M07	冷却液打开
M01 ☆	选择性程序停止	M08	冷却液打开
M02 ☆	程序结束	M09	冷却液关闭
M03	主轴正转(CW)	M30 ☆	程序结束并返回
M04	主轴反转(CCW)	M98	子程序调用
M05	主轴停	M99	子程序结束并返回

3. 直径编程与半径编程

在编制数控车床的 CNC 程序时，因为工件是回转体，其尺寸可以用直径和半径两种方式来表达。在描述工件轮廓上某一点坐标时，X 坐标用直径数据表达时称为直径编程，X 坐标用半径数据表达时称为半径编程，两者只能选其一，具体由机床参数设置。通常机床默认选择直径编程。本书以下所有编程均为直径编程。

4. 绝对值编程与增量值编程

在数控编程时，刀具位置坐标通常有两种表示方式：一种是绝对坐标，另一种是增量(相对)坐标。数控车床可采用绝对值编程、增量值编程或者二者混合编程。

1) 绝对值编程

在程序中，刀位点的坐标值都是相对工件坐标系原点的绝对坐标值，称为绝对值编程，用 X、Z 表示。

2) 增量值编程

在程序中，刀位点的坐标值是相对于刀具的前一位置(或起点)的增量，称为增量值编程。X 轴坐标用 U 表示，Z 轴坐标用 W 表示，正负由运动方向确定。

图 3-5 所示的零件，用以上三种编程方法编写的部分程序如下：

用绝对值编程：X65 Z35

用增量值编程：U40 W-55

混合编程：X65 W-55 或 U40 Z35

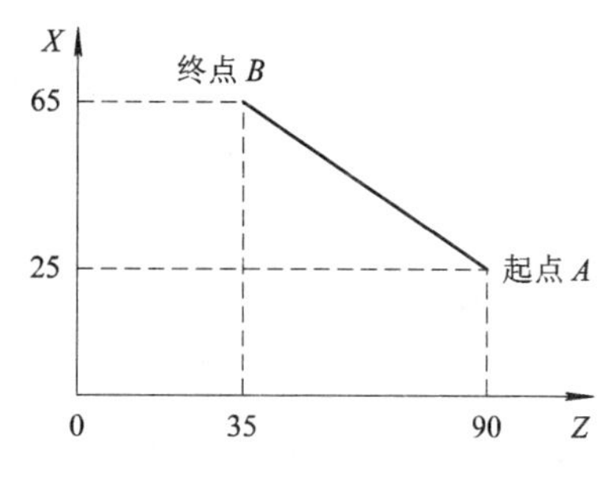

图 3-5 三种编程

3.1.2 基本功能指令

1. 快速移动指令(G00)

指令格式：G00 X(U)_Z(W)_;

其中：X、Z是刀具移动目标点的绝对坐标；U、W是目标点相对起点的增量坐标。G00指令是在工件坐标系中以快速移动速度(机床内部设置)移动刀具到达由坐标字指定的位置，刀具以每轴的快速移动速度定位刀具轨迹，通常不一定是直线，因此要当心确保刀具不与工件、夹具发生碰撞。

【例3-1】 如图3-6(a)，当前刀具所在位置为A点，用G00编写从$A \to B \to C$的轨迹数控程序，具体如下：

绝对编程方式	相对编程方式
G00 X30 Z30	G00 X20 Z20
G00 X80 Z60	G00 X50 Z30

注意：$A \to B \to C$的轨迹为图3-6(a)中的实线。

2. 直线插补指令(G01)

指令格式：G01 X(U)_Z(W)_F_；

式中：X、Z是刀具移动目标点的绝对坐标；U、W是目标点相对起点的增量坐标；F为进给速度，可以用G98或G99设定单位，进给速度单位分别为mm/min和mm/r。直线插补指令是直线运动指令，实现刀具在两坐标间以插补联动方式按指定的进给速度做任意斜率的直线运动，该指令为模态(续效)指令。

【例3-2】 如图3-6(b)所示，当前刀具所在位置为A点，用G01编写从$A \to B \to C$的轨迹数控程序如下：

绝对编程方式	相对编程方式
G01 X30 Z30 F100	G01 X20 Z20 F100
G01 X80 Z60	G01 X50 Z30

注意：$A \to B \to C$的轨迹为图3-6(b)中的实线。

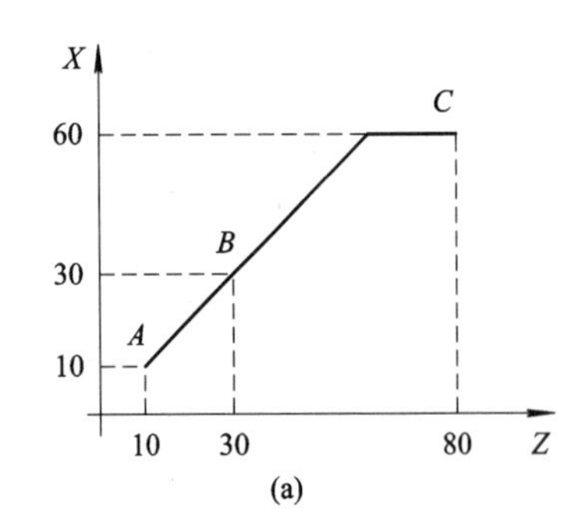

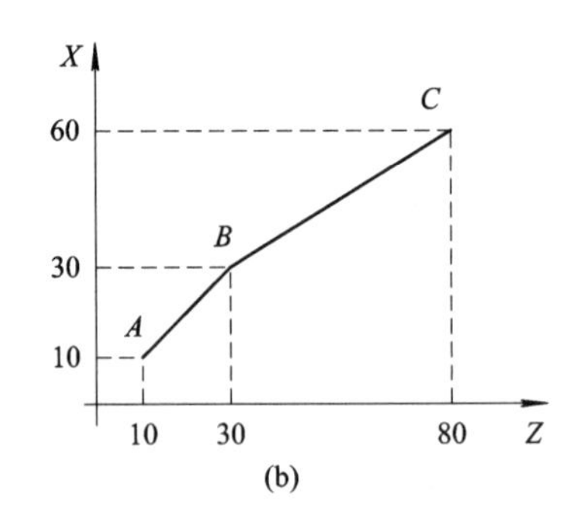

图3-6 G00与G01移动轨迹

3. 圆弧插补指令(G02/G03)

1) 指令格式

$$\begin{Bmatrix} G02 \\ G03 \end{Bmatrix} X\_Z\_ \begin{Bmatrix} I\_K\_ \\ R\_ \end{Bmatrix} F\_;$$

2）圆弧插补指令用法说明

(1) 在绝对值编程时，X、Z 表示圆弧的终点坐标。增量编程时用 U、W 表示，其含义是圆弧终点相对圆弧起点的坐标增量值。

(2) 圆弧顺、逆切削的判断依据是沿着机床坐标 Y 轴由正向负来看，刀具所走圆弧轨迹方向为顺时针用 G02 指令，逆时针用 G03 指令，如图 3－7 所示。

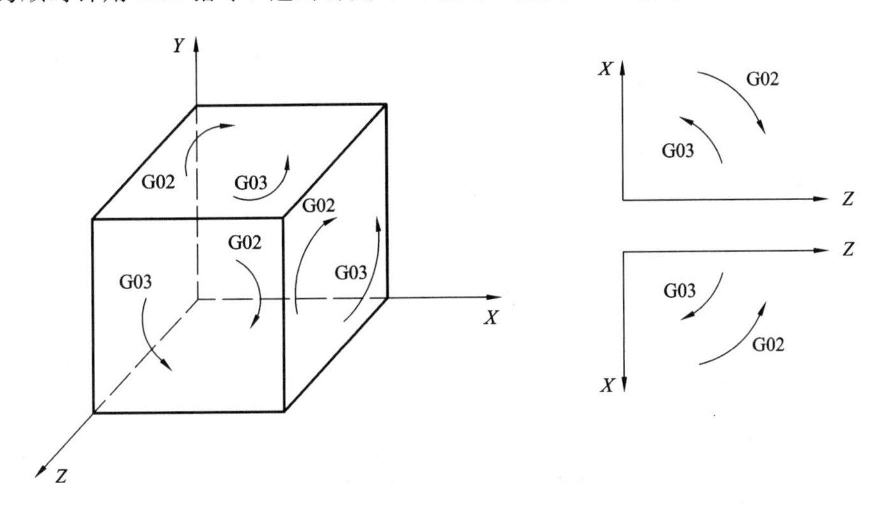

图 3－7　圆弧顺时针、逆时针的判定

(3) 圆心坐标 I、K 为圆弧圆心相对于圆弧起点在 X 轴和 Z 轴上的增量(I 的值用半径差值表示)。

(A) 用半径 R 编程时，当刀具加工圆弧所对应的圆心角 $\alpha \leqslant 180°$时，用“＋R”表示；否则用“－R”表示。切记加工整圆时，不能用半径 R 指定圆心位置。如图 3－8 所示，当程序执行从起点至终点的顺时针圆弧指令时，刀具所走的轨迹因“＋R”和“－R”而不同。当为“－R”时，所走的轨迹为圆弧 2(优弧)；相反为“＋R”时，所走的轨迹为圆弧 1(劣弧)。

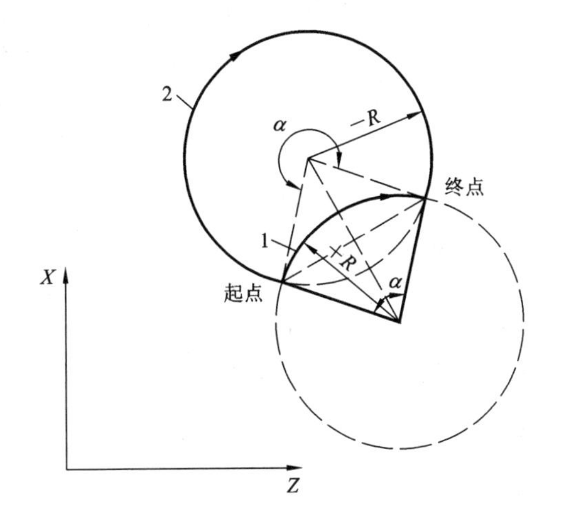

图 3－8　“＋R”与“－R”的区别

【例 3-3】 如图 3-9 所示，用 G02/G03 圆弧插补指令编写的从 $O \to A \to B \to C$ 的轨迹数控程序。

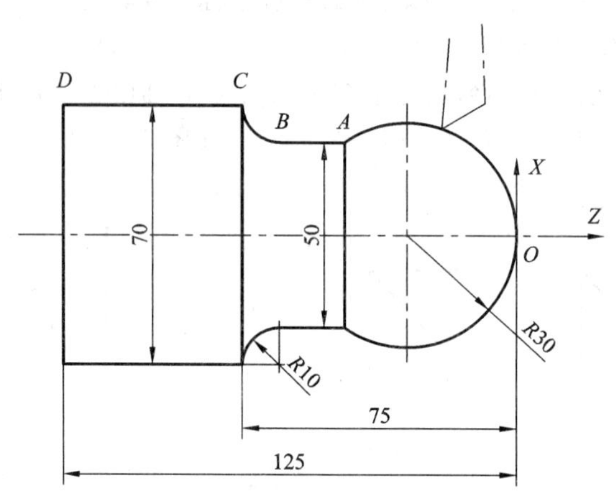

图 3-9 圆弧插补

已知 A(50，−46.583)、B(50，−65)、C(70，−75)，加工程序如下：

	轨迹	绝对编程方式	相对编程方式
(I_K_)	$O \to A$	G03 X50 Z−46.583 I0 K−30	G03 U50 W−46.583 I0 K−30
	$A \to B$	G01 Z−65	G01 Z−18.417
	$B \to C$	G02 X70 Z−75 I10 K0	G02 U20 W10 I10 K0
(R_)	$O \to A$	G03 X50 Z−46.583 R30	G03 U50 W−46.583 R30
	$A \to B$	G01 Z−65	G01 Z−18.417
	$B \to C$	G02 X70 Z−75 R10	G02 U20 W10 R10

4. 每分钟/每转进给量指令(G98/G99)

进给速度 F 的单位由 G98 或 G99 决定。当程序中出现 G98 时，进给单位为 mm/min；当出现 G99 时，则进给单位为 mm/r。G98、G99 两者都为模态指令，换算公式如下：

$$f_m = n \times f_r$$

式中：f_m为每分钟进给量，单位为 mm/min；n 为主轴转速，单位为 r/ min；f_r为每转进给量，单位为 mm/r。

5. 公/英制转换指令(G21/G20)

G21 指定公制单位也就是 X(U)、Z(W)等坐标字所描述的单位为 mm，一般默认为 G21；G20 指定英制单位，相应的坐标字所描述的单位为 inch。G21、G20 两者都为模态指令。

6. 恒线速切削设置/取消指令(G96/G97)

1) G96

指令格式：G96 S_；

式中：S 后面数字是切削速度，单位为 m/min。G96 指令用于设置恒线速切削，即车削过程中数控系统会根据车削时刀尖所处的不同工件直径计算主轴转速，保持恒定的线性切削速

度。当设定恒线速切削时，最好增加限制主轴最大转速的指令，以防止主轴转速过高时发生意外。其程序为

G50 S_；

其中，S后面的数字是被限制的最高主轴转速，单位为r/min。

2）G97

指令格式：G97 S_ ；

G97指令用于取消恒线速切削设置(也可简称恒转速)，其S后面数字是主轴固定转速，单位为r/min。

7. 暂停指令(G04)

G04指令的作用是按指定的时间延迟执行下一个程序段。

指令格式：G04 X_；或G04 P_；

其中：X为指定暂停时间，单位为s，允许小数点；P为指定暂停时间，单位为ms，不允许小数点。例如暂停时间为1.5秒时，则程序为

G04 X1.5；

或　　G04 P1500；

8. M功能指令

1）程序结束指令(M02/M30)

M02/M30都是主程序结束指令。区别在于执行M02时，程序光标停在程序末尾，需要重复加工时，要重新调用程序；而执行M30时，程序光标自动返回程序头位置，需要重复加工时，不用重新调用程序直接按"循环启动"按钮即可。

2）程序暂停/选择性程序暂停指令(M00/M01)

M00是程序暂停指令。在执行完含有M00的程序段后，机床的主轴、进给及切削液都自动停止。该指令用于加工过程中测量工件的尺寸、工件调头、手动变速等固定操作。当程序运行停止时，全部现存的模态信息保持不变，固定操作完成，重按"启动"键，便可继续执行后续的程序。

M01是计划（任选）暂停代码。该代码与M00基本相似，所不同的是：只有在"任选停止"按键被按下时，M01才有效；否则机床仍不停地继续执行后续的程序段。该代码常用于工件关键尺寸的停机抽样检查等情况，当检查完成后，按"启动"键继续执行以后的程序。

3）主轴运转与停止指令(M03、M04、M05)

M03、M04、M05指令分别表示主轴正转(M03)、反转(M04)和主轴停止转动(M05)。

4）冷却液开关指令(M07、M08、M09)

M07、M08、M09指令用于冷却装置的启动和关闭。M07表示雾状切削液开；M08表示液状切削液开；M09表示关闭切削液开关，并注销M07。

9. 其他功能指令

1）F功能(进给功能)

F功能也称进给功能，它表示进给速度。根据数控系统不同，F功能的表示方法也不同，用字母F与其后数字表示。进给功能的单位一般为mm/min(G98时)，如F100表示进

给速度为100 mm/min。当进给速度与主轴转速有关时，用进给量来表示刀具移动的快慢时，单位为mm/r(G99时)。如车削螺纹时，F2表示进给速度为2 mm/r，2等于被加工螺纹导程。

2）S功能(主轴转速功能)

S功能也称主轴转速功能，它主要表示主轴运转速度。S功能有恒线速和恒转速两种指令方式，其单位是r/min(恒转速，G97时)或m/min(恒线速，G96时)。通常使用r/min，如S800表示主轴转速为每分钟800转。

3）T功能(刀具功能)

FANUCT系统采用T指令选刀，由地址码T和四位数字组成(前两位是刀具号，后两位是刀具补偿号)。例如，T0101前面的01表示调用第一号刀具，后面的01表示调用刀偏地址为1号刀具补偿。如果后面两位数是00，例如T0200，表示调用第2号刀具，并取消刀具补偿。

注：F、S、T功能均为模态代码。

4）程序的斜杠跳跃

程序段前面的第一个符号为“/”符号，该符号称为斜杠跳跃符号，且该程序段称为可跳跃程序段。例如下列程序段：

/N10 G00 X30 Z40；

当程序执行遇到可跳跃程序段时，只有操作者早前通过机床操作面板使系统的“跳跃程序段”信号生效时，该可跳跃程序段不被执行，执行下段程序；否则当系统的“跳跃程序段”信号未生效时，该程序段照样执行，即与不加“/”符号的程序段相同。

10. 刀具半径补偿功能(G41\G42\G40)

1）半径补偿功能作用

编写数控程序和对刀时，车刀刀位点为假想刀尖点，如图3-10所示。车削时，实际切削点是刀尖过渡刃圆弧与零件轮廓表面的切点。车外圆、端面时并无误差产生，因为实际切削刃的轨迹与零件轮廓一致。车锥面时，会出现欠切削和过切削，从而引起加工形状和尺寸误差，使得锥面精度达不到要求，如图3-11所示。

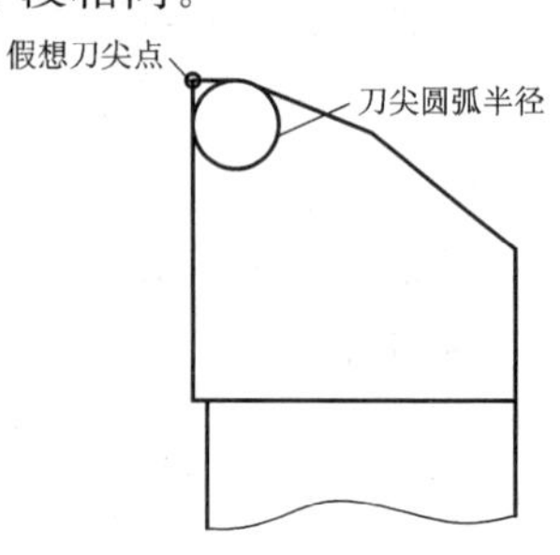

图3-10　假想刀尖点

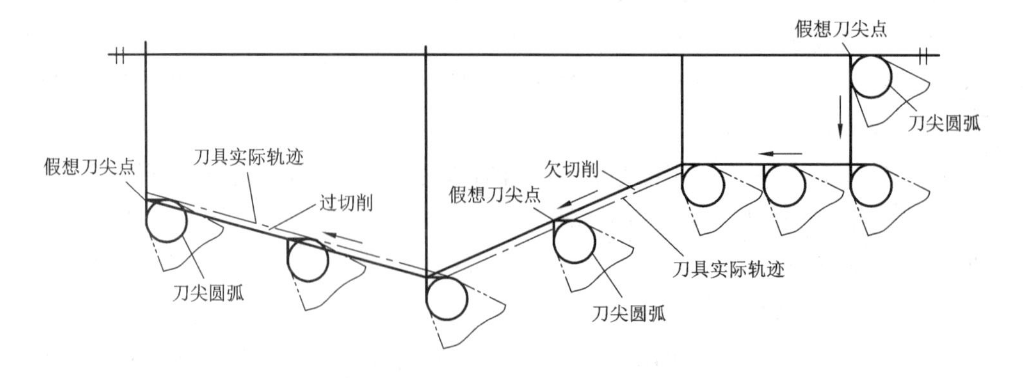

图3-11　加工锥面时欠切与过切现象

采用刀尖半径补偿功能后，按零件轮廓线编程，数控系统会自动沿轮廓方向偏置一个刀尖圆弧半径，消除了刀尖圆弧半径加工圆锥产生的欠切削和过切削现象，如图 3-12 所示。

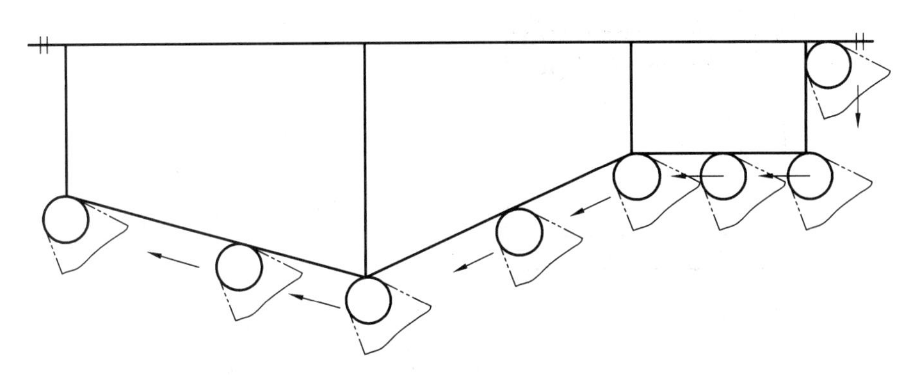

图 3-12　采用刀具半径补偿后的刀具轨迹

在数控切削加工中，为了提高刀尖的强度和工件加工表面质量，一般将车刀刀尖磨成圆弧形状，刀尖圆弧半径一般取 0.2 mm～0.8 mm，粗加工时取 0.8 mm，半精加工取 0.4 mm，精加工取 0.2 mm。切削时，实际起作用的是圆弧上的各点。

2）刀尖圆弧半径补偿指令

(1) 刀具半径左补偿指令 G41。沿刀具运动方向看，刀具在工件左侧时，称为刀具半径左补偿，如图 3-13 所示。

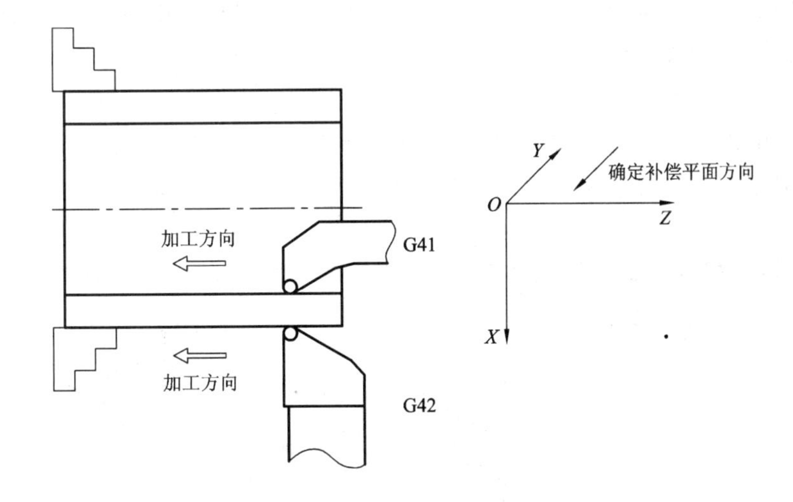

图 3-13　前置刀架补偿平面及刀具半径左补偿

指令格式：

G41 G01(G00) X(U)_ Z(W)_ F_;

(2) 刀具半径右补偿指令 G42。沿刀具运动方向看，刀具在工件右侧时，称为刀具半径右补偿，如图 3-14 所示。

指令格式：

G42 G01(G00) X(U)_ Z(W)_ F_;

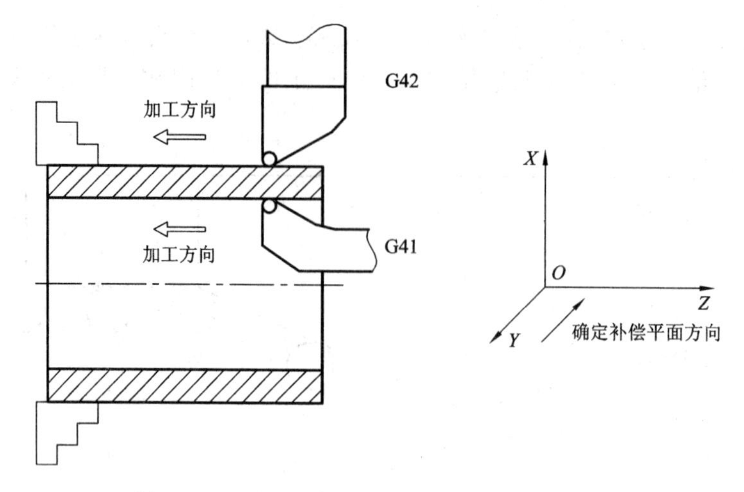

图 3-14 后置刀架补偿平面及刀具半径右补偿

(3) 取消刀具半径补偿指令 G40。

指令格式：

G40 G01(G00) X(U)_ Z(W)_;

说明：

① G41、G42 和 G40 是模态指令。G41 和 G42 指令不能同时使用，即前面的程序段中如果有 G41，就不能接着使用 G42，必须先用 G40 取消 G41 刀具半径补偿后，才能使用 G42，否则补偿就不正常了。

② 不能在圆弧指令段建立或取消刀具半径补偿，只能在 G00 或 G01 指令段建立或取消。

3) 刀具半径补偿的过程

刀具半径补偿的过程分为以下三步：

(1) 刀补的建立：刀具中心从与编程轨迹重合过渡到与编程轨迹偏离一个补偿量的过程。

(2) 刀补的运行：执行 G41 或 G42 指令的程序段后，刀具中心始终与编程轨迹相距一个补偿量。

(3) 刀补的取消：刀具离开工件，刀具中心轨迹过渡到与编程重合的过程。图 3-15 所示为刀补建立与取消的过程。

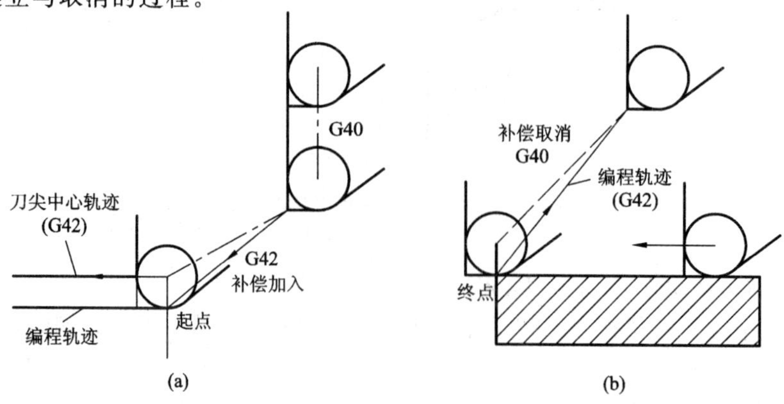

图 3-15 刀具半径补偿的建立与取消

(a) 刀补建立过程；(b) 刀补取消过程

4）刀尖圆弧半径补偿的参数设置

(1) 刀尖方位的确定。刀具刀尖半径补偿功能执行时除了和刀具刀尖半径大小有关外，还和刀尖的方位有关，即按假想刀尖的方位确定补偿量。不同的刀具，其刀尖圆弧的位置不同，刀具自动偏离零件轮廓的方向也就不同。假想刀尖的方位有 8 种位置可以选择，如图 3-16 所示。箭头表示刀尖方向，如果按圆弧中心编程，则选用 0 或 9，比如车削外圆表面时，方位为 3。

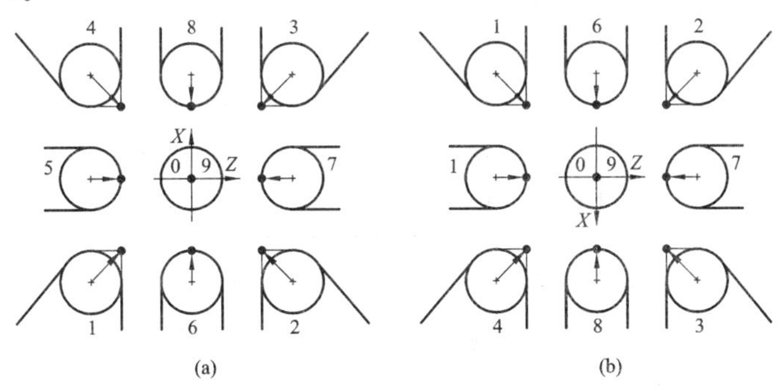

图 3-16　刀尖方位号

(a) 后置刀架；(b) 前置刀架

(2) 刀具半径补偿量的设置。每一个刀具补偿号都对应有一组偏置量 X、Z 刀尖半径补偿量 R 和刀尖方位号 T。可根据装刀位置、刀具形状确定刀尖方位号。例如 2 号刀(刀尖半径为 0.4 mm、刀位号为 3)刀具半径补偿量的设置过程如下：首先根据 2 号刀位置确定刀尖方位号是 3；其次打开刀具偏置补偿“工具补正/形状”界面，将光标选中该刀所对应的番号“G_02”(通常选此番号同刀位号)，输入 R0.4 后，再按软键盘上的“输入”就完成刀尖半径的设置；最后输入 T3 后，再按软键盘上的“输入”就完成刀尖方位号的设置。操作过程如图 3-17。

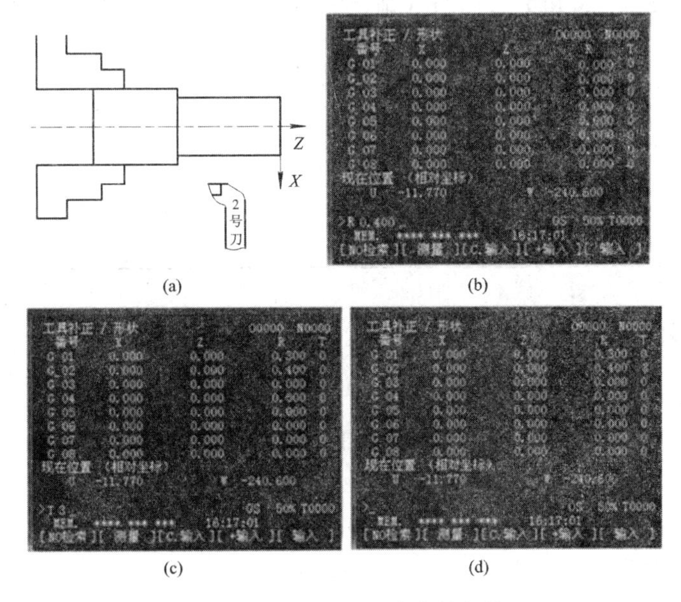

图 3-17　刀尖半径和方位号的设置

(a) 2 号刀的位置；(b) 刀尖半径 R0.4 的输入；

(c) 方位号 T3 的输入；(d) 刀尖半径和方位号的输入结果

【例 3-4】 如图 3-18 所示，以工件右端面中心建立工件坐标系，且已粗加工，留单边余量 0.5 mm。利用刀尖圆弧补偿指令编写精车轮廓程序如下。(已知 3 号刀为外圆精车刀，且刀尖圆弧半径和方位号已设置好。)

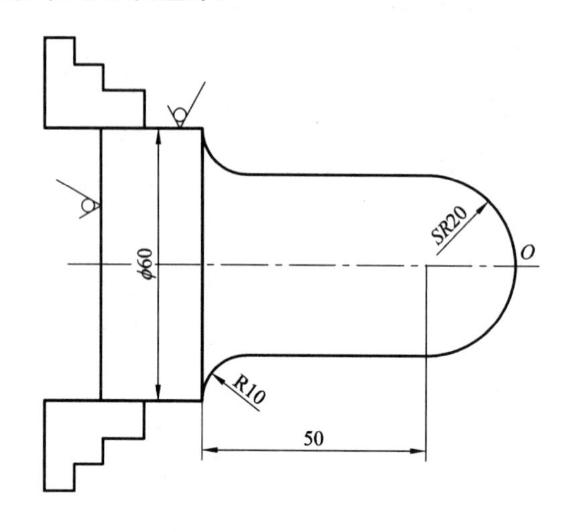

图 3-18 轴类零件图

加工程序如下：

O0001		主程序名
N2	G98 G21 G97 T0303	初始化，选 3 号外圆刀并由刀偏建立工件坐标系
N4	M03 S1400	转速 1400 r/min
N6	G00 X0 Z10	快速移到加工起始点
N8	G42 G01 X0 Z0 F80 M08	建立刀补，进给速度 F 为 80 mm/min，M08 为打开切削液
N10	G03 X40 Z-20 R20	*X* 轴坐标为直径编程，圆弧插补指令用 *R* 编程
N12	G01 Z-60	
N14	G02 X60 Z-70 R10	
N16	G40 G00 X150 Z150	取消刀具补偿指令并退刀
N18	M09	M09 为关闭切削液
N20	M05	主轴停止
N22	M02	程序结束

3.1.3 循环功能指令

1. 单一固定循环指令(G90/G94)

单一固定循环指令可以把一系列连续加工工步动作(如切入→切削→退刀→返回)用一个循环指令完成，从而简化编程，其具体指令如下所述。

1) 内、外径切削单一固定循环指令(G90)

(1) 切削内、外圆柱面。

编程格式：

G90 X(U)_Z(W)_F_;

其中：X、Z 为切削段的终点绝对坐标值；U、W 为切削段的终点相对于循环起点的增量坐标值；F 为进给速度。

如图 3－19 所示，刀具从 A 点开始，沿 X 轴快速移动到 B 点，再以 F 指令的进给速度切削到 C 点，以切削进给速度退到 D 点，最后快速退回到出发点 A，完成一个切削循环，从而简化编程。

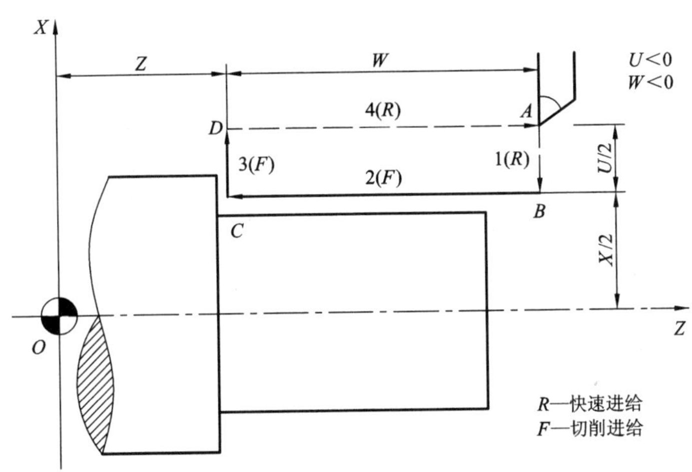

图 3－19　圆柱面单一固定循环

(2) 切削内、外圆锥面。

指令格式：

G90 X(U)_Z(W)_R_F_；

其中：X、Z、U、W、F 的含义同上；R 为圆锥面切削起点和切削终点的半径差，若起点坐标值大于终点坐标值时(X 轴方向)，R 为正，反之为负。

如图 3－20 所示，刀具从 A 点开始，沿 X 轴快速移动到 B 点，再以 F 指令的进给速度切削到 C 点，以切削进给速度退到 D 点，最后快速退回到出发点 A，从而完成一个切削循环。

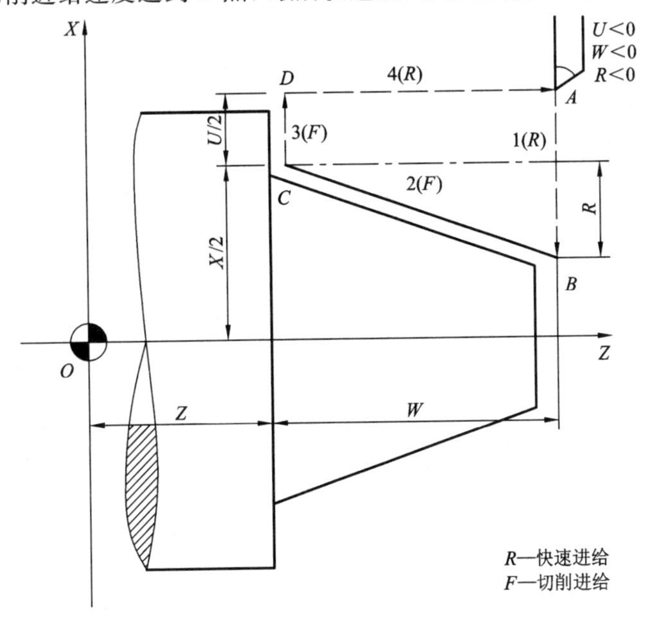

图 3－20　圆锥面单一固定循环

【例 3-5】 如图 3-21 所示，加工一工件的锥面，固定循环的起始点为 X65.0，Z5.0，背吃刀量为 2 mm，精加工余量为 0.5 mm，利用单一固定切削循环指令编写圆锥面粗、精加工程序。(刀具为 1 号外圆车刀)

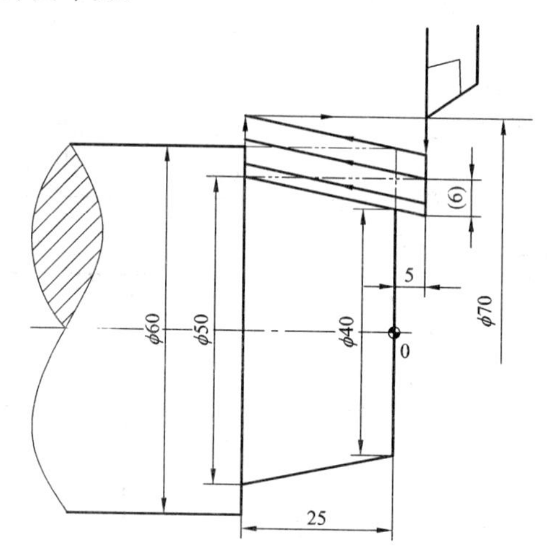

图 3-21 锥面车削固定循环加工实例

加工程序如下：

O0002		主 程 序 名
N2	G98 G21 G97	初始化(分进给；尺寸单位 mm；固定转速)
N4	M03 S800 T0101	转速 800 r/min；换 1 号刀并建立工件坐标系
N6	G00 X70.0 Z5.0	快速移到加工起始点
N8	G90 X66.0 Z-25.0 R-6.0 F120 M08	M08 为打开切削液，粗加工
N10	X62.0	G90 为模态指令
N12	X58.0	
N14	X54.0	
N16	X51.0	
N17	X50.0 F100 S1200	进给速度 *F* 为 100 mm/min，精加工
N18	G00 X150 Z150	退刀
N20	M09	M09 为关闭切削液
N22	M05	主轴停止
N24	M02	程序结束

2) 端面切削单一固定循环指令(G94)

(1) 平端面切削循环指令。

指令格式：

G94 X(U)_Z(W)_F_;

其中：X、Z、U、W、F 的含义同 G90，其切削循环过程如图 3-22(a)所示。

(2) 锥形端面切削循环指令。

指令格式：

G94 X(U)_Z(W)_R_F_;

其中：X、Z、U、W、F 的含义同 G90；R 为圆锥面起点 Z 坐标的值减去终点 Z 坐标的值。其切削循环过程如图 3－22(b)所示。

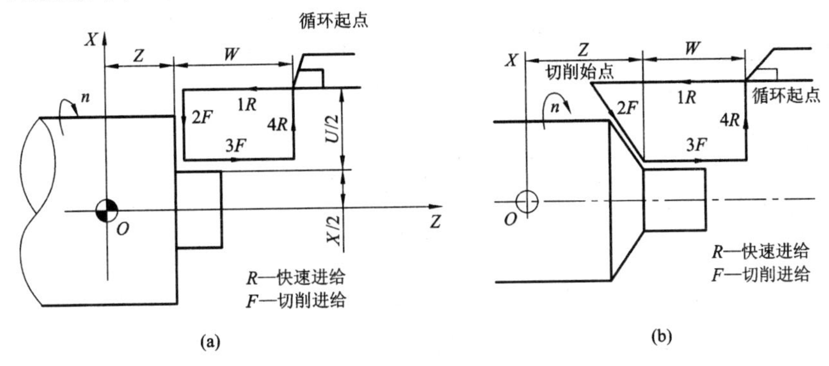

图 3－22　端面切削单一固定循环

(a) G94 端面车削固定循环；(b) G94 锥形端面车削固定循环

【例 3－6】　如图 3－23 所示零件，利用端面切削单一固定切削循环指令编写加工程序（已知刀具为 3 号外圆车刀）。

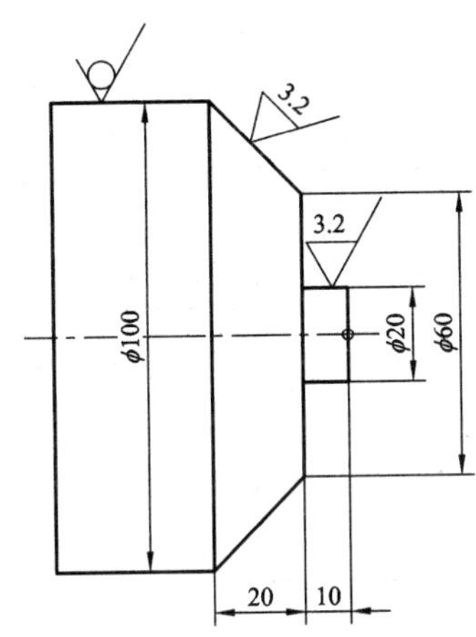

图 3－23　端面切削单一固定切削循环实例

切削过程可以分两步走，即先加工圆柱面，再加工圆锥面，加工轨迹如图 3－24 所示。

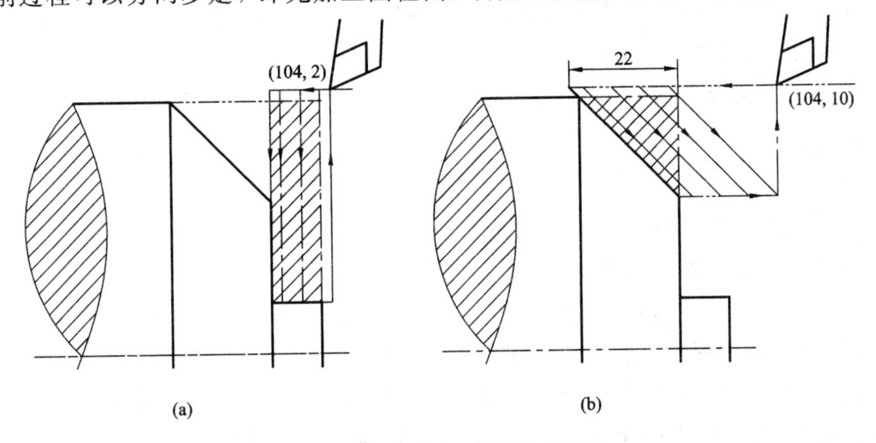

图 3－24　车削轨迹解析示意图

(a) 车削平端面；(b) 车削锥形端面

加工程序如下：

O0001		主 程 序 名
N2	G98 G21 G97	初始化（分进给；尺寸单位为 mm；固定转速）
N4	M03 S1000 T0303	转速为 1000 r/min，换 3 号刀并建立工件坐标系
N6	G00 X104.0 Z2.0	快速移到加工起始点
N8	G94 X20 Z－2.5 F100 M08	平端面切削循环
N10	Z－5.5	G94 为模态指令
N12	Z－7.5	
N14	Z－9.5	
N16	Z－10	精加工，背吃刀量为 0.5 mm
N18	G00 X104.0 Z10.0	快速移到下一个锥面加工起始点
N20	G94 X60.0 Z6.0 R－22.0	锥形端面切削循环车削
N22	Z2.0	
N24	Z－2.0	
N26	Z－6.0	
N28	Z－9.5	
N30	Z－10.0	最后一刀精加工
N32	G00 X150 Z150	退刀
N34	M09	M09 为关闭切削液
N36	M05	主轴停止
N38	M02	程序结束

2. 复合循环指令（G71\G72\G73\G70）

使用复合循环指令时，只需要在程序中对零件的轮廓最终走刀轨迹进行描述和相关的加工参数设定后，机床即可自动完成从粗加工到精加工的全过程。这样可以大大简化编程工作，其具体指令如下所示。

1）内、外圆粗车复合循环指令（G71）

指令格式：

G71 U(Δd)R(e)

G71 P (ns) Q(nf)U(Δu) W(Δw) F (f) S (s) T (t)

其中：Δd 为每次切削深度（半径值），一般 45 钢件取 1 mm～2 mm，铝件取 1.5 mm～3 mm；e 为每次循环的退刀量（半径值），一般取 0.5 mm～1 mm；ns 为精车加工程序第一个程序段的顺序号；nf 为精车加工程序最后一个程序段的顺序号；Δu 为 *X* 方向精加工余量的距离和方向（直径指定），加工内径轮廓时，为负值；Δw 为 *Z* 方向精加工余量的距离和方向；f_、s_、t_为辅助功能代码，分别代表粗加工的进给速度、主轴转速和使用的刀具号。

图 3－25 所示为外圆粗车循环 G71 指令的走刀路线。

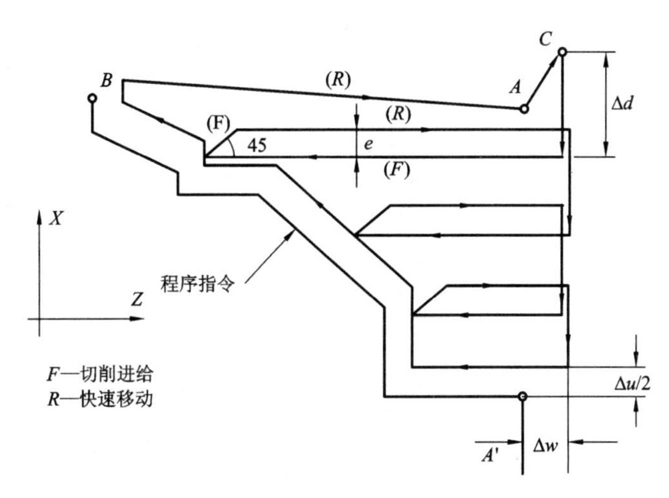

图 3-25　外圆粗车循环 G71 路径

【例 3-7】 如图 3-26 所示零件，利用 G71 和 G70 指令编写外轮廓粗、精加工程序。已知外圆车刀 3 号刀；粗、精主轴转速分别为 800 r/min 和 1200 r/min；进给速度分别为 120 mm/min 和 100 mm/min；粗加工背吃刀量 1.5 mm，精加工余量为 0.3 mm。

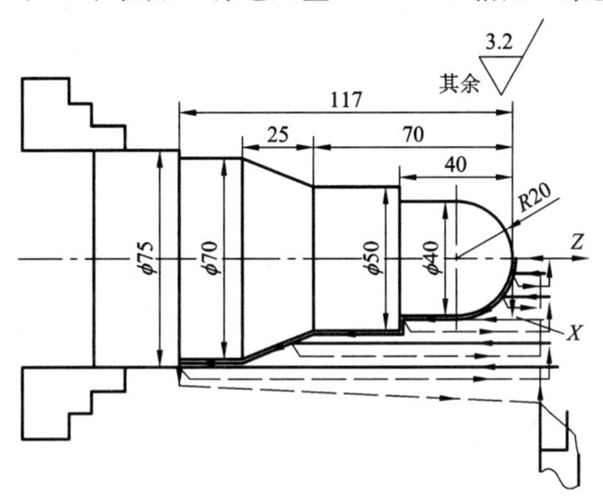

图 3-26　G71 编程举例

加工程序如下：

O0002		主 程 序 名
N2	G98 G21 G97	初始化(分进给，尺寸单位 mm，固定转速)
N4	T0303	换 3 号外圆刀并由刀偏建立工件坐标系
N6	M03 S800	转速 800 r/min
N8	G00 X79. Z3. M08	移动至加工起始点
N10	G71 U1.5 R1	外圆粗车复合固定循环切削，粗加工背吃刀量 U 为 1.5 mm，循环的退刀量 R 为 1 mm
N12	G71 P14 Q30 U0.6 W0.3 F120	粗加工进给速度为 120 mm/min，主轴转速为 800 r/min
N14	G00 X0	P14：粗加工第一程序段段号，快速移到加工起始点
N16	G01 Z0 F100 S1200	精加工进给速度为 100 mm/min，主轴转速为 1200 r/min

续表

O0002		主 程 序 名
N18	G03 X40. Z－20. I－20. K0	
N20	G01 Z－40.	X 轴坐标为直径编程，圆弧插补指令用 I、K 增量编程
N22	X50.	
N24	Z－70.	此段执行的是 G01 指令，此指令为模态指令
N26	X70. Z－95.	以下同上
N28	Z－117.	
N30	X77.	Q30：粗加工最后一个程序段段号
N32	G70 P14 Q30	精加工复合循环切削
N34	G00 X100. Z200. M09	退刀
N36	M05	主轴停止
N38	M30	程序结束

说明：

① 在使用 G71 指令进行粗加工时，只有包含在 G71 指令程序段中的 F、S 指令值在粗加工循环中有效，而包含在 ns 到 nf 程序段中的任何 F、S 指令值在粗加工循环中无效。在 ns 到 nf 程序段中的 F、S 指令在执行 G70 指令精加工时有效。

② 区别外圆、内孔。正、反阶梯由 X、Z 方向上精加工余量 Δu、Δw 的正负值来决定，具体如图 3－27 所示。

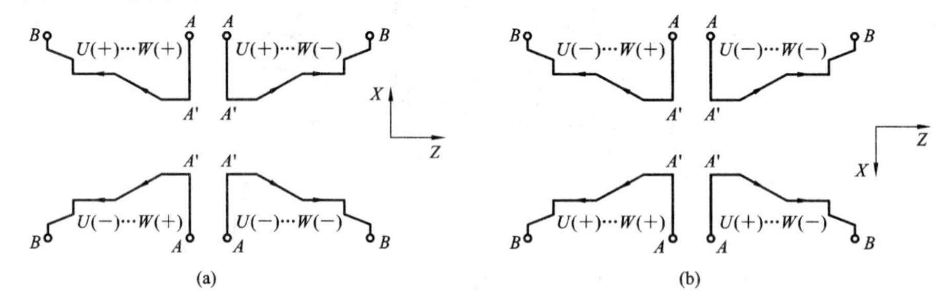

图 3－27　前置刀架和后置刀架加工不同表面时 Δu、Δw 正负

(a) 后置刀架；(b) 前置刀架

③ 使用 G71 指令时，工件径向尺寸必须单向递增或递减。

④ 调用 G71 指令前，刀具应处于循环起始点 A 处。A 点的位置随加工表面不同而不同。

⑤ 顺序号 ns 到 nf 之间的程序段不能调用子程序。

2) 精加工复合循环指令(G70)

使用 G71、G72 或 G73 指令完成粗加工后，用 G70 指令实现精车循环，精车时的加工余量是 Δu、Δw。

指令格式：

G70 P(ns) Q(nf)；

其中：ns 为精加工路线的第一个程序段的顺序号；nf 为精加工路线的最后一个程序段的顺序号。

需要说明的是，G70 指令与 G71、G72、G73 配合使用时，不一定紧跟在粗加工程序之后立即进行。通常可以更换刀具，可用一把精加工的刀具来执行 G70 的程序段，但中间不能用 M02 或 M30 指令来结束程序。

3）端面粗车复合循环指令(G72)

指令格式：

G72 W (Δd)R(e)

G72 P (ns) Q(nf)U(Δu)W(Δw)F (f) S (s) T (t)

其中：Δd 为每次切削深度，其余参数含义同 G71。G72 适用于对大小径之差较大而长度较短的盘类工件端面复杂形状粗车，其走刀方向如图 3－28 所示。

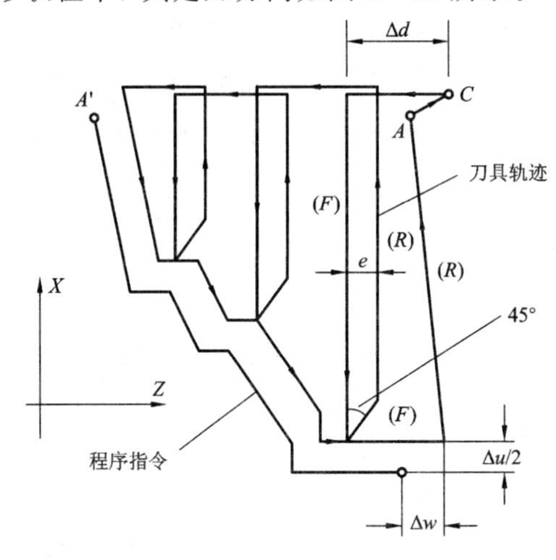

图 3－28　端面切削复合循环 G72 路径

【例 3－8】 如图 3－29 所示零件，利用 G72 和 G70 指令编写外轮廓粗、精加工程序。已知外圆车刀为 3 号刀，粗、精主轴转速分别为 800 r/min 和 1200 r/min；进给速度分别为 120 mm/min 和 100 mm/min；粗加工背吃刀量为 1.5 mm，精加工余量为 0.3 mm。

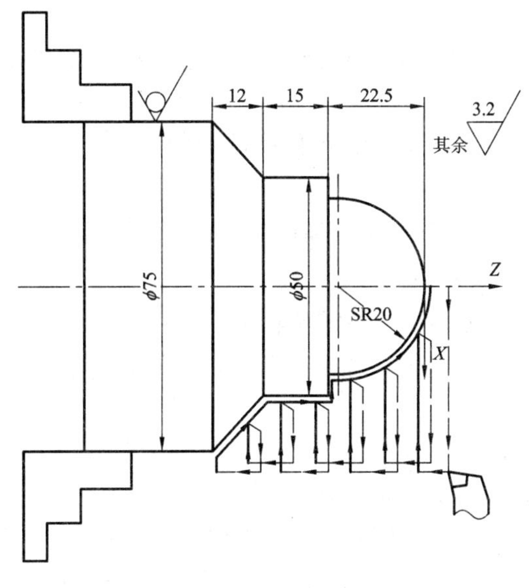

图 3－29　G72 编程举例

加工程序如下：

O0001		主程序名
N2	G98 G21 G97	初始化(分进给，尺寸单位 mm，固定转速)
N4	T0303	换 3 号外圆刀并由刀偏建立工件坐标系
N6	M03 S800	转速 800 r/min
N8	G00 X79. Z3. M08	移动至加工起始点
N10	G72 W1.5 R1.	端面粗车复合固定循环切削：粗加工背吃刀量 U 为 1.5 mm，循环的退刀量 R 为 1 mm
N12	G72 P14 Q28 U0.6 W0.3 F120	粗加工进给速度为 120 mm/min，主轴转速为 800 r/min
N14	G00 Z-49.5	P14：粗加工第一程序段段号，快速移到加工起始点
N16	G01 X75. F100 S1200	精加工进给速度为 100 mm/min，主轴转速为 1200 r/min
N18	X50. Z-37.5	
N20	Z-22.5	
N22	X40.	
N24	Z-20.	此段执行的是 G01 指令，此指令为模态指令
N26	G02 X0 Z0 R20.	以下同上
N28	G01 Z3.	Q28：粗加工最后一个程序段段号
N30	G70 P14 Q28	精加工复合循环切削
N32	G00 X100. Z200. M09	退刀
N34	M05	主轴停止
N36	M30	程序结束

说明：

① 在使用 G72 进行粗加工时，只有当 f、s、t 包含在 G72 指令程序段中时，F、S、T 功能在循环粗加工有效，而 f、s、t 包含在 ns 到 nf 程序段中的任何 F、S 或 T 功能在粗加工循环中时则被忽略；相反，在 ns 到 nf 程序段中的任何 F、S 或 T 功能对 G70 精加工有效。

② 该指令适用于随 Z 坐标的单调增加或减少，X 坐标也单调变化的情况。

4）固定形状粗车循环指令(G73)

G73 指令主要用于加工毛坯形状与零件轮廓形状基本接近的铸造成型、锻造成型或已粗车成型的工件。使用 G73 指令可以减少空走刀，提高加工效率。

指令格式：

G73 U(Δi) W(Δk) R(d)

G73 P(ns) Q(nf)U(Δu) W(Δw) F(f) S(s) T(t)

其中：Δi 为 X 轴方向退刀量的距离和方向(半径指定)；Δk 为 Z 方向退刀量的距离和方向；d 为重复加工次数；ns 为精车加工程序第一个程序段的顺序号；nf 为精车加工程序最

后一个程序段的顺序号；Δu 为在 X 方向精加工余量的距离和方向(直径)指定；Δw 为在 Z 轴方向精加工余量的距离和方向；f_、s_、t_为辅助功能代码分别代表粗加工的进给速度、主轴转速和使用的刀具号。

图 3－30 所示为平面轮廓粗车固定形状复合循环 G73 路径。

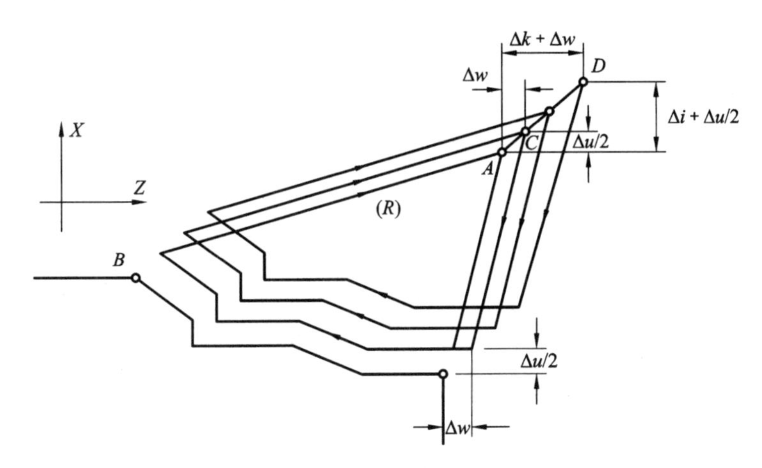

图 3－30　平面轮廓粗车固定形状复合循环 G73 路径

需要说明的是，在使用 G73 进行粗加工时，只有当 f、s、t 包含在 G73 指令程序段中时，F、S、T 功能在循环粗加工有效，而 f、s、t 包含在 ns 到 nf 程序段中的任何 F、S 或 T 功能时在粗加工循环中则被忽略；相反在 ns 到 nf 程序段中的任何 F、S 或 T 功能对 G70 精加工有效。

【例 3－9】　如图 3－31 所示零件，利用 G73 和 G70 指令编写外轮廓粗、精加工程序。已知 $\Delta u=1.0$ mm、$\Delta w=0.5$ mm、$\Delta i=9.5$ mm、$\Delta k=9.5$ mm、$d=5$；外圆车刀为 3 号刀；粗、精主轴转速分别为 800 r/min 和 1200 r/min；进给速度分别为 120 mm/min 和 100 mm/min。

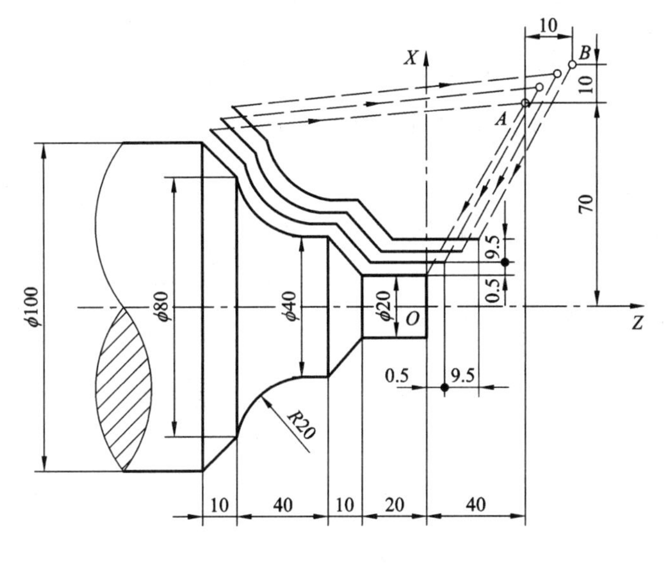

图 3－31　G73 编程举例

加工程序如下：

O0001		主 程 序 名
N2	G98 G21 G97	初始化(分进给，尺寸单位 mm，固定转速)
N4	T0303	换 3 号外圆刀并由刀偏建立工件坐标系
N6	M03 S800	转速 800 r/min
N8	G00 G42 X140 Z40 M08	移动至加工起始点
N10	G73 U9.5 W9.5 R5	平行轮廓粗车复合固定循环切削
N12	G73 P14 Q26 U1.0 W0.5 F120	粗加工进给速度为 120 mm/min，主轴转速为 800 r/min
N14	G00 X20 Z2	P14：粗加工第一程序段段号，快速移到加工起始点
N16	G01 Z-20 F100 S1200	精加工进给速度为 100 mm/min，主轴转速为 1200 r/min
N18	X40 W-10	
N20	W-20	
N22	G02 X80 W-20 R20	
N24	G01 X100 W-10	
N26	X104	Q26：粗加工最后一个程序段段号
N28	G70 P14 Q26	精加工复合循环切削
N30	G00 G40 X100 Z200 M09	退刀
N32	M05	主轴停止
N34	M30	程序结束

3.2 数控铣床及加工中心工艺编程

铣削加工是机械加工中最常用的加工方法之一，它主要包括平面铣削和内外轮廓铣削，也可以对零件进行钻、扩、铰、镗、锪及螺纹加工等。数控铣削除了能完成普通铣床所能铣削的各种零件表面外，还能铣削普通铣床不能铣削的需要 2～5 个坐标联动的各种平面轮廓和三维空间轮廓。

通常，数控铣床和加工中心在结构、工艺和编程等方面类似。特别是全功能数控铣床与加工中心相比，区别主要在于数控铣床没有自动刀具交换装置(Automatic Tools Changer，ACT)及刀具库，只能用手动方式换刀，而加工中心因具备 ACT 及刀具库，故可将使用的刀具预先安排存放于刀具库内，可在程序中通过换刀指令，实现自动换刀。

本节主要以立式数控铣床为对象，介绍数控铣削加工的工艺与编程技术，在此基础上，通过实例说明加工中心工艺与编程的特点及应用。

3.2.1　加工编程准备

与数控车床一样，在加工编程之前，要进行对刀及建立工件坐标系。对于铣床及加工中心，常用的工件坐标系设置指令有G92、G54～G59，有时根据零件加工需要，还会用到局部坐标系的设置指令G52。

1. 用G92指令建立工件坐标系

1）坐标系设定指令G92

指令格式：

G92 X_ Y_ Z_

该指令的作用是将工件坐标系原点设定在相对于刀具起始点的某一空间点上，X、Y、Z指令后的坐标值实质上就是当前刀具在所设定的工件坐标系中的坐标值，即通过给定刀具起始点在工件坐标系中的坐标值，来反求工件坐标原点的位置。系统在执行程序G92 X_ Y_ Z_时，并不产生任何运动，只是将这个坐标值寄存在数控装置的存储器内，建立起工件坐标系。

如图3-32所示，欲将坐标系设置为图中所示位置，程序指令为G92 X30 Y30 Z20。

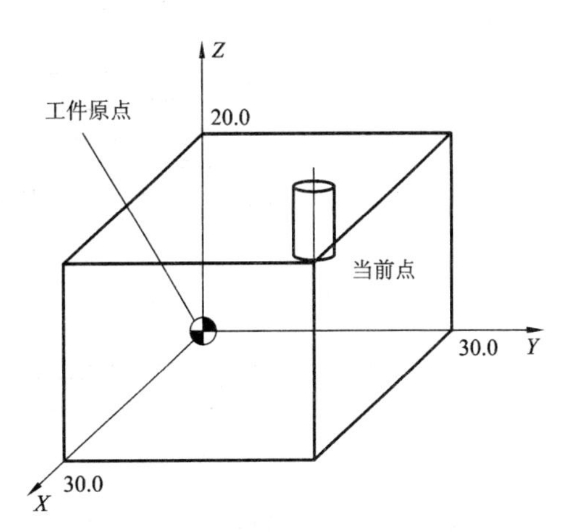

图3-32　G92工件坐标系的设定

值得注意的是，该指令与车床坐标系设定指令G50相同，工件坐标系原点的位置与刀具起始点的位置具有相对关联关系，当刀具起始点的位置发生变化时，工件坐标系原点的位置也会随之发生变化。

2）用G92指令建立工件坐标系时应注意的问题

(1) 由于G92指令为非模态指令，一般放在一个零件程序的第一段，程序段中的"X、Y、Z"的坐标值为刀具在工件坐标系中的坐标，执行此程序段只建立工件坐标系，刀具并不产生运动。工件坐标系建立后，刀具和工件坐标原点的相对位置已被系统记忆，工件坐标系的原点与机床零点(参考点)的实际距离无关。

(2) 工件坐标系建立后，一般不能将机床锁定后测试运行程序。因为机床锁定后刀具和工件的实际相对位置不会发生变化，而程序运行后，系统记忆的坐标位置可能会发生变化。如果必须这样做，请确认工件坐标系是否发生了变化，如果发生了变化，则必须重新对刀建立工件坐标系。

(3) 用G92指令建立工件坐标系后，如果关机，建立的工件坐标系将丢失，重新开机后必须再对刀建立工件坐标系。

2. 用G54～G59指令建立工件坐标系

由于G92指令建立工件坐标系存在上述缺陷，对于批量加工的工件，即使工件依靠夹具能在工作台上准确定位，用G92指令来对刀和建立工件坐标系也不太方便。这时，要经常使用与机床参考点位置固定的绝对工件坐标系，分别通过坐标系偏置G54～G59这六个指令来选择调用对应的工件坐标系。这六个工件坐标系是通过运行程序前，输入每个工件坐标系的原点到机床参考点的偏置值来建立的。

工件坐标系原点 W 与机床原点(参考点)$M(R)$的关系如图 3-33 所示。

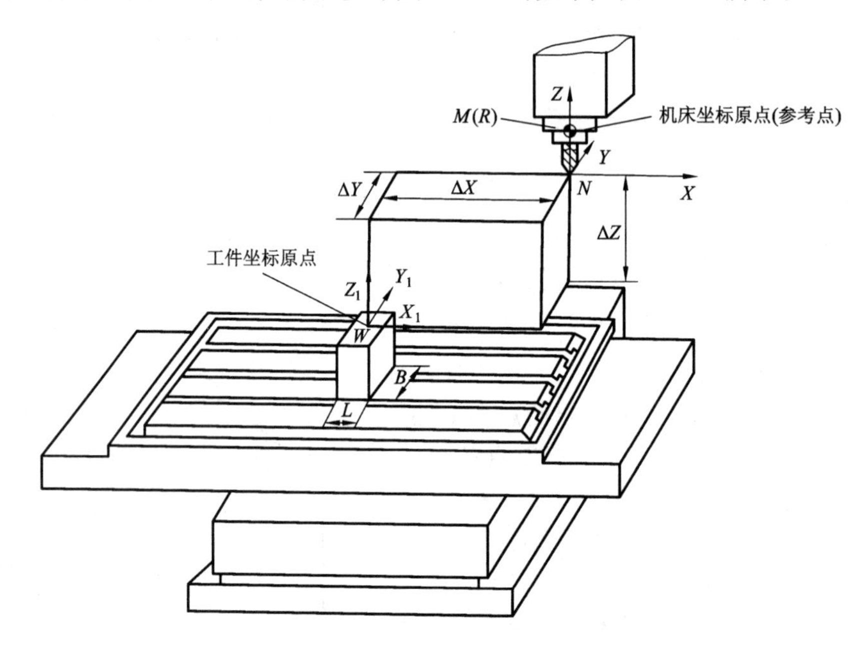

图 3-33 工件坐标原点(G54～G59)与机床原点的关系

用 G54～G59 指令建立工件坐标系，即通过对刀操作获得工件坐标系原点在机床坐标系中的坐标值，此数值为工件坐标系的原点到机床参考点的偏置值。这六个预定工件坐标系的原点在机床坐标系中的坐标(工件零点偏置值)可用 MDI 方式输入，系统自动记忆。

3. 局部坐标系的建立

在数控编程中，为了编程方便，有时要给程序选择一个新的参考，通常是将工件坐标系偏移一个距离。在 FANUC 系统中，通过 G52 指令来实现。

指令格式：

G52 X_Y_Z_;

G52 X0 Y0 Z0;

说明：G52 设定的局部坐标系，其参考基准是当前设定的有效工件坐标系原点，即使用 G54～G59 设定的工件坐标系。

X、Y、Z 是指局部坐标系的原点在原工件坐标系中的位置，该值用绝对坐标值加以指定。

G52 X0 Y0 Z0 表示取消局部坐标系，其实质是将局部坐标系原点设定在原工件坐标系原点处。

3.2.2 常用功能指令

1. 绝对与相对坐标指令(G90 与 G91)

指令格式：

G90；（绝对坐标）

G91；（相对坐标）

【例 3－10】 如图 3－34 所示，刀具按轨迹 $A \rightarrow B \rightarrow C$ 运行，试分别用绝对坐标与相对坐标编程(假设刀具起始点为 A)。

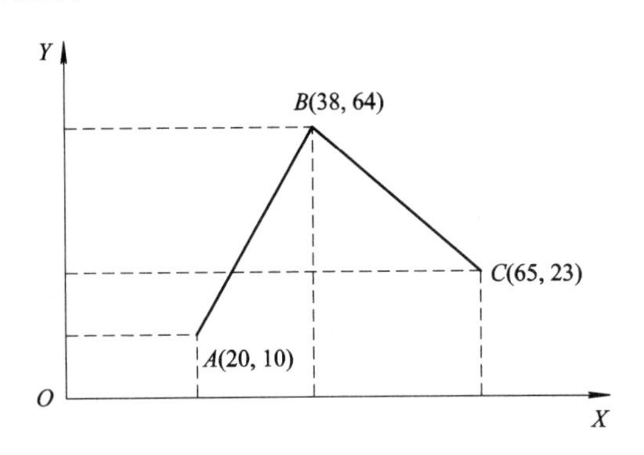

图 3－34　刀具轨迹

（1）绝对值编程：

G90 G01 X38 Y64 F300　　($A \rightarrow B$)

X65 Y23　　($B \rightarrow C$)

（2）相对坐标编程：

G91 G01 X18 Y54 F300　　($A \rightarrow B$)

X27 Y－41　　($B \rightarrow C$)

2. 坐标平面设定指令

在圆弧插补、刀具半径补偿及刀具长度补偿时必须首先确定一个平面，即确定一个由两个坐标轴构成的坐标平面。G17 为 XY 平面选择；G18 为 XZ 平面选择；G19 为 YZ 平面选择；G17、G18、G19 为模态指令，G17 是系统默认指令。

3. 返回参考点指令

参考点的返回有两种方式：手动参考点返回和自动参考点返回。其中，自动参考点返回用于机床开机后已进行手动参考点返回后，在程序中需要返回参考点进行换刀时使用的功能。

1）返回参考点检查指令 G27

G27 用于检查刀具是否按程序正确地返回到参考点。数控机床通常是长时间连续工作的，为了提高加工的可靠性及保证零件的加工精度，可用 G27 指令来检查工件原点的正确性。

指令格式：

G27 X(U)_Y(V)_Z(W)_；

说明：X、Y、Z 值表示参考点在工件坐标系中的绝对坐标值；U、V、W 表示机床参考点相对刀具当前点的增量坐标值。

执行该指令时，各轴按指令中给定的坐标值快速定位，且系统内部检测参考点的行程开关信号。当定位结束时，如果检测到开关信号发令正确，则操作面板上参考点返回指示灯会亮，这说明主轴正确回到了参考点位置；否则，机床会发出报警提示(NO. 092)，说明程序中指定的参考点位置不对或机床定位误差过大。

执行 G27 指令的前提是机床开机后返回过参考点(手动返回或用 G28 指令返回)。若先前使用过刀具补偿指令(G41、G42 或 G43、G44)，则必须取消补偿(用 G40 或 G49)，才能使用 G27 指令。

2) 返回参考点指令 G28

G28 指令是使刀具从当前点位置以快速定位方式经过中间点回到参考点。

指令格式：

G28 X(U)_Y(V)_Z(W)_;

说明：X(U)_Y(V)_Z(W)_表示中间点的坐标值。指定中间点的目的是使刀具沿着一条安全的路径回到参考点。

3) 从参考点返回指令 G29

G29 指令是使刀具从参考点以快速定位方式经过中间点返回。

指令格式：

G29 X(U)_Y(V)_Z(W)_;

4. 圆弧插补指令(G02、G03)

G02、G03 指令用于指定圆弧插补，其中，G02 为顺时针圆弧插补，G03 为逆时针圆弧插补。顺时针、逆时针方向判别：从垂直圆弧所在平面的第三坐标轴正方向往负方向看，顺时针用 G02，逆时针用 G03，如图 3-35 所示。

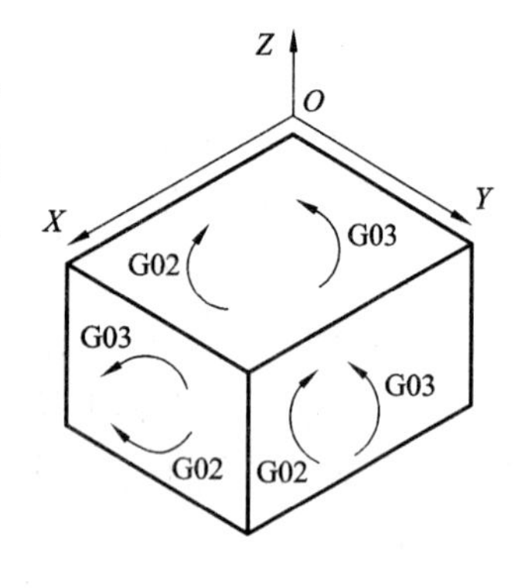

图 3-35　G02、G03 的判定

圆弧插补指令编程格式有圆心编程和半径编程两种。

1) 圆心编程格式

指令格式：

G17 G02/G03 X_Y_I_J_F_

G18 G02/G03 X_Z_I_K_F_

G19 G02/G03 Y_Z_J_K_F_

说明：X_Y_Z_表示圆弧终点坐标值。在 G90 绝对坐标方式下，圆弧终点坐标是在工件坐标系上的绝对坐标值；在 G91 增量坐标方式下，圆弧终点坐标是相对于圆弧起点的增量。

I_J_K_表示圆弧圆心的坐标值。它是圆弧圆心相对圆弧起点在 X、Y、Z 轴方向上的增量值，无论在 G90 或 G91 时，其定义相同。I、J、K 的值为零时可以省略。

【例 3-11】 如图 3-36 所示，用圆弧插补指令编程。

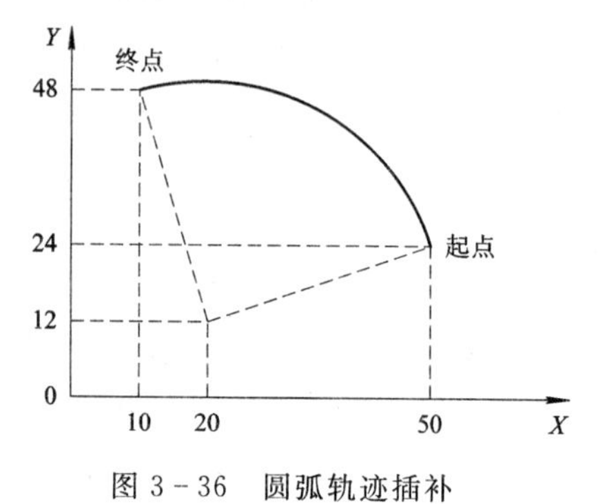

图 3-36　圆弧轨迹插补

具体编程如下：

(1) 绝对坐标编程：

G90(G17)G03 X10 Y48 I-30 J-12 F100

(2) 增量坐标编程：

G91 (G17)G03 X－40 Y24 I－30 J－12 F100

【例 3－12】 如图 3－37 所示，用圆弧插补指令对整圆编程。

编程指令如下：

(1) 从 A 点顺时针一周。

用 G90 时：

G90 G02 (X0)Y－50 (I0) J50 F100

用 G91 时：

G91 G02 (X0 Y0)(I0) J50 F100

(2) 从 B 点逆时针一周。

用 G90 时：

G90 G03 X－50 (Y0)I50(J0)F100

用 G91 时：

G91 G03 (X0 Y0)I50 (J0) F100

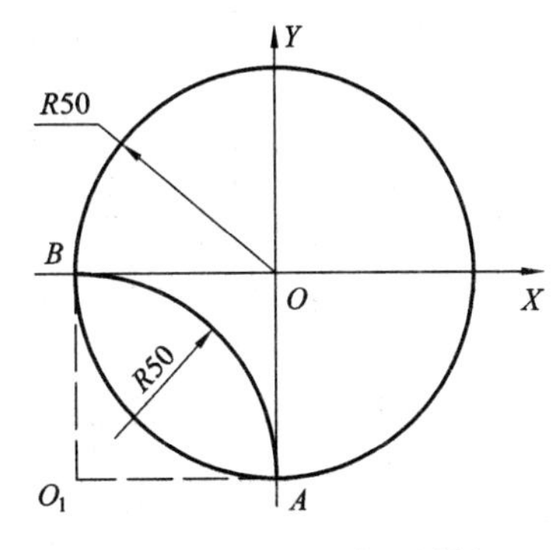

图 3－37 圆弧编程图例

注：()内可以省略。

2) 半径编程格式

指令格式：

G17 G02/G03 X_Y_R_F_

G18 G02/G03 X_Z_R_F_

G19 G02/G03 Y_Z_R_F_

说明：① R 表示圆弧半径参数。当圆弧圆心角小于 180°时，R 后的半径值用正数表示；当圆弧圆心角大于 180°时，R 后的半径值用负数表示；当圆弧圆心角等于 180°时，R 后的半径值用正或负数表示均可。

② 插补整圆时，不可以用 R 编程，只能用 I、J、K。

【例 3－13】 如图 3－37 所示，用半径 R 对圆弧 AB 编程(起点为 A，终点为 B)。

(1) 逆时针小圆弧插补，圆心 O_1：

G90 G03 X0 Y－50 R50 F100

(2) 逆时针大圆弧插补，圆心 O：

G90 G03 X0 Y－50 R－50 F100

【例 3－14】 如图 3－38 所示，根据尺寸要求，在 96×48 硬铝板上加工出 POS 字样。

(1) 加工工艺分析。

① 工件采用平口钳装夹，下用垫铁支承。

② 加工尺寸精度要求不高，工件材料为硬铝，故刀具 T01 选择与图形槽宽度相同的 ϕ4 mm 的键槽铣刀，刀具材料为高速钢，加工中垂直下刀至 2 mm 深度。

③ 加工工艺路线：分别从 P_1、P_6、P_7 点下刀，依各基点顺序加工出图样。

④ 切削用量选择：选择主轴转速 S＝1200 r/min(实际主轴转速、进给速度可以根据加工情况，通过操作面板上倍率开关调节)。

进给速度 F：垂直下刀 F_1＝100 mm/min，水平进刀 F_2＝200 mm/min。

⑤ 如图 3－38 所示，选择工件上表面及左下角点 O 为工件坐标原点。

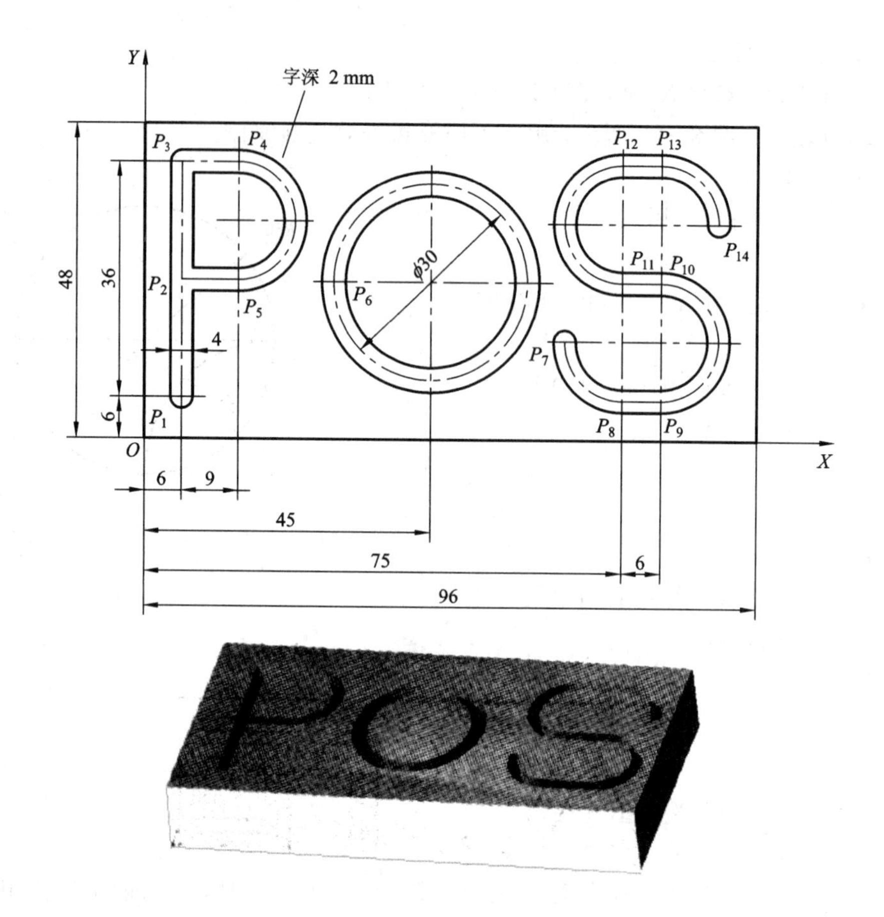

图 3－38　POS 零件图

⑥ P_1～P_{15} 各个基点的坐标值计算比较简单，此处不予详细介绍。

(2) 加工程序编制(立式铣床)。

加工程序如下：

O0001		主程序名
N2	G90 G54 G00 Z100	绝对坐标编程，调用工件坐标系 G54，刀具垂直快移至 Z100
N4	X6 Y6 M03 S1200	定位至 P_1 点上方，主轴正转 1200 r/min
N6	Z10	快速下刀至 Z10
N8	G01 Z－2 F100	直线插补至槽底，进给速度 100 mm/min
N10	Y42 F200	$P_1 \rightarrow P_3$，进给速度 200 mm/min
N12	X15	$P_3 \rightarrow P_4$
N14	G02 (X15) Y24 R9	顺时针圆弧插补，$P_4 \rightarrow P_5$
N16	G01 X6	$P_5 \rightarrow P_2$
N16	G00 Z5	抬刀至 Z5
N18	X30 Y24	定位至 P_6 点上方
N20	G01 Z－2 F100	下刀至槽底
N22	G02 (X30 Y24) I15 J0 F200	顺时针整圆插补

续表

O0001		主程序名
N24	G00 Z5	抬刀
N26	X66 Y15	定位至 P_7 点上方
N28	G01 Z-2 F100	下刀至槽底
N30	G03 X75 Y6 R9 F200	逆时针圆弧插补 $P_7 \to P_8$
N32	G01 X81	$P_8 \to P_9$
N34	G03 Y24 J9	$P_9 \to P_{10}$
N36	G01 X75	$P_{10} \to P_{11}$
N38	G02 Y42 R9	顺时针圆弧插补 $P_{11} \to P_{12}$
N40	G01 X81	$P_{12} \to P_{13}$
N42	G02 X90 Y33 R9	$P_{13} \to P_{14}$
N44	G00 Z100	抬刀
N46	X-100 Y0	刀具移开，以便装卸工件
N48	M05	主轴停止
N50	M30	程序结束

5. 螺旋线插补指令 G02/G03

指令格式：

$$\text{G17}\begin{Bmatrix}\text{G02}\\\text{G03}\end{Bmatrix}\text{X\_ Y\_}\begin{Bmatrix}\text{I\_ J\_}\\\text{R\_}\end{Bmatrix}\text{Z\_ F\_}$$

$$\text{G18}\begin{Bmatrix}\text{G02}\\\text{G03}\end{Bmatrix}\text{X\_ Z\_}\begin{Bmatrix}\text{I\_ K\_}\\\text{R\_}\end{Bmatrix}\text{Y\_ F\_}$$

$$\text{G19}\begin{Bmatrix}\text{G02}\\\text{G03}\end{Bmatrix}\text{Y\_ Z\_}\begin{Bmatrix}\text{J\_ K\_}\\\text{R\_}\end{Bmatrix}\text{X\_ F\_}$$

说明：X、Y、Z 中由 G17/G18/G19 平面选定的两个坐标为螺旋线投影圆弧的终点，其意义同圆弧进给。该指令对另一个不在圆弧平面上的第三坐标轴施加移动指令。

【例 3-15】 使用 G03 指令对图 3-39 所示的螺旋线插补编程。

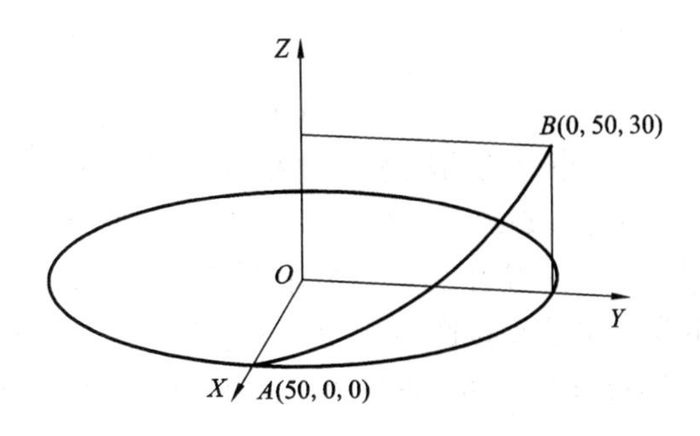

图 3-39 螺旋线插补编程

已知螺旋线起点 A、终点 B、圆弧投影所在平面为 XY。

加工程序如下：

G90 G17 G03 X0 Y50 R50 Z30 F200

或

G91 G17 G03 X－50 Y50 I－50 J0 Z30 F200

6. 刀具半径补偿功能(G41、G42、G40)

1) 刀具半径补偿的概念

在数控铣床上进行轮廓铣削时，由于刀具半径的存在，刀具中心轨迹与工件轮廓不重合。人工计算刀具中心轨迹相当复杂，且刀具直径变化时必须重新计算，修改程序。当数控系统具备刀具半径补偿功能时，我们只需按工件轮廓进行数控编程，数控系统就能够根据操作者预先输入的刀具半径值(或欲偏置值)自动计算刀具中心轨迹，从而得到我们所期望的工件轮廓。这就是刀具半径补偿的概念。

(1) 指令格式：

(G17)G00/G01 G41 X_ Y_ D_(/F_)；(刀具半径左补偿)

(G17)G00/G01 G42 X_ Y_ D_(/F_)；(刀具半径右补偿)

(G17)G00/G01 G40 X_ Y_(/F_)；　(取消刀补)

说明：X、Y 值是建立补偿直线段的终点坐标值；D 为补偿号，即存放刀补值的存储器地址号，用 D00～D99 来指定，它用来调用已设定的刀具半径补偿值。刀补号和对应的补偿值可用 MDI 方式输入。

G41 与 G42 的判别如图 3－40 所示。沿着刀具移动的方向看，当刀具中心在被加工轮廓的左侧时，为刀具半径左补偿；当刀具中心在被加工轮廓的右侧时，为刀具半径右补偿。

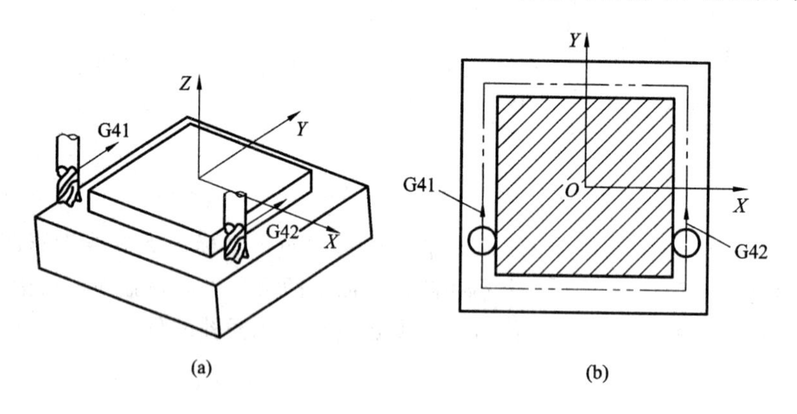

图 3－40　G41 与 G42 的判别

注意：① G41、G42、G40 指令均为同组模态指令，可互相注销。

② 刀具半径补偿平面的切换必须在补偿取消的方式下进行。

(2) 半径补偿的过程。刀具半径补偿是一个让刀具中心相对于编程轨迹产生偏移的过程。G41、G42 及 G40 本身并不能直接产生运动，而是在 G00 或 G01 运动的过程中逐渐偏移的。刀具半径补偿的过程可分为三步，如图 3－41 所示。A 为工件切入点，B 为切出点，P_1～P_4 为工件轮廓基点。

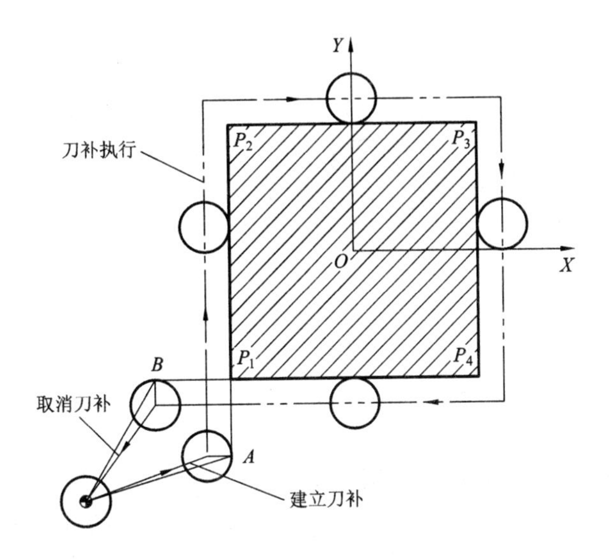

图 3－41　刀具半径补偿的过程

编程轨迹：起点→A→P_2→P_3→P_4→B→起点。

① 刀补的建立：在刀具从起点接近工件到达 A 点时，刀心点从与编程轨迹重合过渡到与编程轨迹偏离一个偏置量的过程。

② 刀补执行：在切削过程中，刀具中心始终与编程轮廓相距一个偏置量。

③ 刀补取消：刀具离开工件至切出点 B，在回到起点的过程中，刀心点逐渐过渡到与编程轨迹重合。

(3) 刀具半径补偿的注意事项。

① 刀具半径补偿的建立与取消必须与 G00 或 G01 同时使用，且在半径补偿平面内至少有一个坐标的移动距离不为零。

② 刀具半径补偿在建立与取消时，起始点与终止点位置最好与补偿方向在同一侧，以防止产生过切现象，如图 3－42 所示。

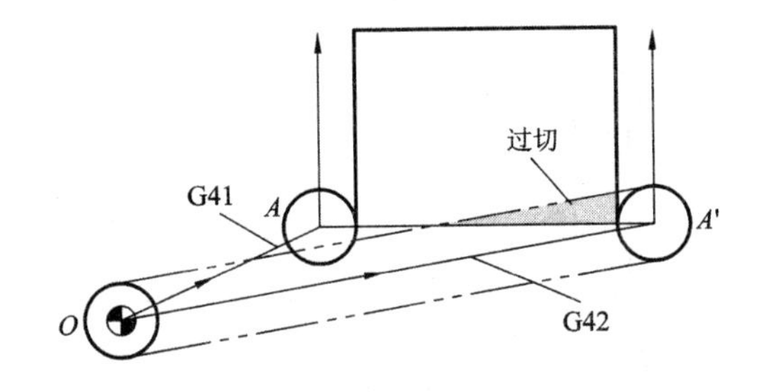

图 3－42　过切现象

③ 在刀具半径补偿的建立与补偿取消的程序段后，一般不允许存在连续两段以上的非补偿平面内移动指令，否则将会出现过切现象或出错。

④ 一般情况下，刀具半径补偿量应为正值，如果补偿为负，则效果正好是 G41 和 G42 相互替换。

⑤ 在刀具正转的情况下，采用左刀补铣削为顺铣，而采用右刀补铣削则为逆铣，如图 3－43 所示(注意，刀具与工件的进给运动是相对的，两者方向相反)。

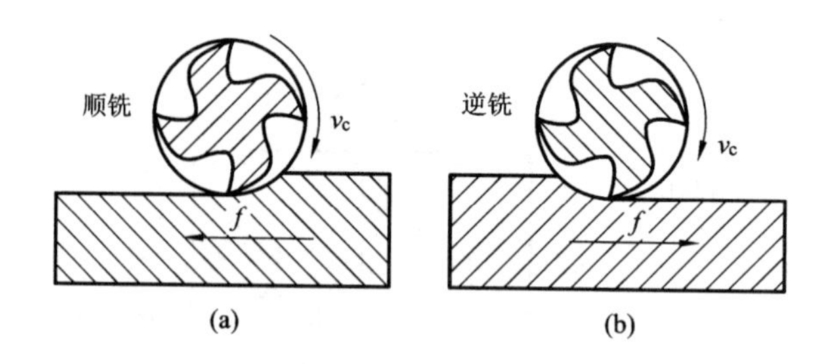

图 3-43　顺铣与逆铣

逆铣时，切削刃沿已加工表面切入工件，刀齿存在“滑行”和挤压，使已加工表面质量变差，刀齿易磨损，但由于丝杠螺母传动时没有串动现象，因此可以选择较大的切削用量，且加工效率高，一般用于粗加工。

顺铣时，铣刀刀齿切入工件时的切削厚度由最大逐渐减小到零，刀齿切入容易，且铣刀后面与已加工表面的挤压、摩擦小，切削刃磨损慢，加工出的零件表面质量高，但当工件表面有硬皮和杂质时，容易产生崩刃而损坏刀具，故一般用于精加工。

【例 3-16】 如图 3-44 所示，工件毛坯为 95 mm×70 mm×15 mm 的硬铝板，试完成零件拱形凸台轮廓侧面的加工编程，要求表面粗糙度为 R_a1.6 μm。已知刀具为 ϕ12 mm 的立铣刀，刀具材料为高速钢。

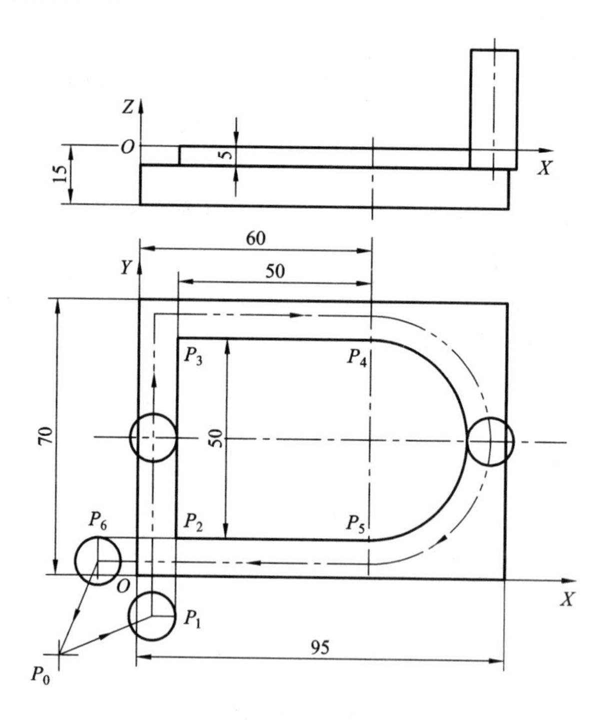

图 3-44　零件与外轮廓精铣路径

(1) 加工工艺分析。

① 工艺分析与前例相同。

② 根据题意，零件拱形凸台轮廓需要通过粗、精加工来完成，如图 3-45(a)所示。此例我们可以不改变加工程序，通过改变刀具半径补偿值的方式实现粗加工和精加工。

③ 刀具半径补偿值的计算：如图 3-45(b)所示。

i) 找出零件上加工余量最大值。本例中，最大值为 $L=AB=24.5$ mm。

ii) 计算粗加工走刀次数。本例中，已知刀具直径 $d=12$ mm，则走刀次数 $N=L/d=24.5/12\approx2.04$，故取 $N=3$ 次。(注：当小数部分≤0.5 时，向整数进 1；当小数部分>0.5 时，向整数部分进 2)。

iii) 确定粗加工轨迹行距值。图中，R 为刀具半径，故 $R=d/2=6$ mm；W 为第一刀吃刀量，其值等于刀具半径 R 减去刀具覆盖零件轮廓最外点(B 点)超出量 Δ，本题取 $\Delta=3$ mm，所以，$W=R-\Delta=6-3=3$ mm；最后得到行距 $C=[L-(R+W)]/(N-1)=15.5/2=7.7$ mm。

iv) 确定刀具半径补偿值。

第一刀 D01：$R_1=L-W=24.5-3=21.5$ mm；

第二刀 D02：$R_2=L-W-C=13.8$ mm；

第三刀 D03：理论值 $R_3=R=6$ mm，但考虑给精加工(第四刀)留出余量 0.5 mm，故实际取 $R_3=6+0.5=6.5$ mm。

精加工(第四刀)D04：$R_4=6$ mm。

④ 为简化编程，将前例中拱形凸台轮廓精加工程序作为子程序，调用四次。

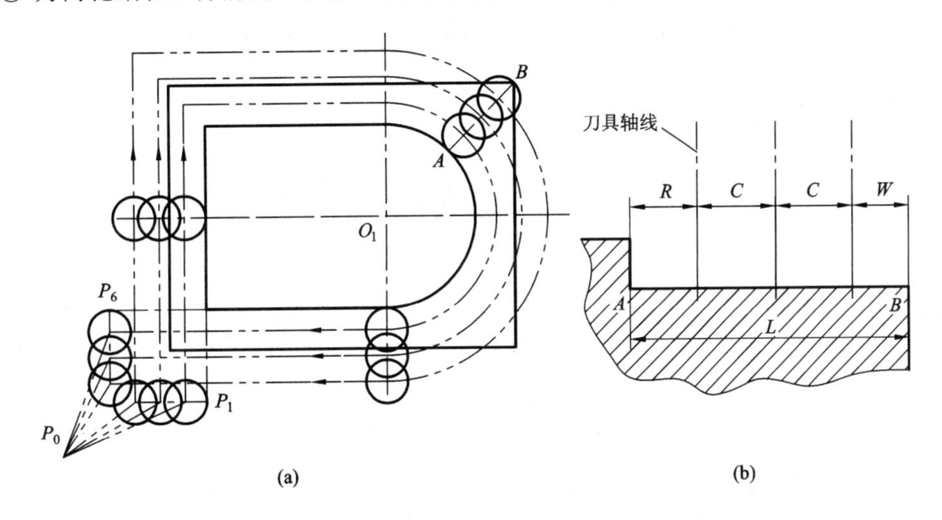

图 3-45　加工方案分析

(a) 加工轨迹示意；(b) 刀补值计算

2) 加工程序编制(立式铣床)

加工程序如下：

O0001		主 程 序 名
N10	G90 G54 G00 Z100	绝对坐标编程，调用工件坐标系 G54，刀具快移至 Z100
N20	X-30 Y-30 M03 S1200	定位至 P_0 点上方，主轴正转 1200 r/min
N30	Z-4.	快速下刀至 $Z-4$
N40	M98 P2	粗加工
N50	Z-5.	快速下刀至 $Z-5$

续表

O0001		主 程 序 名
N70	M98 P2	精加工凸台水平面
N80	G41 G00 X10 Y－10 D04	$P_0 \to P_1$，建立刀补，刀补地址 D04，$R=6$
N100	M98 P1	调用子程序，精加工凸台侧面，第四刀
N110	Z100	抬刀
N130	M05	主轴停止
N140	M30	程序结束

O0002		子 程 序 名
N10	G41 G00 X10 Y－10 D01	$P_0 \to P_1$，建立刀补，刀补地址 D01，$R=21.5$
N20	M98 P1	调用子程序，粗加工第一刀
N30	G41 G00 X10 Y－10 D02	$P_0 \to P_1$，建立刀补，刀补地址 D02，$R=13.8$
N40	M98 P1	调用子程序，粗加工第二刀
N50	G41 G00 X10 Y－10 D03	$P_0 \to P_1$，建立刀补，刀补地址 D03，$R=6.5$
N70	M98 P1	调用子程序，粗加工第三刀
N80	M99	

O0001		子 程 序 名
N2	G01 Y60 F200	$P_1 \to P_3$，进给速度 200 mm/min
N4	X60	$P_3 \to P_4$
N6	G02 (X60)Y10 R25	顺时针圆弧插补，$P_4 \to P_5$
N8	G01 X－10	$P_5 \to P_6$
N10	G00 G40 X－30 Y－30	$P_6 \to P_0$，取消刀补
N12	M99	子程序结束返回

7. 刀具长度补偿(G43、G44、G49)

在数控机床上加工零件时，不同工序往往需要使用不同的刀具，这就使得刀具的直径、长度发生变化，或者由于刀具的磨损，也会造成刀具长度的变化。在数控机床系统中设置了刀具长度补偿的功能，以简化编程提高工作效率。

所谓刀具长度补偿功能，是指当使用不同规格的刀具或刀具磨损后，可通过刀具长度补偿指令补偿刀具长度尺寸的变化，而不必修改程序或重新对刀以达到加工要求。

1）编程格式

G01 G43 H_Z_；刀具长度正补偿

G01 G44 H_Z_；刀具长度负补偿

G01 G49 Z_；　　刀具长度补偿取消

说明：

① 在 G17 的情况下，刀具补偿 G43 和 G44 是指用于 Z 轴的补偿(同理，在 G18 情况下，对 Y 轴补偿；G19 情况下，对 X 轴补偿。在此不讨论)。

② H_表示长度补偿值地址字，后面带两位数字表示补偿号。

③ 对于一把基准刀具，使用 G43 指令时，将 H 代码指定的刀具长度补偿值加在程序中由运动指令指定的 Z 轴终点位置坐标上，即 Z 的实际坐标值＝Z 的指令坐标＋长度补偿值；而使用 G44 指令时，Z 的实际坐标值＝Z 的指令坐标－长度补偿值。

如果设定长度补偿值 Hxx 为正值，则 G43、G44 的补偿效果如图 3-46 所示；而如果设定长度补偿值 Hxx 为负值，则 G43、G44 的补偿效果相当于两者互换。

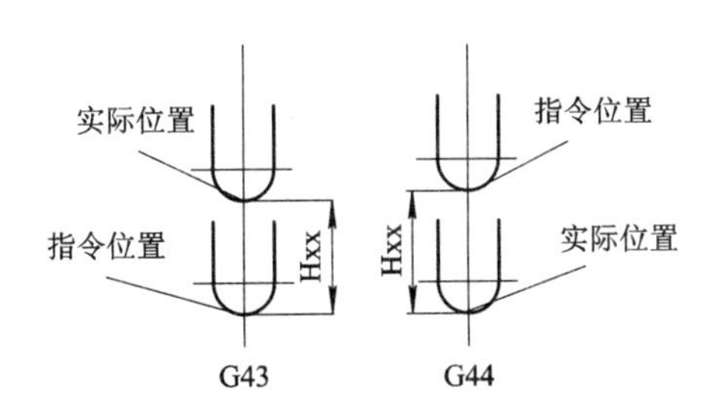

图 3-46　长度补偿功能示意(Hxx 为正值时)

④ 补偿值的确定一般有两种情况：一种是有机外对刀仪时，以主轴轴端中心作为对刀基准点，则以刀具伸出轴端的长度作为 H 中的偏置量；另一种常见于无对刀仪时，如果以标准刀的刀位点作为对刀基准，则刀具与标准刀的长度差值作为其偏置量。该值可以为正，也可以为负。为了不混淆 G43、G44 的用法，我们通常都采用 G43 指令，而规定如果刀具长度大于标准刀长度，则 Hxx 取正值；如果刀具长度小于标准刀长度，则 Hxx 取负值，从而达到补偿的目的。

⑤ G43、G44、G49 为模态指令。

⑥ G43、G44、G49 指令本身不能产生运动，长度补偿的建立与取消必须与 G00(或 G01)指令同时使用，且在 Z 轴方向上的位移量不为零。

⑦ 在刀具长度补偿的建立与补偿取消的程序段后，一般不允许存在连续两段以上的非补偿平面第三轴移动指令(G17 时 Z 轴补偿)，否则将会出错。

【例 3-17】 如图 3-47 所示，在立式加工中心上以标准刀对刀建立工件坐标系 G54。设输入值 H01＝－30 mm，H02＝10 mm，试问：

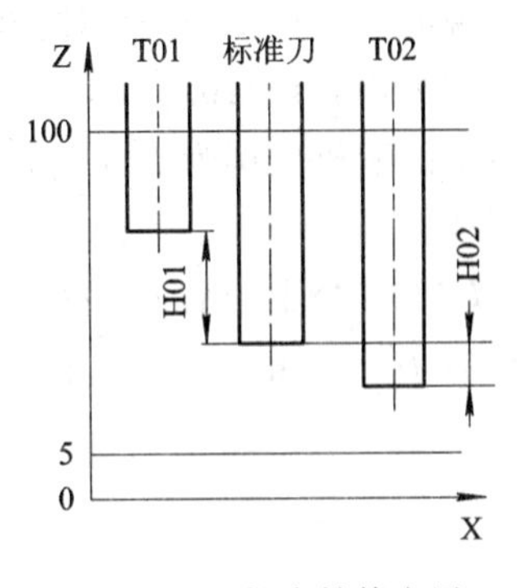

图 3-47　长度补偿应用

(1) 如何编程使刀具 T01 到达坐标 Z100?

(2) 如何编程使刀具 T02 到达坐标 Z100?

(3) 如何编程使刀具 T01 到达坐标 Z5?

(4) 如果刀具 T01 执行程序 G90 G54 G00 Z5 后，Z 坐标的实际位置为多少?

(5) 如果刀具 T01 执行程序 G90 G54 G44 G00 Z5 H01 后，Z 坐标的实际位置为多少?

答：(1) G90 G54 G43 G00 Z100 H01；

(2) G90 G54 G43 G00 Z100 H02；

(3) G90 G54 G43 G00 Z5 H01；

(4) Z35；(因为 T01 比标准刀具短 30 mm。)

(5) Z65。(因为补偿方向反了。)

3.2.3 坐标变换功能指令

1. 比例缩放

比例缩放指令是指在数控铣(加工中心)加工中，对某一加工图形轮廓按指定的比例进行缩放的一种简化编程指令。

1) 指令格式

(1) 格式一：

G51 X_Y_Z_P_

M98 P_

G50

说明：

① G51：建立缩放。

② G50：取消缩放。

③ M98 P_：一般为了简化编程，把需要比例缩放的程序体编写为子程序，进行调用。但也可以将需要比例缩放的程序体直接写在 G51 与 G50 程序段之间。

④ X、Y、Z：指定比例缩放中心的坐标。如果同时省略了 X、Y、Z，则 G51 默认刀具的当前位置作为缩放中心。

⑤ P：缩放的比例系数。该值规定不能用小数表示，如 P1500 表示缩放比例为 1.5 倍。

例如：G51 X20.0 Y30.0 P2000；表示以点(20，30)为缩放中心，缩放比例为 2 倍。

(2) 格式二：

G51 X_Y_Z_I_J_K_

M98 P_

G50

说明：I、J、K 表示不同坐标方向上的缩放比例，该值用带小数点数值指定。

例如：G51 X20.0 Y30.0 Z0 I1.5 J2.5；表示以坐标点(20，30，0)为缩放中心，在 X 轴方向上的缩放比例为 1.5 倍，在 Y 轴方向上的缩放比例为 2.5 倍，在 Z 轴方向上保持原比例不变。

【例 3-18】 精加工如图 3-48 所示图样的两个凸台。大凸台的缩放比例为 2 倍，已知刀具为 ϕ6 mm 的立铣刀，凸台高度为 2 mm，工件材料为石蜡。

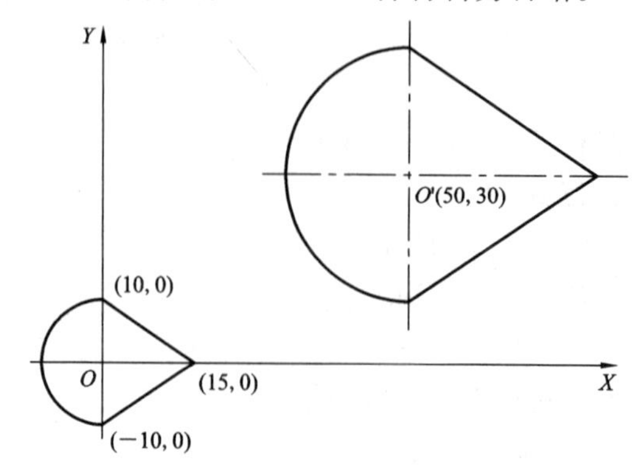

图 3-48 等比例缩放举例

加工程序如下：

O2000		主 程 序 名
N10	G90 G54 G00 Z100.	调用 G54 坐标系，刀具定位 Z100
N20	M03 S800	
N30	M98 P0100	调用子程序加工小凸台
N40	G51 X50. Y30. P2000	建立比例缩放，缩放中心(50，30)，缩放比例为 2 倍
N50	M98 P0100	调用缩放程序体(子程序)，加工大凸台
N60	G50	取消缩放
N70	Z100	抬刀
N80	M05	主轴停
N90	M30	程序结束

O2001		子 程 序 名
N2	X20. Y－10.	定位至起点
N4	G01 Z－2. F200	下刀至底面
N6	G41 X0 Y－10.0 D01	刀具半径左补偿，到轮廓基点
N8	G02 X0. Y10. R10.	顺时针圆弧插补
N10	G01 X15. Y0.	直线插补
N12	X0. Y－10.	直线插补
N14	G40 G00 X20. Y－10.	取消刀补，回到起点
N16	Z10	抬刀
N18	M99	子程序结束返回

2）比例缩放编程注意事项

（1）比例缩放中的刀具补偿：在编写比例缩放程序时，要特别注意建立刀补程序段的位置。通常，刀补程序段应写在缩放程序体以内。

（2）比例缩放中的圆弧插补：在比例缩放中进行圆弧插补时，如果进行等比例缩放，则圆弧半径也相应等比例缩放；如果指定不同的缩放比例，则刀具不会走出相应的椭圆轨迹，仍将进行圆弧插补，圆弧的半径根据 I、J 中的较大值进行缩放。

（3）如果程序中将比例缩放程序段简写成“G51；”，其他参数均省略，则表示缩放比例由机床系统参数决定，缩放中心则为刀具刀位点的当前位置。

（4）比例缩放对工件坐标系零点偏置值和刀具补偿值无效。

（5）在缩放有效状态下，不能指定返回参考点的 G 指令(G27～G30)，也不能指定坐标系设定指令(G52～G59，G92)。若要指定，应在取消缩放功能后进行。

2. 镜像功能指令

使用镜像功能指令编程可以实现相对某一坐标轴或某一坐标点的对称加工。

1）指令格式

G17 G51.1 X_ Y_；

…

G50.1；

2）说明

X、Y 值用于指定对称轴或对称点。当 G51.1 指令后有一个坐标字时，该镜像方式指以某一坐标轴为镜像。如 G51.1 X10.0，是指该镜像轴与 Y 轴平行，且在 X 轴 10.0 处相交。当 G51.1 指令后有两个坐标字时，该镜像方式是指以某一坐标点为对称点进行镜像。G50.1 为取消镜像命令。

【例 3－19】 如图 3－49 所示，编写加工凸台外轮廓程序。已知凸台高度 2 mm，刀具为 ϕ10 mm 立铣刀。

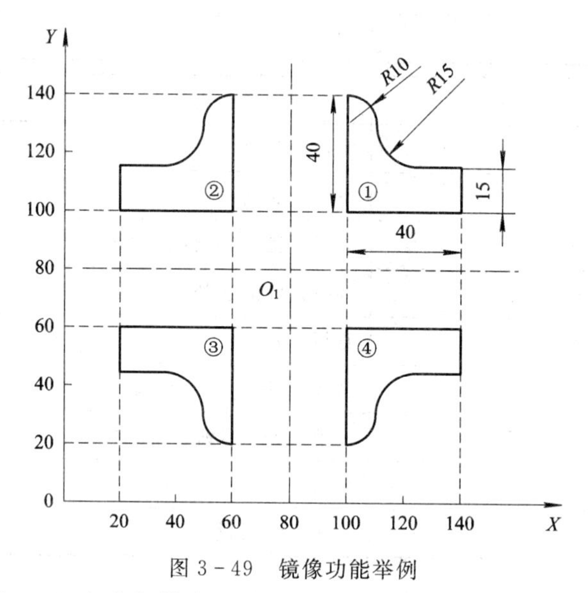

图 3－49 镜像功能举例

（1）先加工图形 1。O_1 点为起始点，并选择零件轮廓延长线上的点作为切入、切出点，加刀具半径补偿。为简化编程，将图形 1 的加工程序体编写为子程序。

（2）加工程序编制。

加工程序如下：

O3000		主 程 序 名
N10	G90 G54 G00 Z100.	调用 G54 坐标系，刀具定位 Z100
N20	M03 S800	
N30	X80. Y80. Z20.	移动至 O_1 点上方
N40	G01 Z－2.0 F200	下刀
N50	M98 P3001	加工轮廓 1
N60	G51.1 X80.	以 X80 为轴打开镜像

续表

O3000		主 程 序 名
N70	M98 P3001	加工轮廓 2
N80	G50.1	取消镜像
N90	G51.1 X80. Y80.	以点(80，80)为对称中心打开镜像
N100	M98 P3001	加工轮廓 3
N110	G50.1	取消镜像
N120	G51.1 Y80.	以 Y80 为轴打开镜像
N130	M98 P3001	加工轮廓 4
N140	G50.1	取消镜像
N150	G00 Z100	抬刀
N160	M05	主轴停
N170	M30	程序结束

O3001		子 程 序 名
N2	G41 X100. Y90. D01	建立刀补，移至切入点
N4	Y140.	
N6	G02 X110. Y130. R10.	
N8	G03 X125. Y115. R15	
N10	G01 X140.	
N12	Y100.	
N14	X90.	
N16	G40 X80. Y80.	取消刀补，回到(80，80)
N18	M99	子程序结束返回

3）镜像功能应用注意事项

（1）在指定平面内执行镜像指令时，如果程序中有圆弧指令，则圆弧的旋转方向相反，即 G02 变为 G03，而 G03 变为 G02。

（2）在指定平面内执行镜像指令时，如果程序中有刀具半径补偿指令，则刀具半径补偿的偏置方向相反，即 G41 变为 G42，而 G42 变为 G41。

（3）在指定平面内镜像指令有效时，返回参考点指令指令(G27～G30)和改变坐标系指令(G54～G59，G92)不能指定。若需要指定，必须在取消镜像后进行。

（4）由于数控镗铣床 Z 轴安装有刀具，故 Z 轴一般都不进行镜像。

3. 旋转功能指令

旋转功能指令可使编程图形轮廓以指定旋转中心及旋转方向旋转一定的角度。

1）指令格式

G17 G68 X_Y_R_

…

G69

2）说明

G68 表示打开坐标系旋转；G69 表示撤销旋转功能；X、Y 用于指定坐标系旋转中心；R 用于指定坐标系旋转角度，该角度一般取 0°～360°，旋转角 0°边为第一坐标系的正方向，逆时针方向旋转角度为正值。角度用十进制数表示，可以带小数，如 20°30′用 20.5 表示。

【例 3-20】 如图 3-50 所示，试编程加工 5 个曲线轮廓凸台。已知凸台高度为 2 mm，刀具为 ϕ10 mm 立铣刀。

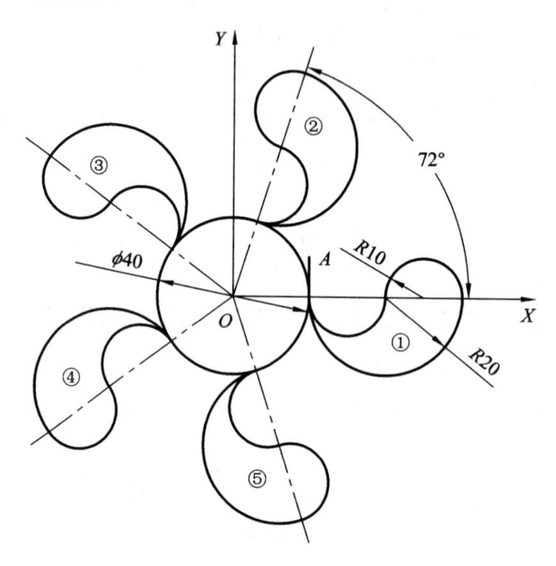

图 3-50　旋转功能应用举例

(1) 将图形 1 的加工程序编写为子程序。选公切线上 A(20，10)为切入、切出点。

(2) 加工程序编写。

加工程序如下：

O4000		主 程 序 名
N10	G90 G54 G00 Z100.	调用 G54 坐标系，刀具定位 Z100
N20	M03 S800	
N30	X0 Y0 Z20.	移动至 O 点上方
N40	G01 Z-2.0 F200	下刀
N50	M98 P4001	加工轮廓 1
N60	G68 X0 Y0 R72	以 0 为旋转中心，打开旋转，旋转角 72 度
N70	M98 P4001	加工轮廓 2
N80	G69	取消坐标旋转功能
N90	G68 X0 Y0 R72	
N100	M98 P4001	加工轮廓 3
N110	G69	
N120	G68 X0 Y0 R72	
N130	M98 P4001	加工轮廓 4
N140	G69	

续表

O4000		主 程 序 名
N150	G68 X0 Y0 R72	
N160	M98 P4001	加工轮廓 5
N170	G69	
N180	G00 Z100	抬刀
N190	M05	主轴停
N200	M30	程序结束

O4001		子 程 序 名
N2	G42 X20. Y10. D01	建立刀补，移至切入点
N4	Y0.	
N6	G03 X60. Y0 R20.	
N8	G03 X40. Y0 R10.	
N10	G02 X20. Y0 R10.	
N12	G01 Y10.	
N14	G40 X0 Y0	取消刀补，回到 O(0，0)
N16	M99	子程序结束返回

3）坐标旋转功能应用注意事项

（1）在坐标系旋转取消指令(G69)后的第一个移动指令必须用绝对值指定，如果采用增量值指定，则不执行正确的移动。

（2）在坐标系旋转编程过程中，如需采用刀具补偿指令编程时，则需在指定坐标旋转指令后再加刀具补偿，而在取消坐标旋转之前取消刀具补偿。

（3）在指定平面内旋转指令有效时，返回参考点指令(G27～G30)和改变坐标系指令(G54～G59，G92)不能指定。若需要指定，必须在取消旋转后进行。

4. 极坐标

在某个平面中，一个点的位置不仅可以用直角坐标系来描述，也可以用极坐标系来描述。如图 3－51 所示，A 点和 B 点的位置可以用极坐标半径(极径)和极坐标角度(极角)来表示，即 A(30，0)，B(30，50)。这里 X 坐标轴称为极坐标轴(极轴)，O 称为极坐标原点(极点)。

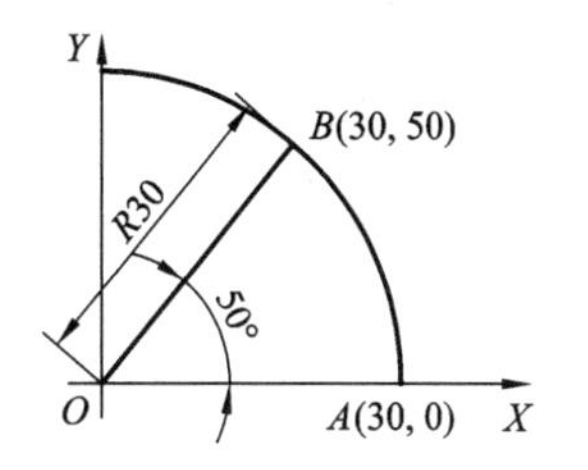

图 3－51　极坐标系中的点

1）极坐标指令

指令格式：

G17 G16

…

G15

2）说明

（1）G16 表示在指定平面内使用极坐标编程，在 G16 后的坐标字中，第一坐标值表示极径，第二坐标值表示极角。G15 表示取消极坐标而回到直角坐标编程方式。

（2）极点的指定方式有两种，即用绝对值指定和用增量值指定。当用绝对值指令指定时，如 G90 G17 G16，表示极点为工件坐标系原点 O；当用增量值指令指定时，如 G91 G17 G16，表示以刀具当前刀位点作为极点。

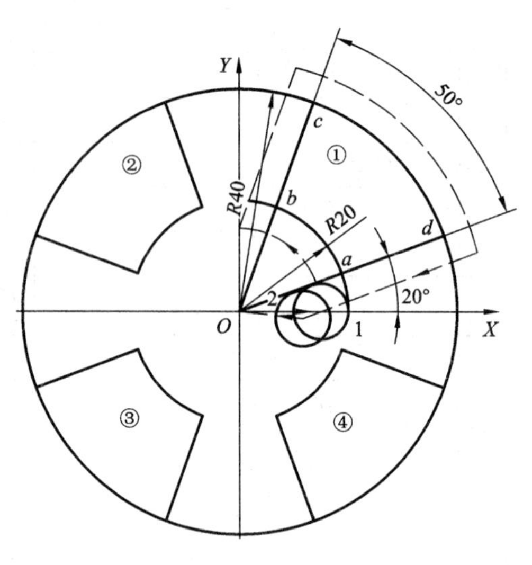

图 3－52　极坐标编程举例

【例 3－21】　如图 3－52 所示，试编程加工 4 个凸台外轮廓。已知刀具为 ϕ10 立铣刀，凸台高度为 2 mm。

（1）工艺分析。将凸台 1 的加工程序体编写为子程序，多次调用以简化编程。凸台 1 的加工轨迹如图 3－52 所示。对于基点坐标，显然采用极坐标编程比较简单。设 1 点、2 点分别为切入、切出点，基点坐标为 1(20，0)、a(20，20)、b(20，70)、c(40，70)、d(40，70)、2(10，20)。

（2）编写加工程序。

加工程序如下：

O5000		主程序名
N10	G90 G17 G54 G00 Z100.	调用 G54 直角坐标系，刀具定位 Z100
N20	M03 S800	
N30	X0 Y0 Z20.	移动至 O 点上方
N40	G01 Z－2.0 F200	下刀
N50	M98 P5001	加工轮廓 1
N60	G68 X0 Y0 R90.	以 O 为旋转中心，打开旋转，旋转角 90°
N70	M98 P5001	加工轮廓 2
N80	G69	取消坐标旋转功能
N90	G68 X0 Y0 R90.	
N100	M98 P5001	加工轮廓 3
N110	G69	
N120	G68 X0 Y0 R90	
N130	M98 P5001	加工轮廓 4
N140	G69	
N150	G00 Z100.	抬刀
N160	M05	主轴停
N170	M30	程序结束

O5001		子 程 序 名
N2	G16	极坐标生效
N4	G41 X20. Y0. D01	建立刀补，移至切入点 1
N6	G03 X20. Y70. R20.	逆时针插补加工 ab
N8	G01 X40. Y70.	直线插补加工 bc
N10	G02 X40. Y20. R40.	顺时针圆弧插补加工 cd
N12	G01 X10. Y20.	直线插补加工 da，到达切出点 2
N14	G15	取消极坐标
N16	G40 X0 Y0	取消刀补，回到 $O(0, 0)$
N18	M99	子程序结束返回

3）极坐标编程注意事项

（1）如果对极坐标的增量方式没有深刻理解，在实际编程中应尽量避免以刀具当前点作为极坐标原点。

（2）极坐标仅适用于指定平面，如对于 G17 平面，仅在 XY 平面内使用极坐标，而 Z 坐标仍使用直角坐标进行编程。

（3）采用极坐标进行编程时，所有指令的模态方式不变。

3.2.4 平面轮廓加工应用实例

1. 平面外轮廓的加工

如图 3－53 所示，试编写凸台轮廓的加工程序。已知零件毛坯为 80 mm×80 mm×30 mm 的硬铝板，且毛坯各个表面已经加工完成，刀具为 ϕ10 mm 的高速钢立铣刀。

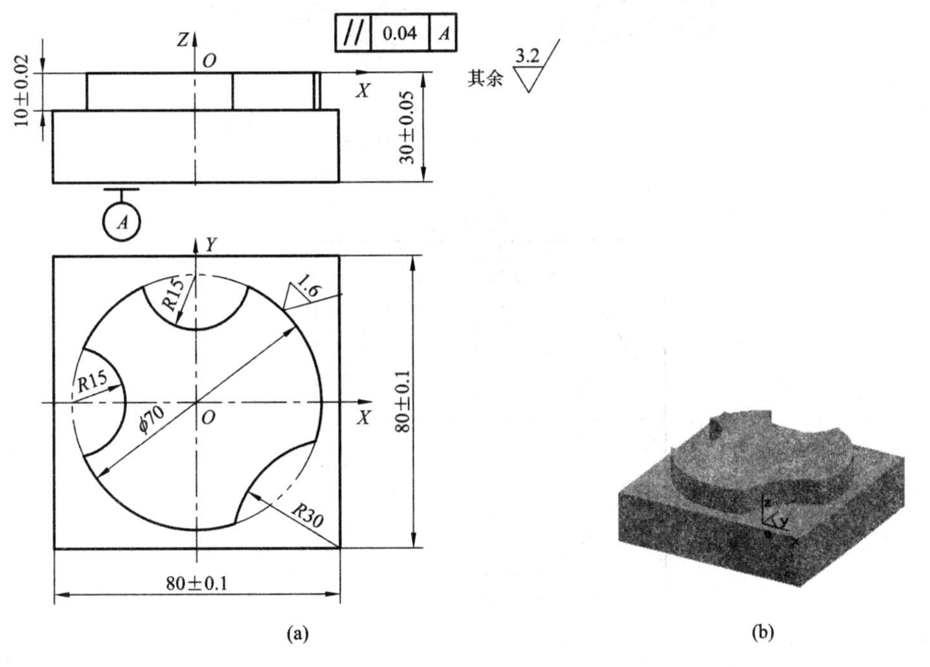

图 3－53　平面轮廓加工

1）加工工艺分析

（1）工件采用平口钳装夹，下用垫铁支承，用百分表找正。

（2）零件凸台轮廓侧面及底面均有较高的表面粗糙度要求。因此，可选择粗铣、精铣来达到技术要求。此凸台形状可以看成是在圆形凸台上切去三个弧形缺口而形成，可以分成三个工序来完成，即首先粗铣、精铣 $\phi70$ mm 圆柱凸台，其次铣削两个 $R15$ 圆弧缺口，最后加工 $R30$ 圆弧缺口。刀具轨迹路线如图 3－54 和图 3－55 所示。

（3）起点、切入点及切出点的坐标：$A(0, -70)$、$B(60, -35)$、$C(-60, -35)$、$A_1(0, 50)$、$B_1(-15, 35)$、$C_1(15, 35)$、$A_2(50, -50)$、$B_2(40, -10)$、$C_2(10, -40)$。刀具半径补偿值：铣削 $\phi70$ 凸台分 4 刀，$D\,01=19.5$、$D\,02=12.0$、$D\,03=5.5$、$D\,04=5$；铣削 $R15$ 缺口分 3 刀，$D\,11=12$、$D\,12=5.5$、$D\,13=5$；铣削 $R30$ 缺口分 3 刀，$D21=7$、$D22=5.5$、$D23=5$。（注：精加工余量取 0.5 mm。）

（4）Z 向分层切削，切深分别为 4、3、2.5、0.5。

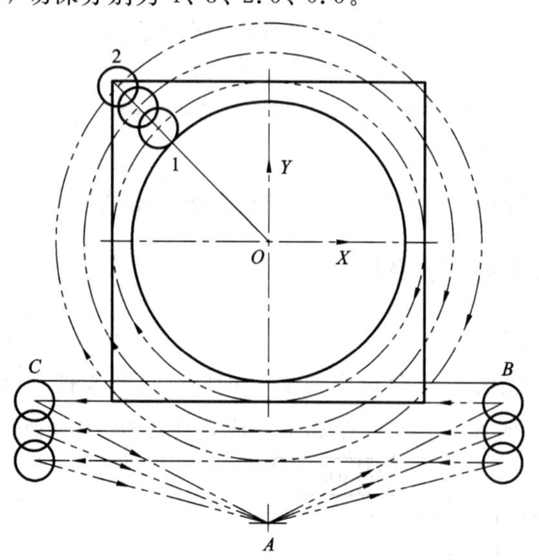

图 3－54　圆台加工轨迹

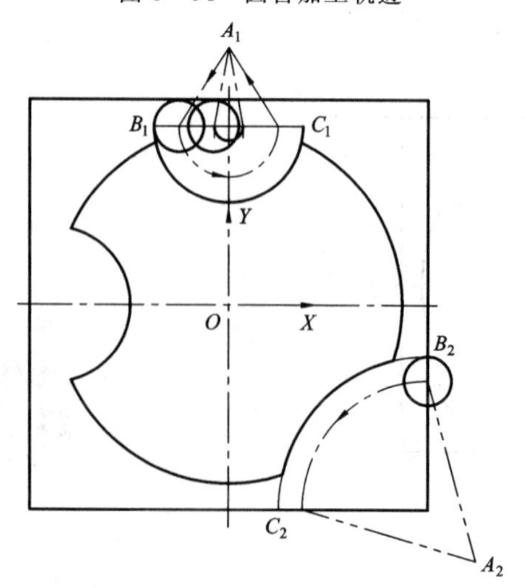

图 3－55　圆弧缺口加工轨迹

(5) 切削用量选择。选择主轴转速：粗加工 $S=800$ r/min，精加工 1200 r/min。进给速度：粗加工 $F=200$ mm/min，精加工 $F=120$ mm/min。(实际主轴转速、进给速度可以根据加工情况，通过操作面板上倍率开关调节。)

2) 加工程序编制

加工程序如下：

O0010		主 程 序 名
N10	G90 G17 G54 G00 Z100.	调用 G54 直角坐标系，刀具定位 Z100
N20	M03 S800	
N30	X0 Y-70.	移动至 A 点上方，加工 ϕ70 圆台
N40	G01 Z-4.0 F200	下刀
N50	M98 P0011	第一层铣削
N60	Z-7. S800 F200	下刀
N70	M98 P0011	第二层铣削
N80	Z-9.5 S800 F200	下刀
N90	M98 P0011	第三层铣削
N100	Z-10. S800 F200	下刀(可安排暂停，检测深度并调整)
N110	M98 P0011	第四层铣削
N160	Z20	抬刀
N170	G00 X0. Y50.	移动至 A 点上方，加工 R15 圆弧缺口
N180	G01 Z-4.0 F200	下刀
N190	M98 P0021	第一层铣削
N200	Z-7. S800 F200	下刀
N210	M98 P0021	第二层铣削
N220	Z-9.5 S800 F200	下刀
N230	M98 P0021	第三层铣削
N240	Z-10. S800 F200	下刀
N250	M98 P0021	第四层铣削
N260	Z20	抬刀
N270	G00 X-50. Y0	定位，加工第二个 R15 圆弧缺口
N280	G01 Z-4.0 F200	下刀
N290	G68 X0 Y0 R90	坐标系旋转 90°
N300	M98 P0021	第一层铣削
N310	Z-7. S800 F200	下刀
N320	M98 P0021	第二层铣削
N330	Z-9.5 S800 F200	下刀
N340	M98 P0021	第三层铣削
N350	Z-10. S800 F200	下刀
N360	M98 P0021	第四层铣削

续表

O0010		主 程 序 名
N370	G69	取消旋转
N380	Z20	抬刀
N390	G00 X50. Y-50.	移动至 A_2 点上方，加工 $R30$ 圆弧缺口
N400	G01 Z-4.0 F200	下刀
N410	M98 P0031	第一层铣削
N420	Z-7. S800 F200	下刀
N430	M98 P0031	第二层铣削
N440	Z-9.5 S800 F200	下刀
N450	M98 P0031	第三层铣削
N460	Z-10. S800 F200	下刀
N470	M98 P0031	第四层铣削
N480	Z100.	抬刀
N490	M05	
N500	M30	

铣 ϕ70 外圆凸台子程序：

O0011		子 程 序 名
N2	G41 X60 Y-35 D01	$A \rightarrow B$，建立刀具半径补偿，粗铣 1
N4	G01 X0. Y-35.	直线切入
N6	G02 I0. J35.	顺时针圆弧插补加工整圆
N8	G01 X-60. Y-35.	直线插补至切出点 C
N10	X0. Y-70. G40	$C \rightarrow A$，取消刀补
N12	G41 X60. Y-35. D02	$A \rightarrow B$，建立刀具半径补偿，粗铣 2
N14	X0	直线切入
N16	G02 I0 J35.	顺时针圆弧插补加工整圆
N18	G01 X-60. Y-35.	直线插补至切出点 C
N20	X0. Y-70. G40	$C \rightarrow A$，取消刀补
N22	G41 X60. Y-35. D03	半精铣
N24	X0	直线切入
N26	G02 I0 J35.	顺时针圆弧插补加工整圆
N28	G01 X-60. Y-35.	直线插补至切出点 C
N30	X0. Y-70. G40	$C \rightarrow A$，取消刀补
N32	G41 X60. Y-35. D04 S1200	精铣
N34	X0 F120.	直线切入
N36	G02 I0. J35.	顺时针圆弧插补加工整圆
N38	G01 X-60. Y-35.	直线插补至切出点 C
N40	X0. Y-70. G40	$C \rightarrow A$，取消刀补
N42	M99	子程序结束返回

加工 $R15$ 缺口子程序：

O0021		子 程 序 名
N2	G41 X-15. Y35 D11	$A_1 \rightarrow B_1$，建立刀具半径补偿，粗铣
N6	G03 X15. Y35. R15.	逆时针圆弧插补加工至 C_1
N8	G01 X0. Y50. G40	$C_1 \rightarrow A_1$，取消刀补
N10	G41 X-15. Y35 D12	$A_1 \rightarrow B_1$，建立刀具半径补偿，半精铣
N12	G03 X15. Y35. R15.	逆时针圆弧插补加工至 C_1
N14	G01 X0. Y50. G40	$C_1 \rightarrow A_1$，取消刀补
N16	G41 X-15. Y35 D13	$A_1 \rightarrow B_1$，建立刀具半径补偿，精铣
N18	G03 X15. Y35. R15.	逆时针圆弧插补加工至 C_1
N20	G01 X0. Y50. G40	$C_1 \rightarrow A_1$，取消刀补
N22	M99	子程序结束返回

加工 $R30$ 缺口子程序：

O0031		子 程 序 名
N2	G41 X40. Y10. D21	$A_2 \rightarrow B_2$，建立刀具半径补偿，粗铣
N4	G03 X10. Y-40. R30.	逆时针圆弧插补加工至 C_2
N6	G01 X50. Y-50. G40	$C_2 \rightarrow A_2$，取消刀补
N8	G41 X40. Y10. D22	$A_2 \rightarrow B_2$，建立刀具半径补偿，半精铣
N10	G03 X10. Y-40. R30.	逆时针圆弧插补加工至 C_2
N12	G01 X50. Y-50. G40	$C_2 \rightarrow A_2$，取消刀补
N14	G41 X40. Y10. D23	$A_2 \rightarrow B_2$，建立刀具半径补偿，精铣
N16	G03 X10. Y-40. R30.	逆时针圆弧插补加工至 C_2
N18	G01 X50. Y-50. G40	$C_2 \rightarrow A_2$，取消刀补
N20	M99	子程序结束返回

2. 平面内轮廓的加工

加工图 3-56 所示的拱形型腔，试编写加工程序。已知零件毛坯为 90 mm×60 mm×15 mm 硬铝板，且已加工达到尺寸要求。

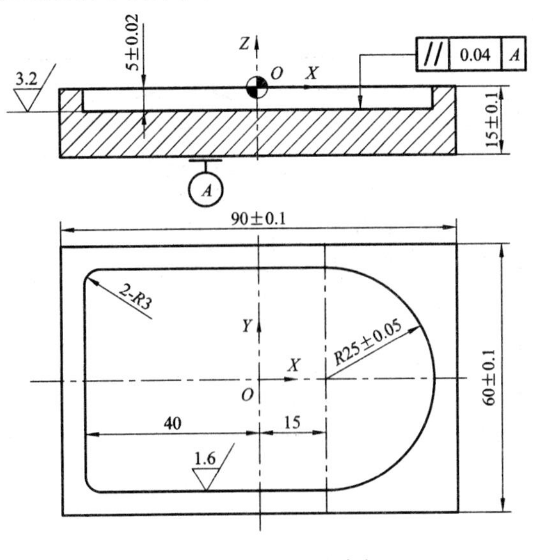

图 3-56 平面内轮廓加工

1）相关知识

（1）刀具的选择问题。对于内腔加工，刀具直径应不大于内腔最小曲率半径；否则，因少切而出现残留余量。但是，刀具直径太小，切削效率低，所以如果有需要，我们可以使用多把刀具。大直径刀具可用于完成粗加工，小直径刀具可用于完成精加工。

（2）刀具半径补偿问题。与加工平面外轮廓一样，为了简化编程、去除余量，从而实现轮廓的粗加工和精加工，我们通常采用刀具半径补偿功能。但要注意的是，当刀具补偿值大于零件内腔圆角半径时（如图 3－57 中，$R''>R$），一般的数控系统会报警显示出错。解决办法是，粗加工时忽略轮廓内圆角，按直角（或尖角）编程加工，精加工时选择刀具半径 $r \leqslant R$（型腔内圆角半径），按刀具实际半径值补偿，完成加工。

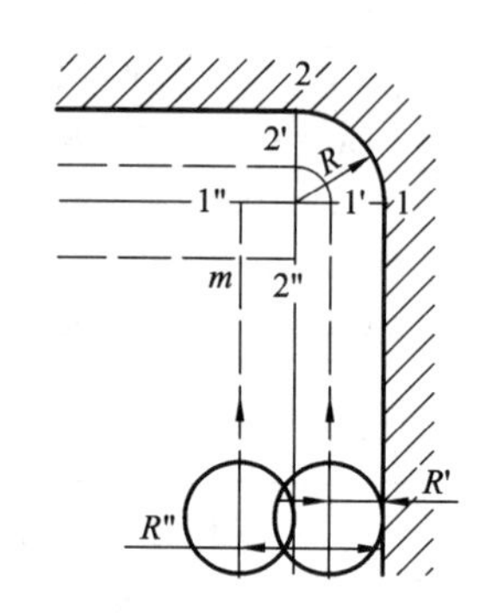

图 3－57　刀具半径补偿出错

（3）下刀问题。加工凹槽、型腔时，通常使用键槽刀、立铣刀或面铣刀等。这些刀具除键槽刀外，其余刀具底面中心处都没有刀刃，所以不能垂直下刀，否则将会使刀具折断。通常的解决办法是预先加工出（比如钻）下刀孔，或采用螺旋线、斜线下刀方式。

2）工艺分析

（1）工件采用平口钳装夹，下用垫铁支承，用百分表找正。工件坐标系的建立如图 3－56 所示。

（2）由于型腔内角半径 R3 比较小，且型腔底面积较大，为提高切削效率，故选两把刀具，分别为 ϕ12、ϕ4 立铣刀，分粗加工、精加工两道工序完成。Z 向深度采用分 3 层加工，吃刀深度分别为 3、1.5、0.5。

（3）粗加工轨迹如图 3－58 所示。内角按直角编程加工，采用 ϕ12 立铣刀，螺旋线方式下刀，螺旋线中心选择为 O_1，旋转半径为 5 mm。粗加工三刀完成，刀具半径补偿值为 D01＝21、D02＝13、D03＝6.5，留精加工余量为 0.5。基点：O_1（15，0）、1（15，25）、2（－40，25）、3（－40，－25）、4（15，－25）。

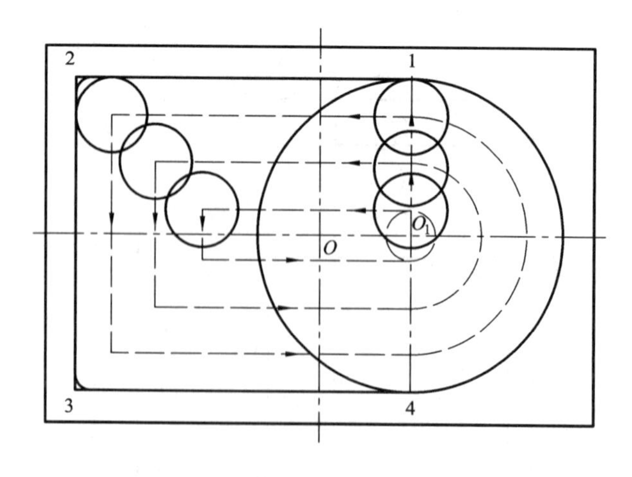

图 3－58　粗加工轨迹

(4) 精加工轨迹如图 3-59 所示。选择 O_1 为起点，切入点 a(27，13)、切出点 b(3，13)，圆弧 ab 半径 12 mm。基点：1(15，25)、2(－37，25)、3(－40，22)、4(－40，－22)、5(－37，－25)、6(15，－25)。刀具半径补偿为 D04＝2。

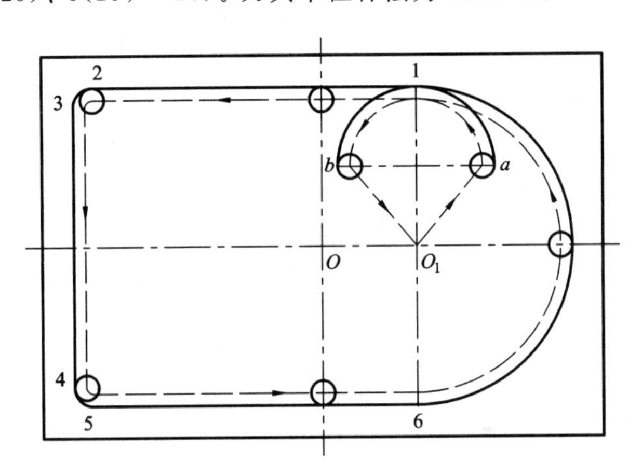

图 3-59　精加工轨迹路线

(5) 切削用量选择。选择主轴转速：粗加工 S＝1000 r/min；精加工 1500 r/min。进给速度：粗加工 F＝200 mm/min，精加工 F＝150 mm/min。(实际主轴转速、进给速度可以根据加工情况，通过操作面板上倍率开关调节。)

(6) 本例选用立式加工中心加工，以说明加工中心自动换刀功能的应用。设刀具 T01 为 ϕ12 立铣刀，长度补偿值为 H01，T02 为 ϕ4 立铣刀，长度补偿值为 H02。

3) 加工程序编制(立式加工中心)

加工程序如下：

O50		主 程 序 名
N10	G90 G40 G49 G80 G17	初始化
N20	T01	选 1 号刀
N30	M06	装 1 号刀
N40	G54 G43 G00 Z100. H01	调用 G54 直角坐标系，刀具定位 Z100，加刀具长度补偿
N50	M03 S1000 T02	主轴正转，转速 1000 rpm，选 2 号刀备用
N60	X20. Y0. Z20.	移动至螺旋线起点上方
N70	G01 Z0 F100	下刀至工件表面
N80	G03 Z-4.5 I-5. J0	螺旋线下刀值 Z-4.5，底面留 0.5 mm 精加工余量
N90	G03 I-5. J0	铣平下刀孔底面，下刀孔直径 ϕ22 mm
N100	Z-3.	抬刀至第一层铣削深度，粗加工
N110	G41 X15. Y25. D01	→1，建立刀具半径补偿
N120	M98 P1	第一层铣削
N130	Z-4.5.	下刀至第二层铣削深度
N140	G41 X15. Y25. D02	→1，建立刀具半径补偿
N160	M98 P1	第二层铣削

续表

O50		主 程 序 名
N170	Z-5.	下刀至第三层铣削深度，底面精加工
N180	G41 X15. Y25. D01	→1，建立刀具半径补偿
N190	M98 P1	第三层铣削
N200	G00 Z100 G49	抬刀至 Z100，取消刀具长度补偿
N210	G28	回参考点
N220	M06	交换安装 2 号刀具
N230	G00 G43 X15. Y0. Z20. H02	移动至 O_1 点上方，加刀具长度补偿
N240	G01 Z-4.5 F100	下刀至 Z-4.5
N250	M98 P2	第一层精铣内腔
N260	Z-5.	下刀至 Z-5
N270	M98 P2	第二层精铣内腔
N280	G00 G49 Z100	抬刀并取消刀具长度补偿
N290	M05	
N300	M30	

O_1		子 程 序 名
N4	G01 X-40.	1→2
N6	Y-25.	2→3
N8	X15.	3→4
N10	G03 X15. Y25. R25	4→1
N12	G40 Y0	1→O_1，取消刀具半径补偿
N14	M99	

O_2		子 程 序 名
N2	G41 X27. Y13. D04	O_1→a，建立刀具半径补偿
N6	G03 X15. Y25. R12.	a→1
N8	G01 X-37.	1→2
N10	G03 X-40. Y22. R3.	2→3
N12	G01 Y-22.	3→4
N14	G03 X-37. Y-25.	4→5
N16	G01 X15.	5→6
N18	G03 X15. Y25. R25.	6→1
N20	X3. Y13. R12.	1→b
N22	G01 G40 X15. Y0	b→O_1，取消刀补
N24	M99	子程序结束返回

3.2.5 孔加工固定循环指令

常用的孔加工固定循环指令有 13 个：G73、G74、G76、G80～G89，其中，G80 为取消固定循环指令，其余均为执行孔加工的不同操作指令，其指令通用格式：

G90/G91 G98/G99 G_ X_ Y_ Z_ R_ P_ Q_ L_ F_

说明：

① G90/G91 为 X_Y_Z_R_Q_的输入方式，G90 为绝对坐标方式输入，G91 为增量坐标方式输入。

② G98/G99 为孔加工完后自动退刀时的抬刀高度。G98 表示自动抬高至初始平面高度，如图 3－60(a)所示；G99 表示自动抬高至安全平面高度，如图 3－60(b)所示。

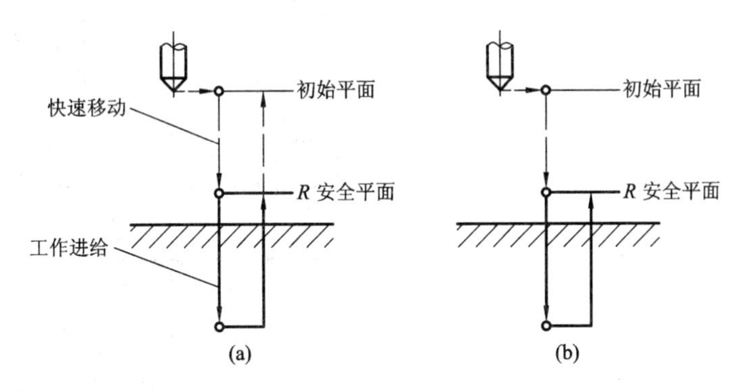

图 3－60　浅孔加工的动作循环

(a) G98 方式；(b) G99 方式

③ G_为 G73、G74、G76、G81～G89 中的任一个代码。

④ X_Y_是孔中心位置坐标。

⑤ Z_是孔底位置或孔的深度。

⑥ R_是安全平面高度。

⑦ P_为刀具在孔底停留时间，用于 G76、G82、G88、G89 等固定循环指令中，其余指令可略去此参数。P1000 为 1 秒。

⑧ Q_为深孔加工(G73、G83)时每次下钻的进给深度；或镗孔(G76、G87)时刀具的横向偏移量。Q 的值永远为正值。

⑨ L_为重复调用次数。L0 时，只记忆加工参数，不执行加工。只调用一次时，L1 可以省略。

⑩ F_为钻孔的进给速度。因 F 具有长效性，若前面定义过的进给速度仍适合孔加工，F 不必重复给出。

1. 钻孔加工循环指令

1) 浅孔加工指令

浅孔加工一般包括用中心钻打定位孔、用钻头打浅孔、用锪刀锪沉头孔等，指令有 G81、G82 两个。

(1) G81 主要用于定位孔和一般浅孔加工。

指令格式：

G81 X_ Y_ Z_ R_ F_

浅孔加工过程如图 3-61 所示。刀具在当前初始平面高度快速定位至孔中心 X_Y_；然后沿 Z 轴负向快速降至安全平面 R_的高度；再以进给速度 F_下钻，钻至孔深 Z_后，快速沿 Z 轴的正向退刀。其中，虚线箭头表示刀具快速移动，实线箭头表示刀具以进给速度 F 移动。

【例 3-22】 欲加工图 3-62 所示的 4 个 ϕ10 mm 浅孔，试编程。将工件坐标系原点定于工件上表面及 ϕ56 孔中心线交点处，选用 ϕ10 的钻头，初始平面位置位于工件坐标系(0，0，50)处，R 平面距工件表面 3 mm。

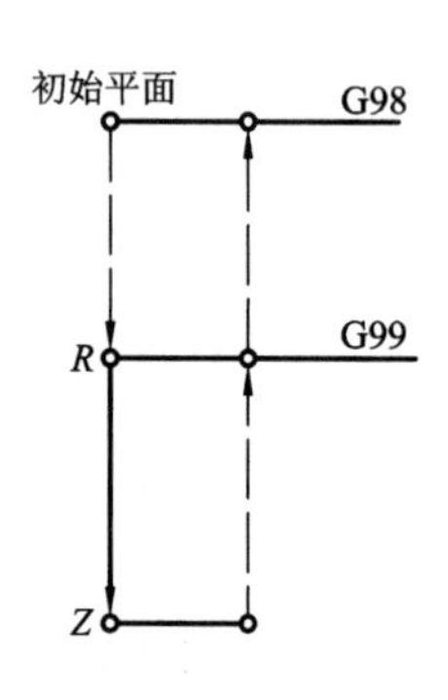

图 3-61　浅孔加工固定循环

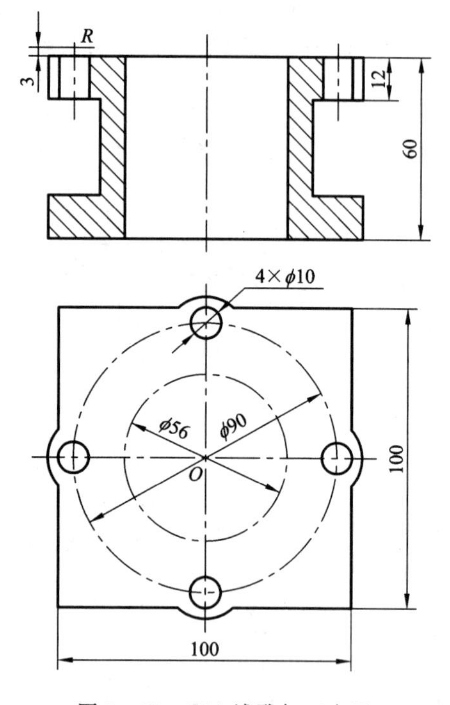

图 3-62　G81 浅孔加工应用

加工程序如下：

O1234		主 程 序 名
N10	G90 G54 G00 X0 Y0 Z100	绝对坐标编程，调用 G54 坐标系，快速点定位
N20	S500 M03 M08	主轴正转，转速 500 r/min，冷却液开
N30	G00 Z50.	快速下刀
N40	G99 G81 X45. Y0 Z-14. R3. F100	钻孔循环，抬刀至安全高度
N50	X0 Y45.	
N60	X-45. Y0	
N70	G98 X0 Y-45.	
N80	G80 M09 G00 Z100	取消钻孔循环，冷却液关闭，抬刀至 Z100
N90	M05	主轴停
N100	M30	程序结束

(2) G82 主要用于锪孔，所用刀具为锪刀或锪钻，是一种专用刀具，用于对已加工的孔刮平端面或切出圆柱形或锥形沉头孔。指令格式：

G82 X_Y_ Z_ R_ P_ F_

其加工过程与 G81 类似，唯一不同的是，刀具在进给加工至深度 Z_后，暂停 P_秒，然后再快速退刀。

2) 深孔加工固定指令

深孔加工固定循环指令有两个，即 G73 和 G83，它们分别为高速深孔加工和一般深孔加工指令。

(1) 高速深孔加工指令(G73)。指令格式：

G73 X_Y_Z_R_Q_F_

其固定循环指令动作如图 3-63(a)所示。高速深孔加工采用间断进给，有利于断屑、排屑。每次进给钻孔深度为 Q，一般取 3 mm～10 mm，末次进刀深度小于等 Q。d 为间断进给时的抬刀量，由机床内部设定，一般为 0.2 mm～1 mm(可通过人工设定加以改变)。

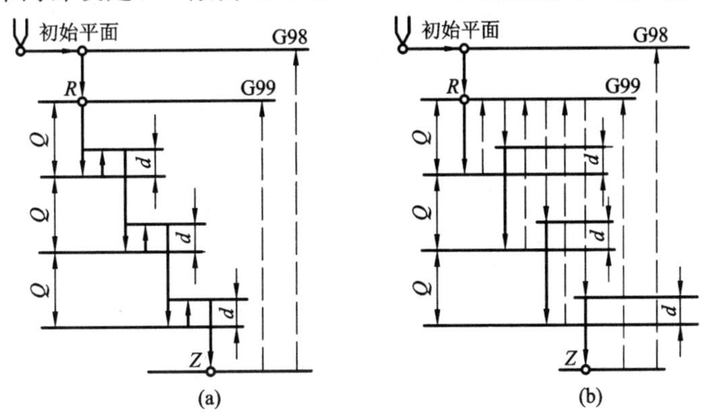

图 3-63　深孔加工固定循环

(a) G73；(b) G83

(2) 一般深孔加工指令(G83)。指令格式：

G83 X_Y_Z_R_Q_F_

其固定循环动作如图 3-63(b)所示。G83 与 G73 的区别在于：G73 每次以进给速度钻出 Q 深度后，快速抬高 $Q+d$，再由此处以进给速度钻孔至第二个 Q 深度，依次重复，直至完成整个深孔的加工；而 G83 指令则是在每次进给钻进一个 Q 深度后，均快速退刀至安全平面高度，然后快速下降至前一个 Q 深度之上 d 处，再以进给速度钻孔至下一个 Q 深度。

2. 镗孔加工循环指令

镗孔是用镗刀将工件上的孔(毛坯上铸成、锻成或事先钻出的底孔)扩大，用来提高孔的精度和表面粗糙度。镗孔加工分粗镗、精镗和背镗三种情况。

1) 粗镗孔循环指令

(1) G85 一般用于粗镗孔、扩孔、铰孔的加工循环，其格式为

G85 X_ Y_ Z_ R_ F_

其固定循环动作如图 3-64 所示。在初始高度，刀具快速定位至孔中心 X、Y，接着快速下降至安全平面 R 处，再以进给速度 F 镗孔至孔底 Z，然后以进给速度退刀至安全平面，再

快速抬至初始平面高度。

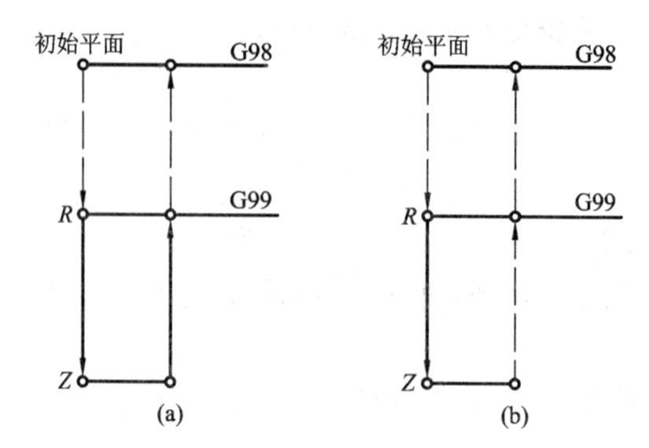

图 3-64　粗镗孔加工循环

(a) G85；(b) G86

(2) G86 一般用于粗镗孔、扩孔、铰孔的加工循环。指令格式与 G85 相同，但与 G85 固定循环动作不同。当镗孔至孔底后，主轴停转，快速返回安全平面(G99 时)或初始平面(G98 时)后，主轴重新启动。

(3) G88 一般用于粗镗孔、扩孔、铰孔的加工循环，其指令格式为

G88 X_ Y_ Z_ R_ P_ F_

其固定循环动作与 G86 类似。不同的是，刀具在镗孔至孔底后，暂停 P_秒，然后主轴停止转动。而退刀是在手动方式下进行。

(4) G89 一般用于粗镗孔、扩孔、铰孔的加工循环，其指令格式为

G89 X_ Y_ Z_ R_ P_ F_

其固定循环动作与 G85 类似，唯一差别是，在镗孔至孔底时暂停 P_秒。

2) 精镗孔循环指令

G76 为精镗循环指令。精镗循环与粗镗循环的区别：刀具镗至孔底后，主轴定向停止，并反刀尖方向偏移，使刀具在退出时刀尖不致划伤精加工孔的表面，其指令格式为

G76 X_ Y_ Z_ R_ Q_ P_ F_

其固定循环动作如图 3-65 所示，镗刀在初始平面高度快速移至孔中心 X_ Y_，再快速降至安全平面 R_，然后以进给速度 F_镗孔至孔底 Z_，暂停 P_秒，然后刀具抬高一个回退量 d_，主轴定向停止转动，然后反刀尖方向快速偏移 Q_，再快速抬刀至安全平面(G99 时)或初始平面(G98 时)，再沿刀尖方向平移 Q。

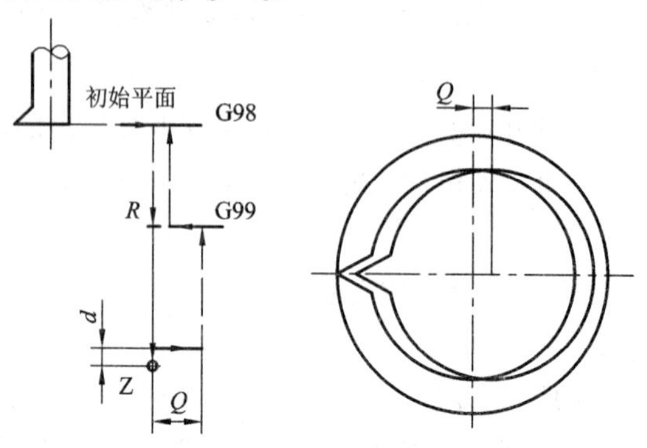

图 3-65　精镗固定循环

3）背镗孔循环指令

G87 为背镗(又称反镗)孔循环指令。背镗孔时的镗孔进给方向与一般孔加工方向相反。背镗加工时，刀具主轴沿 Z 轴正向向上加工进给，安全平面 R 在孔底 Z 的下方，如图 3-66(a)所示，其指令格式为

G87 X_ Y_ Z_ R_ Q_ P_ F_

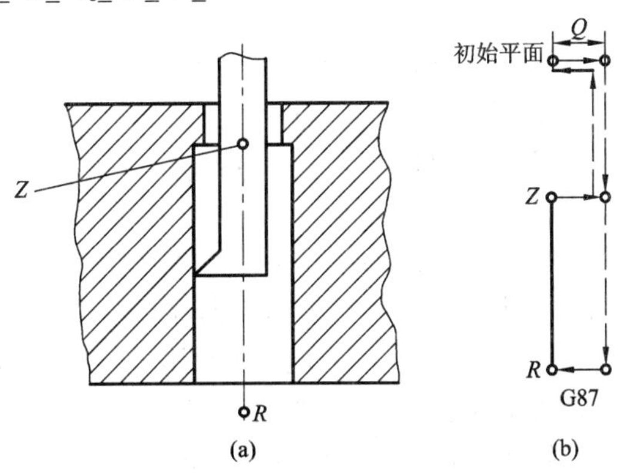

图 3-66　反镗固定循环

(a) 背镗加工刀具位置；(b) 循环动作

反镗固定循环动作如图 3-66(b)所示，刀具在初始平面高度快速移至孔中心 X_ Y_ ，主轴定向停转；然后快速沿反刀尖方向偏移 Q_值，再沿 Z 轴负向快速降至安全平面 R_；然后沿刀尖正向偏移 Q_值，主轴正转启动；再沿 Z 轴正向以进给速度向上反镗至孔底 Z_，暂停 P_秒；然后沿 Z 轴负向回退 d，主轴定向停转，反刀尖方向偏移 Q_，并快速沿 Z 轴正向退刀至初始平面高度；再沿刀尖正向横移 Q_回到初始孔中心位置，主轴再次启动。

3. 使用孔加工固定循环指令注意事项

1）固定循环指令的长效性

G73、G74、G76、G81～G89 等固定循环指令均具有长效延续性能，在未出现 G80(取消固定循环指令)及 1 组的准备功能代码 G00、G01、G02、G03 时，其固定循环指令一直有效；固定循环指令中的参数除 L_外也均具有长效延续性能。如果加工的是一组相同孔径、相同孔深的孔，仅需给出新孔位置 X_、Y_的变化值，而 Z_、R_、Q_、P_、F_均无需重复给出。一旦取消固定循环指令，其参数的有效性也随之结束，X_、Y_、Z_恢复至三轴联动的轮廓位置控制状态。

2）孔中心位置的确定

在调用固定循环指令时，当其参数没有 X_、Y_时，孔中心位置为调用固定循环指令时刀心所处的位置。如果在此位置不进行孔加工操作，可在指令中插入 L0，其功能是仅设置加工参数，不进行实际加工。若后续程序段一旦给出孔中心位置，即用 L0 中设置的参数进行孔加工。

3）固定循环指令的重复调用

在固定循环指令格式中，L_表示重复调用次数的参数。如果有孔间距相同的若干相同的孔需要加工时，在增量输入方式(G91)下，使用重复调用次数 L_来编程，可使程序大大简化，如指令为

G91 G99 G81 X50. Z－20. R－10. L6 F50

其刀具运行轨迹如图 3－67 所示。如果是在绝对值输入方式下使用该指令，则不能钻出 6 个孔，仅在第一个孔处钻 6 次，结果还是一个孔。

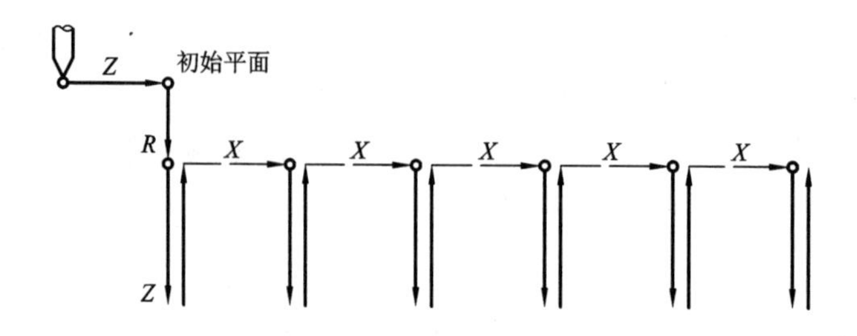

图 3－67　固定循环指令的重复调用

注意，L_参数不宜在加工螺纹的 G74 或 G84 循环指令中出现，因为在刀具回到安全平面 R 或初始平面时要反转，需要一定的时间。如果用 L_来进行多孔操作，要估计主轴的启动时间。如果时间估计不足，可能会造成错误操作。

【例 3－23】 用 ϕ10 的钻头钻图 3－68 所示的 4 孔。若孔深为 10 mm，用 G81 指令；若孔深为 40 mm，用 G83 指令。试用循环指令编程。

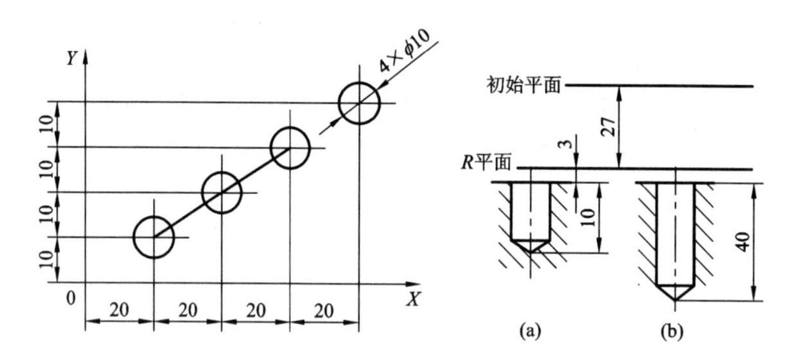

图 3－68　固定循环指令重复调用

设工件坐标系原点在工件上表面，刀具的初始平面位于工件坐标系的(0，0，30)处，安全平面距工件上表面 3 mm。

加工程序如下：

O1111		主 程 序 名
N10	G90 G54 G00 Z100	
N20	M03 S500 M08	
N30	Z30.	
N40	G91 G99 G81 X20. Y10. Z－13. R－27. L4 F40 (G91 G99 G81 X20. Y10. Z－43. R－27. Q10. L4 F40)	
N50	G90 G80 M09 X0 Y0 Z100.	
N60	M05	
N70	M30	

3.3 数控自动编程技术简介

3.3.1 数控自动编程技术概述

1. 自动编程技术发展过程

自20世纪50年代以来，为了使数控编程人员从繁琐的手工编程工作中解脱出来，人们一直在研究各种自动编程技术。20世纪50年代中期研制的APT编程系统用词汇式的语言编制加工零件的源程序，通过计算机处理生成数控程序。

随着计算机技术的发展，计算机辅助设计与制造(CAD/CAM)技术逐渐走向成熟。目前，CAD/CAM一体化集成形式的软件已成为数控加工自动编程系统的主流。这些软件可以采用人机交互方式，进行零件几何建模(绘图、编辑和修改)，对机床与刀具参数进行定义和选择，确定刀具相对于零件的运动方式、切削加工参数，自动生成刀具轨迹和程序代码，最后经过后置处理，按照所使用机床规定的文件格式生成加工程序，然后通过串行通信的方式，将加工程序传送到数控机床的数控单元，实现对零件的数控加工。

2. 自动编程的操作步骤

零件是由各个不同的面组成的，加工它的工艺方案有很多，无外乎先加工哪个面、后加工哪个面的问题，这是工艺问题。然而，一旦工艺方案确定以后.每个面该如何加工出来，却是数控加工自动编程要解决的问题，其编程操作步骤如下：

(1) 零件数控加工工艺分析(同手工编程)。

(2) 用自动编程软件对待加工的零件进行二维、三维几何造型。

(3) 生成加工轨迹。在零件三维图上选择加工表面，选定加工方式，确定加工参数等，软件自动生成刀具轨迹、编辑刀具轨迹。

(4) 验证刀具轨迹。

(5) 数控程序制作，即后置处理，针对所使用的数控机床生成加工程序代码内容的文件。

(6) 将加工程序输入到数控机床，实施自动加工。

3. 目前流行的CAD/CAM软件介绍

1) CATIA

CATIA软件是由法国著名飞机制造公司达索(Dassault)开发并由IBM公司负责销售的CAD/CAM/CAE/PDM集成化应用系统，在世界CAD/CAM/CAE/PDM领域处于领导地位。为了使软件易学易用，Dassault System于1994年开始重新开发并推出了全新的CATIA V5版本。新的V5版本界面更加友好，功能也日趋强大，并且开创了CAD/CAE/CAM软件的一种全新风格，其内容涵盖了产品从概念设计、工业造型设计、三维模型设计、工程分析、动态模拟与仿真、工程图输出到产品生产加工等的全部开发过程，是目前世界上唯一实现产品无纸化生产的软件系统平台。

CATIA 的集成解决方案覆盖了所有的产品设计与制造领域，其特有的 DMU 电子样机模块功能及混合建模技术更是推动着企业竞争力和生产力的提高。CATIA 提供了方便的解决方案，迎合所有工业领域的大、中、小型企业需要，包括从大型的波音 777 飞机、火箭发动机到化妆品的包装盒，几乎涵盖了所有的制造业产品。在世界上有超过 13 000 的用户选择了 CATIA。

CATIA 源于航空航天工业，是业界无可争辩的领袖。它以精确安全及高可靠性满足了商业、防御和航空航天领域各种应用的需要，其强大的功能已得到各行业的认可，被广泛应用于航空航天、汽车、船舶、机械、电子、电器及消费品等设计、制造行业。

目前，CATIA 是欧洲、北美和亚洲顶尖汽车制造商所用的核心系统，并已成为汽车业的事实标准。CATIA 的著名用户包括波音、克莱斯勒、宝马、奔驰等一大批知名企业，其用户群体在世界制造业中具有举足轻重的地位。

在我国，CATIA 占据了所有航空航天和军工等高端行业市场，其优秀的品质和强大的功能使其正迅速地向中、低端制造业辐射。

2）UG

UG 是美国 UGS(Unigraphics Solutions)公司的主导产品，是集 CAD/CAE/CAM 于一体的三维参数化软件，是面向制造行业的 CAID/CAD/CAE/CAM 高端软件，是当今最先进、最流行的工业设计软件之一。它集合了概念设计、工程设计、分析与加工制造的功能，实现了优化设计与产品生产过程的组合，被广泛应用于机械、汽车、航空航天、家电以及化工等各个行业。

UG 的特点是由 CAD/CAM/CAE 三大系统紧密集成。用户在使用 UG 强大的实体造型、曲面造型、虚拟装配及创建工程图等功能的同时，可以使用 CAE 模块进行有限元分析、运动学分析和仿真模拟，以提高设计的可靠性；根据建立起的三维模型，还可由 CAE 模块直接生成数控代码，用于产品加工。UG 具有灵活的建模方式，即采用复合建模技术，将实体建模、曲面建模、线框建模、显示几何建模及参数化建模融为一体。

UG NX 系统根据建立起的 3D 模型生成数控代码，主要用于产品的加工，其后处理程序支持多种类型的数控机床。CAM 模块提供了众多的加工模块，如车削、可变轴铣削、固定轴铣削、切削仿真、线切割等。

3）Cimatron

Cimatron 软件出自著名软件公司——以色列 Cimatron 有限公司。Cimatron 公司自 1982 年创建以来，它的创新技术和战略方向使得 Cimatron 有限公司在 CAD/CAM 领域内处于公认领导地位。作为面向制造业的 CAD/CAM 集成解决放方案的领导者，其承诺为模具、工具和其他制造商提供全面的、性价比最优的软件解决方案，使制造循环流程化，加强制造商与外部销售商的协作以极大地缩短产品交付时间。

多年来，在世界范围内，从小的模具制造工厂到大公司的制造部门，Cimatron 有限公司的 CAD/CAM 解决方案已成为企业装备中不可或缺的工具。目前，世界范围内四千多用户在使用 Cimatron 的 CAD/CAM 解决方案为各种行业制造产品，包括汽车、航空航天、计算机、电子、消费类商品、医药、军事、光学仪器、通信和玩具等行业。

Cimatron 解决方案的基础是该公司独一无二的集成技术 Ci，Ci 产品的思想是为用户提供可以一起紧密工作的、界面易学易用的一套综合产品。Cimatron 的模块化软件套件可以使生产的每个阶段实现自动化，从而提高产品的生产效率。

不管是为制造而设计，还是为 2.5～5 轴铣削加工生成安全、高效和高质量的 NC 刀具轨迹，Cimatron 面向制造的 CAD/CAM 解决方案为客户提供了处理复杂零件和复杂制造循环的能力。

4) Pro/E

Pro/E(Pro/Engineer)是一套由设计至生产的机械自动化软件，是新一代的产品造型系统，是一个参数化、基于特征的实体造型系统，并且具有单一数据库功能。

(1) 参数化设计和特征功能。Pro/Engineer 是采用参数化设计的、基于特征的实体模型化系统，工程设计人员采用具有智能特性的基于特征的功能来生成模型，如腔、壳、倒角及圆角，可以灵活地勾画草图，改变模型。这一功能特性给工程设计者提供了在设计上从未有过的简易和灵活。

(2) 单一数据库。Pro/Engineer 建立在统一基层的数据库上，不像一些传统的 CAD/CAM 系统，是建立在多个数据库上的。所谓单一数据库，就是工程中的资料全部来自于一个库，使得每一个独立用户在为一件产品造型而工作，不管他是哪一个部门的。换言之，整个设计过程的任何一处发生改动，亦可以前后反映在整个设计过程的相关环节上。例如，一旦工程详图有改变，NC(数控)工具路径也会自动更新；组装工程图如有任何变动，也会完全反映在整个三维模型上。这种独特的数据结构与工程设计的完整结合，使得设计更优化，成品质量更高，产品能更好地推向市场，价格也更便宜。

Pro/Engineer 是软件包，并非模块，其功能包括参数化功能定义，实体零件及组装造型，三维上色实体或线框造型完整工程图产生及不同视图(三维造型还可移动、放大、缩小和旋转)。Pro/Engineer 是一个功能定义系统，即造型是通过各种不同的设计专用功能来实现的，其中包括筋(Ribs)、槽(Slots)、倒角(Chamfers)和抽空(Shells)等。采用这种手段建立形体，对于工程师来说更自然、直观。该系统的参数化功能采用符号的方式赋予形体尺寸，而不像其他系统那样直接指定一些固定数值于形体。这样，工程师可任意建立形体上的尺寸和功能之间的关系，任何一个参数改变，其他相关的特征也会自动修正。这种功能使得修改更为方便，设计优化得更完美。造型不但可以在屏幕上显示，还可以传送到绘图机上或一些支持 Postscript 格式的彩色打印机上。Pro/Engineer 还可输出三维和二维图形给予其他应用软件。诸如有限元分析及后置处理等，都是通过标准数据交换格式来实现的。用户更可配上 Pro/Engineer 软件的其他模块或自行利用 C 语言编程，以增强软件的功能。Pro/Engineer 在单用户环境下(没有任何附加模块)具有大部分的设计能力、组装能力(人工)和工程制图能力(不包括 ANSI、ISO、DIN 或 JIS 标准)，并且支持符合工业标准的绘图仪(HP、HPGL)和黑白及彩色打印机的二维和三维图形输出。

5) I-DEAS

I-DEAS 是美国 EDS 子公司 SDRC 公司开发的 CAD/CAM 软件。该公司是国际上著名的机械 CAD/CAE/CAM 公司，在全球范围享有盛誉，国外许多著名公司，如波音、索尼、三星、现代、福特等公司均是 SDRC 公司的大客户和合作伙伴。

该软件是高度集成化的 CAD/CAE/CAM 软件系统。它帮助工程师以极高的效率，在单一数字模型中完成从产品设计、仿真分析、测试直至数控加工的产品研发全过程。I-DEAS 是全世界制造业用户广泛应用的大型 CAD/CAE/CAM 软件。

I-DEAS在CAD/CAE一体化技术方面一直雄居世界榜首，软件内含诸如结构分析、热力分析、优化设计、耐久性分析等真正提高产品性能的高级分析功能。

SDRC也是全球最大的专业CAM软件生产厂商。I-DEAS CAMAND是CAM行业的顶级产品。I-DEAS CAMAND可以方便地仿真刀具及机床的运动，可以从简单的2轴、2.5轴到以7轴5联动方式来加工极为复杂的工件表面，并可以对数控加工过程进行自动控制和优化。

I-DEAS提供一套基于因特网的协同产品开发解决方案，包含全部的数字化产品开发流程。I-DEAS是可升级的、集成的、协同电子机械设计自动化(E-MDA)解决方案。I-DEAS使用数字化主模型技术，这将帮助用户在设计早期就能从"可制造性"的角度更加全面地理解产品，即纵向及横向的产品信息都包含在数字化主模型中。这样，在产品开发流程中的每一个部门都将容易地进行有关全部产品信息的交流，这些部门包括制造与生产、市场、管理及供应商等。

6) Mastercam

Mastercam是美国CNC公司开发的基于PC平台的CAD/CAM软件，它具有方便、直观的几何造型。Mastercam提供了设计零件外形所需的理想环境，利用其强大稳定的造型功能可设计复杂的曲线、曲面零件。

Mastercam具有强大的曲面粗加工及灵活的曲面精加工功能。Mastercam提供了多种先进的粗加工技术，以提高零件加工的效率和质量。Mastercam还具有丰富的曲面精加工功能，可以从中选择最好的方法，以加工最复杂的零件。Mastercam的多轴加工功能，为零件的加工提供了更多的灵活性。

Mastercam还提供了可靠的刀具路径校验功能，可模拟零件加工的整个过程。模拟中不但能显示刀具和夹具，还能检查刀具和夹具与被加工零件的干涉、碰撞情况。

Mastercam提供了400多种后置处理文件，以适用于各种类型的数控系统。

可使用Mastercam实现DNC加工。DNC(直接数控)是指用一台计算机直接控制多台数控机床，其技术是实现CAD/CAM的关键技术之一。大量的实践表明，用Mastercam软件编制复杂零件的加工程序极为方便，而且能对加工过程进行实时仿真，并能真实反映加工过程中的实际情况。

7) PowerMILL

PowerMILL是一个独立运行的世界领先的CAM系统，它是Delcam的核心多轴加工产品。PowerMILL可通过IGES、VDA、STL和多种不同的专用直接接口接收来自任何CAD系统的数据。它的功能强大、易学易用，可快速、准确地产生能最大限度发挥CNC数控机床生产效率的、无过切的粗加工和精加工刀具路径，确保生产出高质量的零件和工模具。

PowerMILL功能齐备，适用于广泛的工业领域。Delcam独有的最新5轴加工策略、高效粗加工策略以及高速精加工策略，可生成最有效的加工策略，确保最大限度地发挥机床潜能。PowerMILL计算速度极快，同时也为使用者提供了极大的灵活性。

PowerMILL支持包括IGES、VDA-FS、STEP、ACIS、Parasolid、Pro/E、CATIA、UG、I-DEAS、SolidWorks、SolidEdge、Cimatron、AutoCAD、Rhino 3DM、Delcam DGK和Delcam Parts在内的广泛的CAD系统数据资料输入。它具有良好的容错能力，即使输

入模型中存在间隙，也可产生出无过切的加工路径。如果模型中的间隙大于公差，PowerMILL将提刀到安全Z高度；如果模型间隙小于公差，刀具则将沿工件表面加工，跨过间隙。

8）CAXA制造工程师

CAXA制造工程师是由北航海尔软件有限公司自主研发的CAD/CAM一体化数控加工编程软件，该软件目前已经广泛应用于塑模、锻模、汽车覆盖件拉伸模、压铸模等复杂模具的生产，以及汽车、电子、兵器、航空、航天等行业的精密零件加工中。特别是CAXA制造工程师2008版本，提供了更加强大的功能。

实体造型主要有拉伸、旋转、导动、放样、倒角、圆角、打孔、筋板、拔模、分模等特征造型方式，可以将二维的草图轮廓快速生成三维实体模型，提供多种构建基准平面的功能，用户可以根据已知条件构建各种基准面。

曲面造型提供了多种NURBS曲面造型手段，如：可通过扫描、放样、旋转、导动、等距、边界和网格等多种形式生成复杂曲面；提供曲面线裁剪和面裁剪、曲面延伸、按照平均切矢或选定曲面切矢的曲面缝合功能、多张曲面之间的拼接功能，另外，提供强大的曲面过渡功能，可以实现两面、三面、系列面等曲面过渡方式，还可以实现等半径或变半径过渡。

系统支持实体与复杂曲面混合的造型方法，应用于复杂零件设计或模具设计，提供了曲面裁剪实体功能、曲面加厚成实体、闭合曲面填充生成实体功能。另外，系统还允许将实体的表面生成曲面供用户直接引用。

曲面和实体造型方法的完美结合，是制造工程师在CAD上的一个突出特点。每一个操作步骤，软件的提示区都有操作提示功能，不管是初学者还是具有丰富CAD经验的工程师，都可以根据软件的提示迅速掌握诀窍，设计出自己想要的零件模型。

新增的一个数控铣加工编程模块具有方便的代码编辑功能，它简单易学，非常适合手工编程使用，同时它也支持自动导入代码和手工编写的代码，其中包括宏程序代码的轨迹仿真，能够有效验证代码的正确性。该模块还支持多种系统代码的相互后置转换，实现加工程序在不同数控系统上的程序共享，具有通信传输的功能，通过RS232口可以实现数控系统与编程软件间的代码互传。

加工功能具有以下主要特点：

（1）提供了七种粗加工方式：平面区域（2D）、区域、等高、扫描线、摆线、插铣、导动线（2.5轴）。提供了14种精加工方式：平面轮廓、轮廓导动、曲面轮廓、曲面区域、曲面参数线、轮廓线、投影线、等高线、导动、扫描线、限制线、浅平面、三维偏置、深腔侧壁多种精加工功能。提供了三种补加工：等高线、笔式清根、区域。提供两种槽加工：曲线式铣槽、扫描式铣槽。

（2）增加了多轴加工功能。

① 四轴加工：四轴曲线、四轴平切面加工。

② 五轴加工：五轴等参数线、五轴侧铣、五轴曲线、五轴曲面区域、五轴G01钻孔、五轴定向、转四轴轨迹等加工对叶轮、叶片类零件。除以上这些加工方法外，系统还提供专用的叶轮粗加工及叶轮精加工功能，可以实现对叶轮和叶片的整体加工。

（3）系统支持高速加工。可设定斜向切入和螺旋切入等接近和切入方式，拐角处可设定圆角过渡、轮廓与轮廓之间可通过圆弧或S型方式来过渡形成光滑连接、生成光滑刀具轨迹，有效地满足了高速加工对刀具路径形式的要求。

（4）提供倒圆角加工。根据给定的平面轮廓曲线，生成加工圆角的轨迹和带有宏指令的加工代码。充分利用宏程序功能，使得倒圆角加工程序变得异常简单灵活。

3.3.2 CAD/CAM技术的发展趋势

针对21世纪机械制造行业的基本特征，CAD/CAM技术的发展趋势也呈现出以下几个特征：标准化、集成化、智能化、网络化、多学科多功能综合化等。

1. CAD技术的发展趋势

CAD技术的发展趋势主要体现在以下几方面。

1）标准化

CAD软件一般应集成在一个异构的工作平台之上，只有依靠标准化技术才能解决CAD系统支持异构跨平台的环境问题。目前，除了CAD支撑软件逐步实现ISO标准和工业标准外，面向应用的标准零部件库、标准化设计方法已成为CAD系统中的必备内容，且向合理化工程设计的应用方向发展。

2）开放性

CAD系统目前广泛建立在开放式操作系统视窗95/98/2000/NT和UNIX平台上，为最终用户提供二次开发环境，甚至这类环境可开发其内核源码，使用户可定制自己的CAD系统。

3）集成化

CAD技术的集成化将体现在以下三个层次上：其一是广义CAD功能，CAD/CAE/CAPP/CAM/CAQ/PDM/ERP经过多种集成形式，成为企业一体化解决方案，新产品设计能力与现代企业管理能力的集成，将成为企业信息化的重点；其二是将CAD技术采用的算法，甚至功能模块或系统，做成专用芯片，以提高CAD系统的使用效率；其三是CAD基于计算机网络环境实现异地、异构系统在企业间的集成。应运而生的虚拟设计、虚拟制造、虚拟企业就是该集成层次上的应用。例如，在美国通用汽车公司的生产过程，大量的零部件生产、装配都通过“虚拟工厂”、“动态企业联盟”的方式完成，本企业只负责产品总体设计和生产少数零部件，并最终完成产品的装配。

4）智能化

设计是一个含有高度智能的人类创造性活动领域，智能CAD是CAD发展的必然方向。从人类认识和思维的模型来看，现有的人工智能技术模拟人类的思维活动明显不足。因此，智能CAD不仅是简单地将现有的智能技术与CAD技术相结合，更重要的是深入研究人类设计的思维模型，最终用信息技术来表达和模拟它，才会产生高效的CAD系统，为人工智能领域提供新的理论和方法。CAD的这个发展趋势，将对信息科学的发展产生深刻的影响。

5）虚拟现实（VR）与CAD集成

VR技术在CAD中的应用面很广。首先可以进行各类具有沉浸感的可视化模拟，用以验证设计的正确性和可行性。例如用这种模拟技术进行设计分析，可以清楚地看到物体的变形过程和应力分布情况。其次它还可以在设计阶段模拟产品装配过程，检查所用零部件是否合适和正确。在概念设计阶段，它可用于方案优化。特别是利用VR的交互能力，支援概念设计中的人机工程学，检验操作时是否舒适、方便，这对摩托车、汽车、飞机等的设计作用尤其显著。在协同设计中，利用VR技术，设计群体可直接对所设计的产品进行交互，更加逼真地感知到正在和自己交互的个体成员的存在和相互间的活动。尽管VR技术在CAD中的应用前景诱人，不过离广泛推广应用还有一定距离。

2. CAM技术的发展趋势

CAM技术的发展趋势将体现在以下几方面：

1）面向对象、面向工艺特征的结构体系

传统CAM以曲面为目标的体系结构将被改变成面向整体模型（实体）、面向工艺特征的结构体系。系统将能够按照工艺要求自动识别并提取所有的工艺特征及具有特定工艺特征的区域，使CAD/CAE/CAM的集成化、自动化、智能化达到一个新的水平。

2）基于知识的智能化系统

未来的CAM系统不仅可继承并智能化地判断工艺特征，还具有模型对比、残余模型分析与判断功能，使刀具路径更优化，效率更高。同时也具有对工件包括夹具的防过切、防碰撞功能，提高操作的安全性，更符合高速加工的工艺要求，并开放工艺相关联的工艺库、知识库、材料库和刀具库，使工艺知识积累、学习、运用成为可能。

3）使相关性编程成为可能

尺寸相关、参数式设计等CAD领域的特性，有望被引申到CAM系统之中。目前，以Delcam公司的PowerMILL及WorkNC为代表，采用面向工艺特征的处理方式，系统以工艺特征提取的自动化来实现CAM编程的自动化。当模型发生变化后，只要按原来的工艺路线重新计算，即实现CAM的自动修改。由计算机自动进行工艺特征、工艺区域的重新判断并全自动处理，使相关性编程成为可能。目前已有成熟的产品上市，并为北美、欧洲等发达国家的模具界所接受。由于CAM系统专业化、智能化、自动化水平的提高，将导致机械编程方式的兴起，将改变CAM编程与加工人员及现场分离的现象。

4）提供更方便的工艺管理手段

CAM的工艺管理是数控生产中至关重要的一环，未来CAM系统的工艺管理树结构，为工艺管理及即时修改提供了条件。较领先的CAM系统已经具有CAPP开发环境或可编辑式工艺模板，可由有经验的工艺人员对产品进行工艺设计，CAM系统可按工艺规程全自动批次处理。据报道，未来的CAM系统将能自动生成图文并茂的工艺指导文件，并能以超文本格式进行网络浏览。

5）信息网络化

随着互联网的普及，宽带通信技术的突破，通信、广播和计算机三网融合的步伐会加快，一个完全信息化的、充满虚拟色彩而又现实的新时代即将到来，它将改变现代人的工作、学习、交往和娱乐方式。立足于全社会公用网络环境，建立专业化的虚拟网络服务环境，并开发适应于这类网络环境的CAD/CAE/CAM软件产品，创建CAD/CAE/CAM网上专营店，实施网上经销、网上培训与咨询服务，以及计算量大的软件网上运行，使用户能够实现多专业、异地、协同、综合全面地设计与分析，实施工程与产品创新，这将是CAD/CAE/CAM软件行业未来发展的新趋势。据报道，ANSYS公司已经和HP、EAI合作创建了一种针对ANSYS的网上服务体系。

思考与练习题

1. 试说明机床原点与参考点、工件原点的关系。

2. 在数控车床上运行下例程序段，已知当前刀具起点位置为(0，0)点，试画出机床执行以下程序刀具所走的轨迹。

(1) G00 X100Z50 → G02X130Z80R－30 → G00X0Z0；

(2) G01 X100Z50 → G02X130Z80 R30 → G01X0Z0；

(3) G00 U100W50 → G03U30W30I30K0 → G00W－130W－80；

(4) G01 U100W50 → G03U30W30I0K0 → G00W－100W－50。

3. 编制零件外轮廓并切断的加工程序，图形尺寸如图3－69所示，精加工余量为0.5 mm。

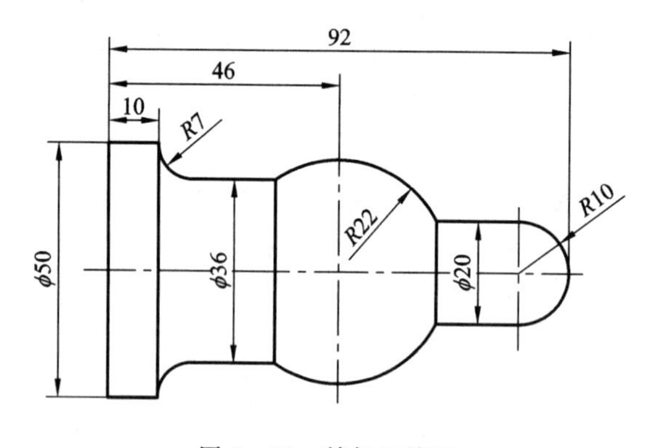

图3－69 精加工练习

4. 如图3－70零件，使用基本代码编写加工程序。已知毛坯为ϕ30 mm棒料，T1为外圆车刀，T3为切断刀。

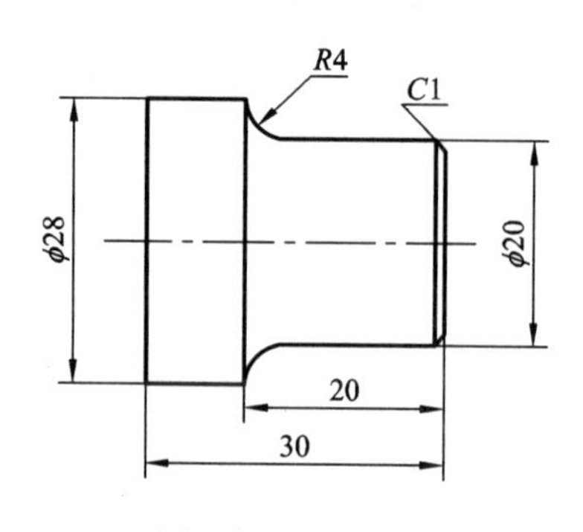

图3－70 阶梯轴

5. 如图 3－71 所示零件，编写精车手柄并切断的程序(带刀补)。

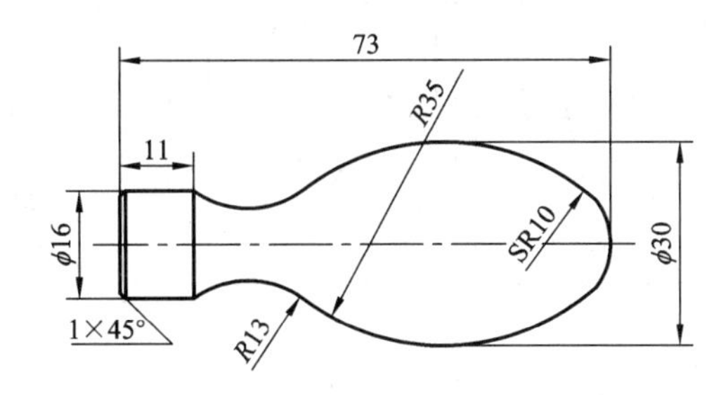

图 3－71　手柄

6. 利用复合循环程序编写如图 3－72 所示零件程序。

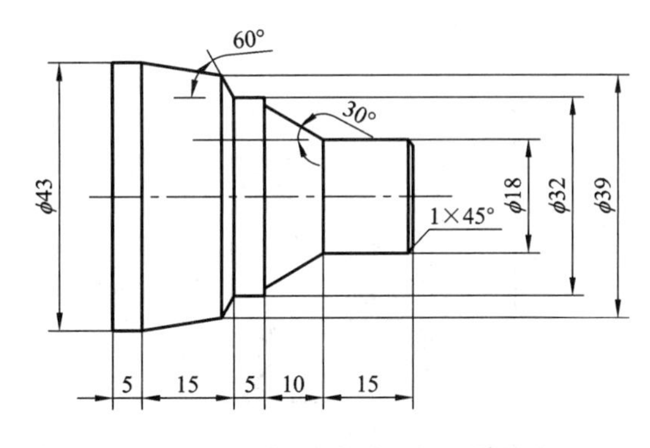

图 3－72　复合循环加工练习

7. 请分析数控铣床可加工哪类零件？与普通机床铣削相比，数控机床铣削零件具有哪些特点？

8. 简述对刀的概念及数控铣床上的对刀基本过程。

9. 数控铣床加工中，刀具补偿包括哪些内容？分别用什么指令实现？试述刀具补偿建立的过程。

10. 如果已在机床坐标系中设置了以下两个坐标系：

G57：X＝－40，Y＝－40，Z＝－20；

G58：X＝－80，Y＝－80，Z＝－40

(1) 试用坐标简图把这两个工件坐标系表示出来；

(2) 写出刀具从机械坐标系的(0，0，0)点到 G57 的坐标系的(5，5，10)点，再到 G58 的(10，10，5)点的 G 指令。

11. 数控铣削加工时程序起始点、返回点和切入点、切出点的确定方法及原则是什么？

12. 数控铣床固定循环指令中初始平面、返回平面和安全平面的含义是什么？如何确定？

13. 试在铝板或石蜡板上加工出如图 3－73 所示的字样。加工深度为 2 mm，立铣刀直径 φ6 mm。

14. 在立式铣床上加工如图 3－74 所示零件。零件材料为 45 号钢，毛坯为 50×50×12 的板材，且顶面、底面与四个侧面已经加工到位。(以上表面为 Z 零平面。)

15. 在立式铣床上加工如图 3－75 所示零件。零件材料为 45 号钢，毛坯同上题。

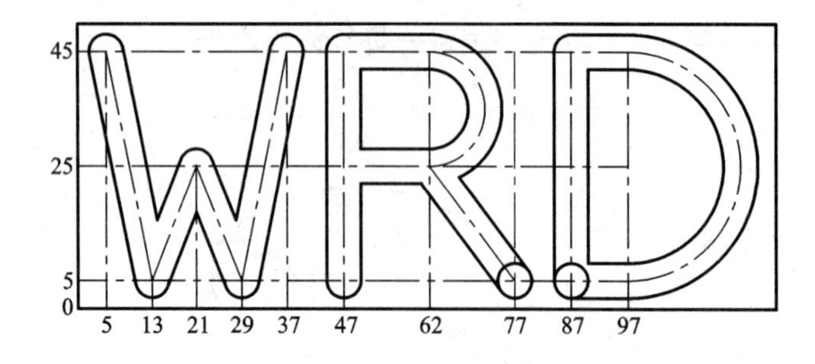

图 3-73　WRD 字样加工

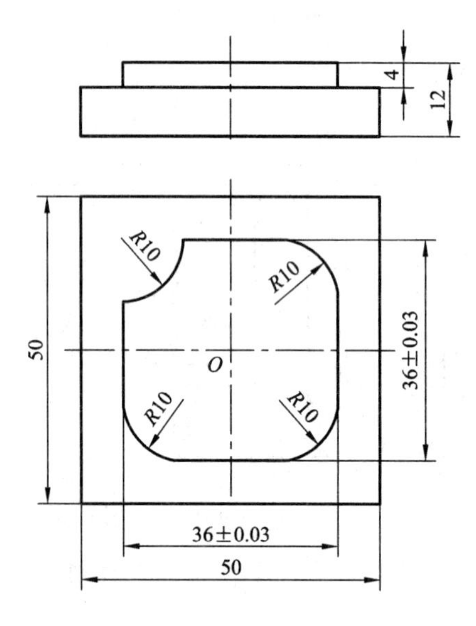

图 3-74　凸台外轮廓加工

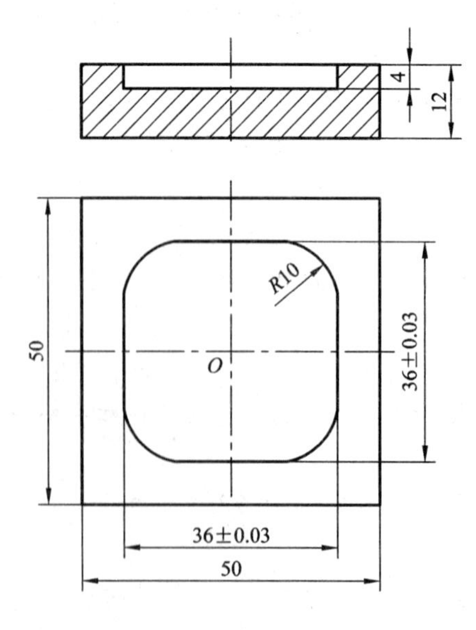

图 3-75　凹槽内轮廓加工

16. 试编写图 3-76 所示零件平底 U 形槽的数控加工程序。工件材质为 45 钢，刀具选用 ϕ8 mm 立铣刀。

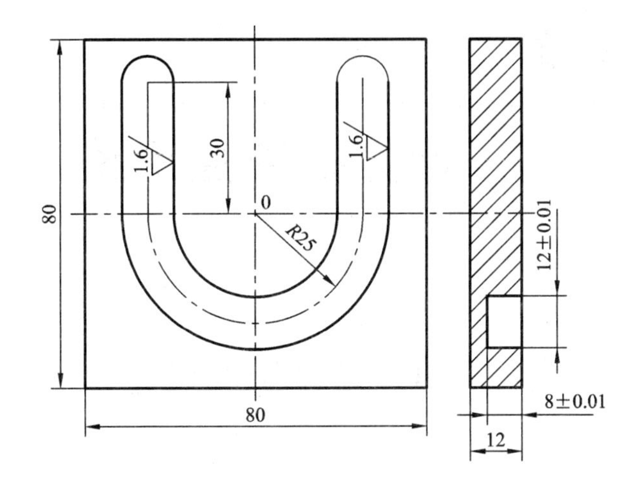

图 3-76　U 形槽零件加工

17. 试编写图 3-77 所示平底偏心圆弧槽的数控铣加工程序。工件材质为 45 钢，已经调质处理，毛坯为 ϕ110×35 的圆板料。

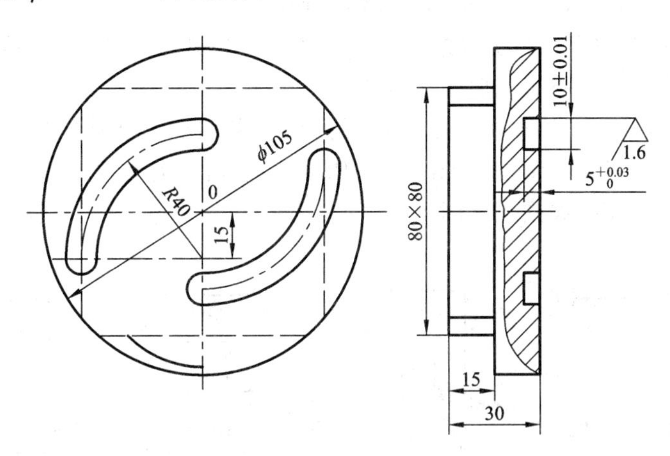

图 3-77　圆弧偏心槽加工

第 4 章

计算机数控系统

4.1 CNC 系统的概述

4.1.1 CNC 系统的组成及其工作原理

1. CNC 系统

计算机数控(Computerized Numerical Control，CNC)系统是使用计算机控制加工功能实现数值控制的系统。CNC 系统根据计算机存储器中存储的控制程序、执行部分和全部数值控制功能，配有接口电路和伺服驱动装置。

CNC 系统由数控程序、输入装置、输出装置、计算机数控装置(CNC 装置)、可编程逻辑控制器(Programmable Logic Controller，PLC)、主轴驱动装置和进给(伺服)驱动装置(包括检测装置)等组成，如图 4-1 所示。

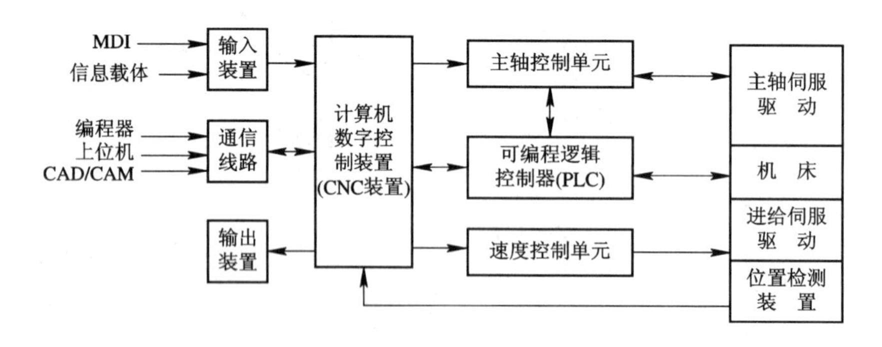

图 4-1 CNC 系统的组成

CNC 系统的核心是 CNC 装置。由于使用了计算机，系统具有了软件功能，又用 PLC 代替了传统的机床电器逻辑控制装置，使系统更小巧，其灵活性、通用性、可靠性更好，易于实现复杂的数控功能，使用、维护也方便，并且有与上位机连接及进行远程通信的功能。

2. CNC 装置的组成及其工作过程

CNC 装置由硬件和软件组成，软件在硬件的支持下工作，二者缺一不可。

CNC 装置的硬件除具有一般计算机所具有的微处理器(CPU)、存储器(ROM，RAM)、输入/输出(I/O)接口外，还具有数控要求的专用接口和部件，即位置控制器、纸带阅读机接口、手动数据输入(MDI)接口和显示(CRT)接口。CNC 装置硬件的组成如图 4-2 所示。

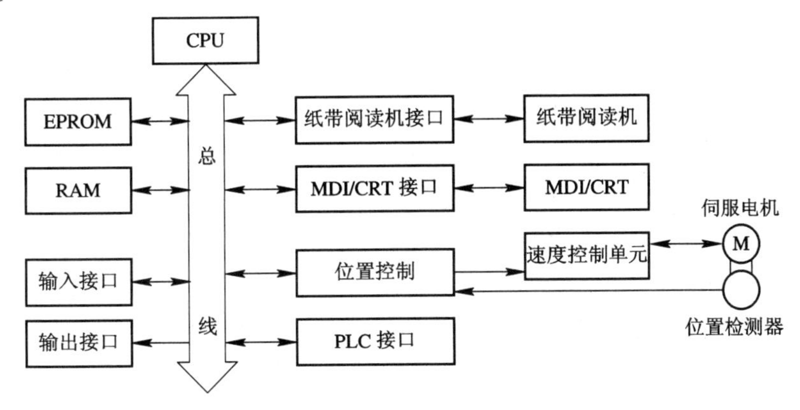

图 4-2 CNC 装置硬件的组成框图

CNC 装置的软件是为了实现 CNC 系统各功能而编制的专用软件，称为系统软件。在系统软件的控制下，CNC 装置对输入的加工程序自动进行处理，并发出相应的控制指令。系统软件由管理软件和控制软件两部分组成，如图 4-3 所示。

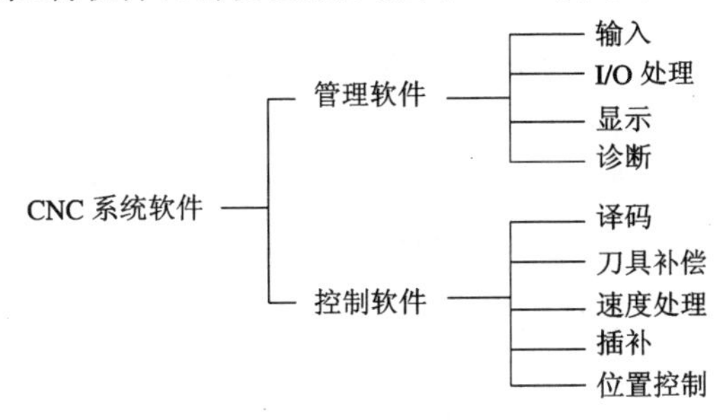

图 4-3 CNC 装置软件的组成

CNC 装置的工作是在硬件的支持下，执行软件的全过程。软件和硬件各有不同的特点，软件设计灵活，适应性强，但处理速度慢；硬件处理速度快，成本却较高。因此在 CNC 装置中，数控功能的实现方法大致分为三种情况：第一种情况是由软件完成输入、插补前的准备，硬件完成插补和位置控制；第二种情况是由软件完成输入、插补前的准备、插补，硬件完成位置的控制；第三种情况是由软件完成输入、插补前的准备、插补及位置控制的全部工作。CNC 装置的工作流程及软/硬件界面关系如图 4-4 所示。

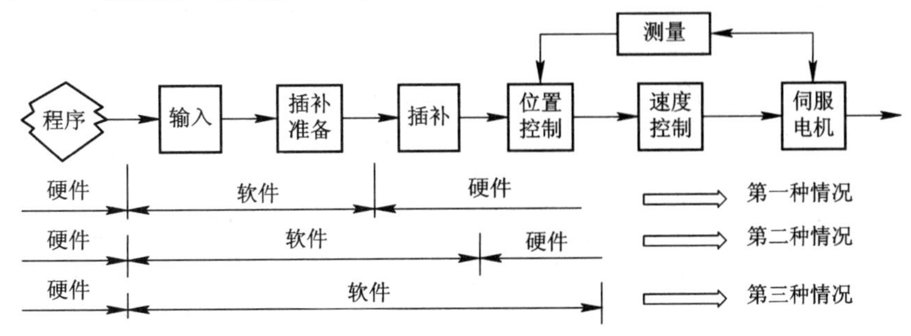

图 4-4 CNC 装置的工作流程及软/硬件界面

4.1.2 CNC 系统的特点

CNC 系统具有以下特点：

（1）灵活性大、通用性强。与硬件逻辑数控装置相比，灵活性是 CNC 装置的主要特点，只要改变软件，就可改变和扩展其功能，补充新技术。这就延长了硬件结构的使用期限。同时，CNC 装置的硬件有多种通用的模块化结构，而且易于扩展，主要依靠软件变化来满足机床的各种不同要求。接口电路标准化给机床厂和用户带来了方便。这样用一种 CNC 装置就能满足多种数控机床的要求，对培训和学习也十分方便。

（2）可以实现丰富、复杂的功能。CNC 装置利用计算机的高度计算能力，可实现许多复杂的数控功能，如高次曲线插补，动、静态图形显示，多种插补功能，数字伺服控制功能等。

（3）易于实现机电一体化。由于半导体集成电路技术的发展及先进的表面安装技术的采用，使 CNC 装置硬件结构尺寸大为缩小，容易组成数控加工自动线，如 FMC、FMS、DNC 和 CIMS 等。

（4）可靠性高、使用维修方便。CNC 装置的零件程序在加工前一次送入存储器，并经过检查后被调用，这就避免了在加工过程中由纸带输入机的故障产生停机现象。由于许多功能由软件实现，硬件结构大大简化，特别是采用大规模和超大规模通用和专用集成电路，使可靠性得到了很大的提高。CNC 装置的诊断程序使维修非常方便。CNC 装置有对话编程、蓝图编程、自动在线编程，使编程工作简单方便。而且编好的程序可以显示，通过空运行，将刀具轨迹显示出来以检查程序是否正确。这些都表现了 CNC 系统较好的实用性。

4.1.3 CNC 系统可实现的功能

数控系统有多种系列，性能各异，选购时应根据数控机床的类型、用途和加工精度综合考虑。CNC 装置的功能通常包括基本功能和选择功能。基本功能是系统必备的数控功能，选择功能是用户可根据实际要求选择的功能。CNC 装置的功能主要反映在准备功能 G 指令代码和辅助功能 M 指令代码上。

1. 基本功能

（1）控制功能。控制功能主要反映 CNC 装置能够控制和能同时（联动）控制的轴数。控制轴有移动轴和回转轴，基本轴和附加轴。如数控车床至少需要两轴联动（X、Z），数控铣床、加工中心等需要具有三根或三根以上的控制轴。控制轴数越多，特别是联动轴数越多，CNC 装置就越复杂，编程也越困难。

（2）准备功能。准备功能（G 功能）是指机床动作方式的功能。主要有基本移动、程序暂停、坐标平面选择、坐标设定、刀具补偿、基准点返回、公英制转换、绝对值与相对值转换等指令。

（3）插补功能。插补功能是指 CNC 装置可以实现各种曲线轨迹插补运算的功能，如直线插补、圆弧插补和其他二次曲线与多坐标插补。插补运算要求实时性很强，即计算速度要同时满足机床坐标轴对进给速度和分辨率的要求。它可用硬件或软件两种方式来实现，当然用硬件方式插补速度快，如日本 FANUC 公司就采用 DDA 硬件插补专用集成芯片。但目前由于微处理机的位数和频率的提高，大部分系统还是采用了软件插补方式，并把插补功能划分为粗、精插补两步，以满足其实时性要求。软件每次插补一个小线段称为粗插补。根据粗插补结果，将小线段分成单个脉冲输出，称为精插补。

（4）进给功能。它反映了刀具进给速度，一般用F代码直接指定各轴的进给速度。主要进给功能有以下几点：

① 切削进给速度(每分钟进给量mm/min)。以每分钟进给距离的形式指定刀具切削进给速度，用F字母和它后续的数值表示。ISO标准中规定F1～F2位，对于直线轴，如F15 000表示每分钟进给速度是15 000 mm；对于回转轴如F12表示每分钟进给速度为12°。

② 同步进给速度(每分钟进给量mm/r)。同步进给速度即主轴每转进给量规定的进给速度，实现切削速度和进给速度的同步，如0.01 mm/r。只有主轴上装有位置编码器的机床才具有指令同步进给速度，如螺纹加工。

③ 快速进给速度。数字控制器规定了快速进给速度，它通过参数设定，用GOO指令来实现，还可通过操作面板上的快速倍率开关分挡，如快Ⅰ、快Ⅱ等。

④ 进给倍率。操作面板上设置了进给倍率开关，可实时进行人工修调。倍率一般在10%～200%之间变化。使用倍率开关可以不修改程序中的F代码，就可以改变机床的进给速度，对每分钟进给量和每转进给量都有效。

（5）主轴功能。它是指主轴转速功能，用字母S和它后续的2～4位数字表示。有恒转速(r/min)和表面恒线速(m/min)两种运转方式。机床操作面板上设有主轴倍率开关，用它可以改变主轴转速。

（6）刀具功能。它包括选择的刀具数量和种类、刀具的编码方式、自动换刀的方式。用字母T和后续2～4位数表示。

（7）辅助功能。它也称为M功能，用字母M和它后续的2位数字表示，可有100种。ISO标准中统一定义了这部分M功能，用来规定主轴的启停和转向、切削液的开关、刀库的启停、刀具的更换、工件的夹紧与松开等。

（8）字符显示功能。CNC装置可通过CRT显示器实现字符显示，如显示程序、参数、各种补偿量、坐标位置和故障信息等。

（9）自诊断功能。CNC装置有各种诊断程序，可以诊断故障。在故障出现后便能迅速查明故障的类型和部位，便于及时排除故障，减少故障停机时间。

2. 选择功能

（1）补偿功能。CNC装置备有多种补偿功能，可以对加工过程中由于刀具磨损或更换，以及机械传动的丝杠螺距误差和反向间隙所引起的加工误差予以补偿。CNC装置的存储器中存放着刀具长度和半径的相应补偿量，加工是按补偿量计算刀具的运动轨迹和坐标尺寸，从而加工出符合要求的零件。

（2）固定循环功能。该功能是指CNC装置为常见的加工工艺所编制的、可多次循环加工的功能。在固定循环使用前，要有用户选择合适的切削用量和重复次数等参数，然后按固定循环约定的功能进行加工。用户若需编制适用自己的固定循环程序，可借助用户宏程序功能来实现。

（3）图形显示功能。该功能一般需要高分辨率的CRT显示器。某些CNC装置可配置14英寸的彩色CRT显示器，能显示人机对话编程菜单、零件图形、动态模拟刀具轨迹等。

（4）通信功能。该功能是CNC装置与外界进行信息和数据交换的功能。通常CNC装置都有 RS－232C 接口，可与上级计算机进行通信，传送零件加工程序。有的还备有 DNC 接口，以利于实现直接数控。更高档的 CNC 装置还能与制造自动化协议 MAP 相连，进入工厂通信网络，以适应 FMS、CIMS 的要求。

(5) 人机对话编程功能。该功能不但有助于编制复杂零件的程序，而且可以方便编程。如蓝图编程只要输入图样上表示几何尺寸的简单命令，就能自动生成加工程序。对话式编程可根据引导图和说明进行示教编程，并具有工序、刀具、切削条件等自动选择的智能功能。

4.2 CNC 系统的硬件功能

CNC 装置的硬件结构分为单微处理器和多微处理器结构两种类型。早期的 CNC 装置和现有的一些经济型 CNC 装置采用了单微处理器结构。随着数控系统功能的增加，机床切削速度的提高，单微处理器结构已不能满足要求，因此许多 CNC 装置采用了多微处理器结构，以适应机床向高精度、高速度和智能化方向发展，以及适应并入计算机网络、形成 FMS 和 CIMS 的更高要求，使数控系统向更高层次发展。

4.2.1 CNC 系统单微处理器结构

所谓单微处理器结构，即采用一个微处理器来集中控制、分时处理数控的各个任务。而某些 CNC 装置虽然采用了两个以上的微处理器，但能够控制系统总线的只是其中的一个微处理器，它占有总线资源；其他微处理器作为专用的智能部件，它们不能控制系统总线，也不能访问存储器。这是一种主从结构，故被纳入单微处理器结构中。如图 4－5 所示，单微处理器结构的 CNC 装置包括了微型计算机系统的基本结构，如微处理器和存储器、总线、接口等。其中，接口包括 I/O 接口、串行接口、CRT/MDI 接口，还包括数控技术中的控制单元部件和接口电路，如单位控制单元、可编程序控制器(PLC)、主轴控制单元、穿孔机和纸带阅读机接口以及其他选件接口等。

1. 微处理器和总线

微处理器主要完成运算和控制两方面的任务。运算任务是完成一系列的数据处理工作，包括译码、刀补计算、轨迹计算、插补计算和位置控制的给定值与反馈值的比较运算等。控制任务主要包括内部控制、零件加工程序输入和输出的控制，对机床加工现场状态信息的记忆控制。内部控制功能用于 CNC 装置内各功能部件的动作以及各部件间的协调。输入、输出控制用于保持对外联系和机床的控制状态信息的输入和输出。

CNC 装置中常用的微处理器有 8 位、16 位和 32 位 CPU，如 Intel 公司的 8085、8086、80186、80286、80386、80486，Motorola 公司的 6800、6810、6820、6830，Zilog 公司的 Z80、Z800、Z80000 等。选用 CPU 时，要根据实时控制、数据宽度、寻址能力和运算速度几方面来考虑。现在 CNC 装置多以 16 位、32 位乃至 64 位 CPU 为主。

总线是 CPU 与各组成部件、接口等之间的信息公共传输线，包括控制、地址和数据三条总线。为适应传输信息的高速度和多任务性，总线结构和标准也在不断发展。

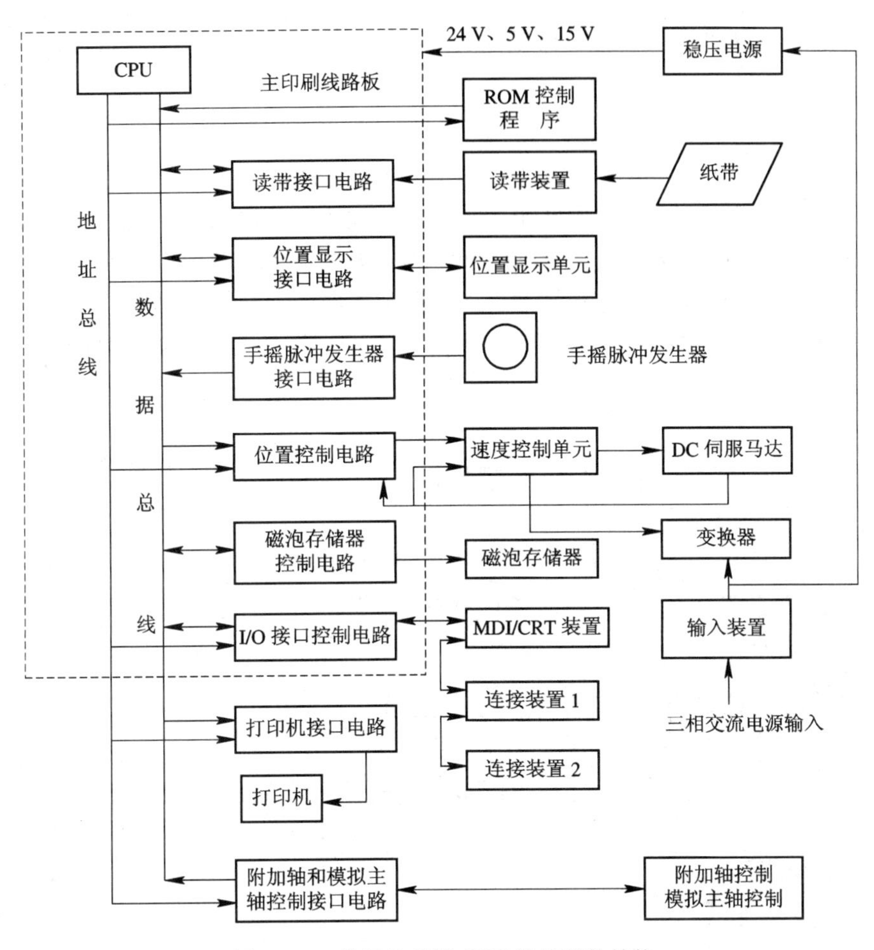

图 4-5　单微处理器 CNC 装置硬件结构

2. 存储器

CNC 装置中的存储器包括只读存储器(ROM)和随机存储器(RAM)两类。系统程序存放在只读存储器 EPROM 中，由 CNC 装置生产厂家固化，即使断电，系统程序也不会丢失。该程序只能被 CPU 读出，不能写入，必要时经删除后再重写。

加工的零件程序、机床参数、刀具参数存放在有后备电池的 CMOS RAM 中，或者存放在磁泡存储器中，这些信息在这种存储器中能被随机读出，还可根据操作需要写入或修改，断电后信息仍保留。运算的中间结果、需显示的数据、运行中的状态、标志信息等存放在随机存储器 RAM 中，它可以随时读出和写入，断电后信息就消失。

3. 位置控制元件

CNC 装置中的位置控制单元又称位置控制环(位置控制器、位置控制模块)。位置控制主要是对数控机床的进给运动的坐标进行控制。例如机床工作台前、后、左、右移动，主轴箱的上、下移动，围绕某一直线轴的旋转运动等。轴控制是数控机床上要求最高的位置控制，不仅对单个轴的运动和位置精度的控制有严格的要求，而且在多轴联动时，还要求各移动轴有很好地动态配合。对主轴的控制要求在很宽的范围内速度连续可调，并在每一个速度下均能提供足够的切削所需的功率和转矩。在某些高性能的CNC 机床上还要求主轴可任意控制(即 C 轴位置控制)。

进给坐标的位置控制的硬件一般采用大规模专用集成电路位置控制芯片和位置控制模板等。

1）位置控制芯片

位置控制芯片 MB8739 的结构如图 4－6 所示，它是 FANUC 公司专门设计的，包括位置测量与反馈的全部线路，集成度非常高。CPU 输出的位置指令，经过芯片 MB8739 处理后，送往 D/A 变换，再经过速度控制单元以控制电机运动。电动机的轴上装有光电脉冲发生器，随着电动机转动产生系列脉冲。该脉冲经接收器后反馈到 MB8739，然后将其分为两路，一路作为位置量的反馈，一路经频率/电压(F/V)变换，作为速度量的反馈信号送往速度控制单元。

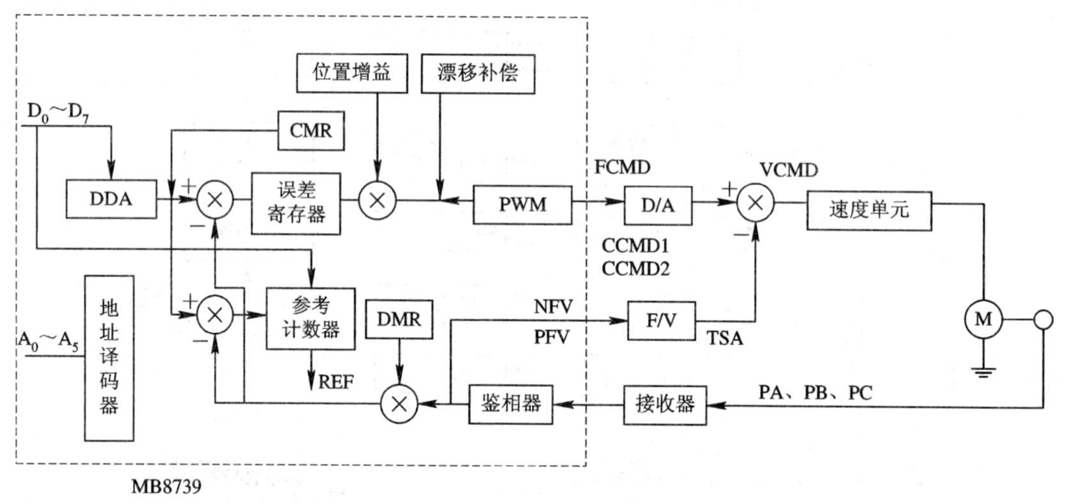

图 4－6　位置控制芯片的结构

位置控制芯片的结构主要包括以下几部分：

(1) DDA 插补器。该插补器是用作粗、精两级插补结构的第二级插补——精(细插补)，它的输入是来自第一级软件插补一个插补周期的信息。

(2) CMR 和 DMR。CMR 是指令值倍乘比，其作用是将指令值乘以一个比例系数。因为编程的指令单位与机床实际移动单位可能不一致，所以需要用 CMR 和 DMR 调整，以便进行比较。DMR 是实际值的倍乘比，其目的是与滚珠丝杠的螺距相匹配，使实际位移值的脉冲当量乘 DMR 后等于乘 CMR 后的指令值当量。DMR 的值由软件根据实际的机床参数设定。

(3) 误差寄存器。进行指令位置与实际位置的比较，并寄存比较后的误差(实际上是多位可逆计数器)。指令值来自 DDA 插补器，反馈值来自鉴相器。

(4) 位置增益控制。为了调整整个位置伺服系统的开环增益 K_v，对上述误差乘以一定的比例系数。K_v 是由软件根据实际系统的要求设定的。

(5) 漂移补偿控制。伺服系统中经常受到漂移的干扰，即在无位置指令输出时，坐标轴可能出现移动，从而影响机床的精度。漂移补偿控制的作用是当漂移到某一程度时(可用软件参数设定)，自动予以补偿。

(6) 误差的脉宽调制 PWM。误差被调制成某一固定频率，且宽度与误差值成正比的矩形脉冲波，经 PWM 调制后，输出粗误差指令，即 CCMD1 和 CCMD2 以及精度误差指令

VCMD。

(7) 鉴相器。该线路用来处理脉冲编码器的反馈信号，从接收器输出的两组相位差为90°的脉冲信号，经该线路变为能表示运动方向的一系列脉冲。该线路包括辨向与倍频线路。

(8) 参考计数器。当机床坐标回到参考点时，由参考计数器产生零点信号。

(9) 地址译码。芯片内部各数据和控制寄存器都由地址选择，故设置此地址译码器。

FANUC公司使用的位置控制芯片还有MB8720、MB87103等。

2) 位置控制模板

采用位置控制模板的CNC装置结构如图4-7所示。位置控制功能由软件和硬件两部分共同实现。其中，软件负责跟随误差和进给速度指令数值的计算。硬件由位置控制输出模板和位置测量模板组成，用于接收进给指令，进行D/A变换，为速度单元提供指令电压；同时位置反馈信号被处理，去“跟随误差计数器”与指令进行比较。

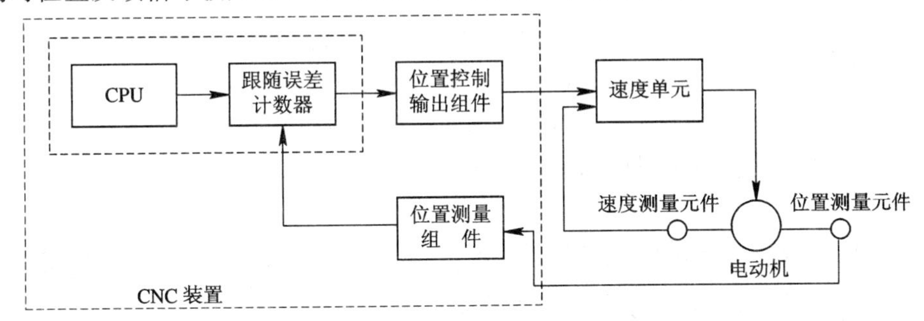

图4-7 位置控制模板框图

在CNC装置中，采用位置控制模板(模块或组件)的方案很普遍，随着微电子技术的发展，位置控制模块集成度更高，功能更齐全。Siemens公司使用的位置控制模板MS230、MS250、MS300等，都是一些典型产品。

4. 可编程序控制器(PLC)

现代数控机床使用PLC代替传统的继电器逻辑，利用PLC的逻辑运算功能实现各种开关量控制。PLC已成为CNC装置的一个部件。

数控机床上用的PLC可分为两类：一是内装型PLC，这类PLC是专为实现数控机床顺序控制而设计制造的，从属于CNC系统，PLC与CNC间的信息传送在CNC系统内部即可实现；二是独立性PLC，这类PLC接口技术规范，输入/输出点数、程序存储容量以及运算控制功能均满足数控机床的要求。数控机床中的PLC多采用内装型，如图4-8所示，PLC与机床间通过CNC输入/输出接口电路实现信号传送。

1) 内装型PLC

内装型PLC实际上是CNC装置带有的PLC功能，一般作为一种基本的或可选的功能提供给用户。它具有以下特性：

(1) 内装型PLC的输入/输出点数、程序最大步数、每步执行时间、程序扫描时间、功能指令数目等性能指标是根据从属的CNC系统及使用机床的类型等确定的，其软/硬件也是被作为CNC装置的一部分与CNC装置一起设计、制造的。因此，整体结构紧凑，针对性强，技术指标合理、实用。

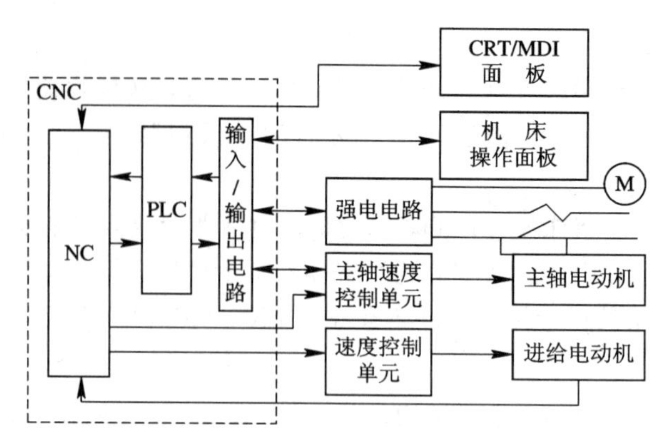

图 4-8　有内装型 PLC 的 CNC 机床系统

(2) 在系统的具体结构上，内装型 PLC 可与 CNC 共用 CPU，也可以单独使用一个 CPU。硬件电路可与 CNC 其他电路制作在一块印制电路板上，也可以单独制成一块附加板。内装型 PLC 一般使用 CNC 装置本身的输入/输出电路。PLC 控制电路及输入/输出电路(一般为输入电路)所用电源由 CNC 装置提供，不设另外电源。

(3) 采用内装型 PLC 的 CNC 装置具有某些高级控制功能，如梯形图编辑和传送功能；在 CNC 内不可以直接处理大量的数据信息。

2) 独立型 PLC

独立型 PLC 又称为通用型 PLC，它不属于 CNC 装置，具有完备的硬件和软件结构，可以自己独立使用。独立型 PLC 具有如下特点：

(1) 具有完整的功能结构、CPU 及其控制电路、系统程序存储器、用户程序存储器、输入/输出接口电路、与程编机等外设通信的接口和电源等。

(2) 采用模块化结构，各功能模块做成独立的模块或印刷电路插板，具有易扩展、安装方便等优点。例如，可采用通信模块与外部输入/输出设备、编程设备、上位机等进行数据交换；可采用 D/A 模块对外部伺服装置直接进行控制；可采用计数模块对加工工件数量、刀具使用次数、回转体回转分度数进行控制；可采用定位模块直接对刀库、转台、直线运动轴等机械运动部件或装置进行控制。

(3) 独立型 PLC 的输入/输出点数可以通过 I/O 模块的增减来增加或减少。独立型 PLC 可以用于大范围的工业顺序控制、集中控制和网络控制。

在数控机床上也有采用独立型 PLC 的。专为 FMS、FA 开发的具有强大数据处理、通信和诊断功能的独立型 PLC 是现代自动化生产制造系统重要的控制装置。

4.2.2 多微处理器结构

单微处理器结构的数控装置只有一个 CPU，实行集中控制，通过分时处理的方式来实现各种数控功能，插补等功能由软件来实现。它的优点是投资小，结构简单，易于实现。但系统功能则受 CPU 的字长、数据宽度、寻址能力和运算速度等因素的限制。因此，数控能力的扩展和提高与处理速度成为一对突出的矛盾。

在多微处理器结构中，由两个或两个以上的微处理器来构成处理部件。各处理部件之间通过一组公用地址和数据总线进行连接，每个微处理器共享系统公用存储器或 I/O 接口，每个微处理器分担系统的一部分工作，从而将在单微处理器的CNC装置中顺序完成的工作转变为多微处理器的并行、同时完成的工作，因而大大提高了整个系统的处理速度。

1. CNC装置的体系结构

多微处理器CNC装置中有两个或两个以上的CPU，也就是CNC装置中的某些功能自身也带有CPU，按照这些CPU之间相互关系的不同，可将其分为如下结构：

（1）主从结构。在装置中只有一个CPU（称为主CPU）对整个装置的资源（即存储器、总线）有控制权和使用权，而其他带有CPU的功能部件（统称为智能部件）只能接受主CPU的控制命令和数据，或向主CPU发出请求信息以获得所需的数据。从硬件的体系结构来看，单微处理器结构与主从结构极其相似，因为主从结构的从模块与单微处理器结构中相应模块在功能上是等价的。现在单微处理器结构已被这种主从结构所取代。

（2）多主结构。有两个或两个以上带CPU的功能部件对装置资源有控制权和使用权。功能部件之间采用紧耦合，即均挂靠在装置总线上，集中在一个机箱内，有集中的操纵系统，通过总线仲裁器（软件和硬件）来解决争用总线问题，通过公共存储器来交换装置内的信息。

（3）分布式结构。该装置有两个或两个以上带有CPU的功能模块，每个功能模块有自己独立的运行环境（总线、存储器、操作系统等）。功能模块间采用松耦合，即在空间上可以较为分散，各模块之间采用通信方式交换信息。

从20世纪80年代中期开始出现多微处理器数控装置产品，其中绝大部分是主从结构类型，主从结构装置能够满足数控加工的大多数要求。由于多主结构和分布式结构较复杂，操作系统设计较困难，所以在数控装置中应用的相对较少。

2. 多微处理器CNC装置的典型结构

多微处理器结构的CNC装置大多采用模块化结构，固化在硬件中。软/硬件模块形成一个具有特定功能的单元，称为功能模块。功能模块之间有明确的固定接口，按工厂或工业标准制造，于是可以组成积木式的CNC装置。如果某一个模块出了故障，其他模块仍能照常工作，可靠性高。CNC装置可根据需要，增加相应的功能模块。一般有以下几种功能模块组成：

（1）CNC管理模块。该模块执行管理和组织整个CNC系统工作过程的职能，例如系统的初始化、中断管理、总线裁决、系统出错的识别和处理、系统软/硬件故障诊断等。

（2）CNC插补模块。该模块对零件加工程序进行译码、刀具补偿、坐标位移量计算等插补前的预处理工作，然后按规定的插补类型的轨迹坐标，通过插补计算为各个坐标轴提供位置给定值。

（3）位置控制模块。该模块将插补后的坐标位置指令值与位置检测单元反馈回来的位置实际值进行比较，并进行自动加减速、回基准点、伺服系统滞后量的监视和漂移补偿，最后得到速度控制的模拟电压，去驱动进给伺服电机。

（4）PLC模块。该模块对零件加工中的开关功能和机床送来的信号进行逻辑处理，实现各功能和操作方式之间的连锁。例如，机床电器设备的启停、刀具交换、回转台分度、工件数量和运转时间的计数等。

（5）数据输入/输出和显示模块。这里包括零件加工程序、参数和数据，各种操作命令的输入（如通过纸带阅读机、键盘或上级计算机等）和输出（如通过穿孔机、打印机），显示

(如通过 CRT、液晶显示器等)所需要的各种接口电路。

(6) 存储器模块。它是存放程序和数据的主存储器，也可以是功能模块间传递数据用的共享存储器。每个 CPU 控制模块中还有局部存储器。

多微处理器的 CNC 装置一般采用总线互联方式，典型的结构有共享总线型、共享存储器型及它们的混合型结构等。

共享总线的 CNC 装置的部分结构如图 4－9 所示，这是一种具有多微处理器共享总线的结构。按照功能，可将系统划分为若干功能模块。带 CPU 的称为主模块，不带 CPU 的称为从模块。根据不同的配置可以选用 7(或 9、11、13)个功能模块插件板，所有主从模块都插在配有总线(FANUC bus)插座的机柜内，通过共享总线把各模块有效地连接在一起，按照要求交换各种数据和信息，组成一个完整的多任务实时系统，实现 CNC 装置预定的功能。

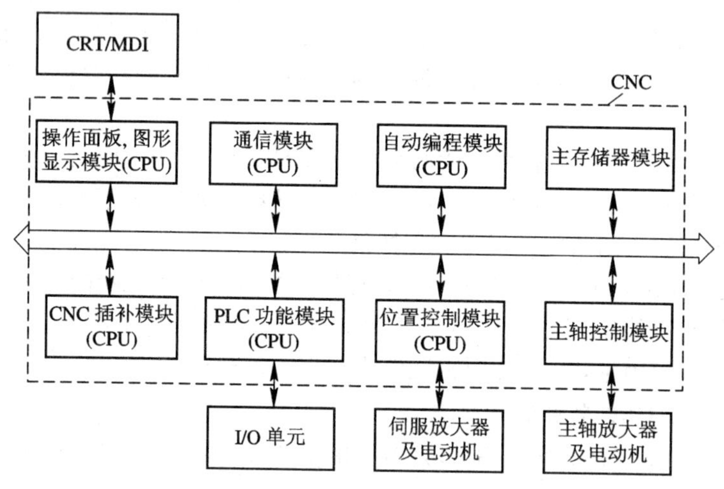

图 4－9　共享总线的 CNC 装置结构框图

FANUC15 系统 CNC 装置的主 CPU(基本 CPU，与插补模块做在一起)为 68020(32 位微处理器)。在可编程序控制器、插补、轴控制(进给坐标)、图形控制、通信及自动编程模块中都有各自的 CPU，可构成最小至最大系统，控制 2～15 根轴。系统总线采用了 32 位高速多主总线结构，信息传送速度很快。FANUC15 系统 CNC 装置带有内装 PLC，CNC 与 PLC 之间有很大的窗口。

在系统中只有主模块有权控制和使用系统总线。由于某一时刻只能有一个主模块占有总线，设有总线仲裁器来解决多个主模块同时请求使用总线造成的矛盾，每个主模块按其担负的任务的重要程度，已预先排好优先级别顺序。总线仲裁的目的是在它们争用总线时，判别出各模块的优先权高低。

总线仲裁有串行和并行两种方式。串行仲裁方式的优先权的排列是按链接位置确定的。某个主模块只有在前面优先权更高的主模块不占用总线时，才可以使用总线，同时通知它后面的优先权较低的主模块不得使用总线。并行仲裁方式要配备专用逻辑电路来解决主模块的优先权问题，通常采用优先权编码方案。这种结构模块之间的通信，大部分采用公共存储器方式，公共存储器直接插在总线上，有总线使用权的主模块都能访问。

支持共享总线结构的总线有 STD bus(支持 8 位和 16 位字长)、Multi bus(Ⅰ型支持 16

位字长，Ⅱ型支持32位字长）、S-100 bus（可支持16位字长）、VERSA bus（可支持32位字长）以及VME bus（可支持32位字长）等。

共享总线结构方案的优点是系统配置灵活，结构简单，容易实现，造价低。不足之处是会引起“竞争”，使信息传输率降低，而且总线一旦出现故障，会影响全局。

图4-10为共享存储器的CNC装置结构框图，其功能模块之间通过公用存储器连接耦合在一起，共三个CPU。

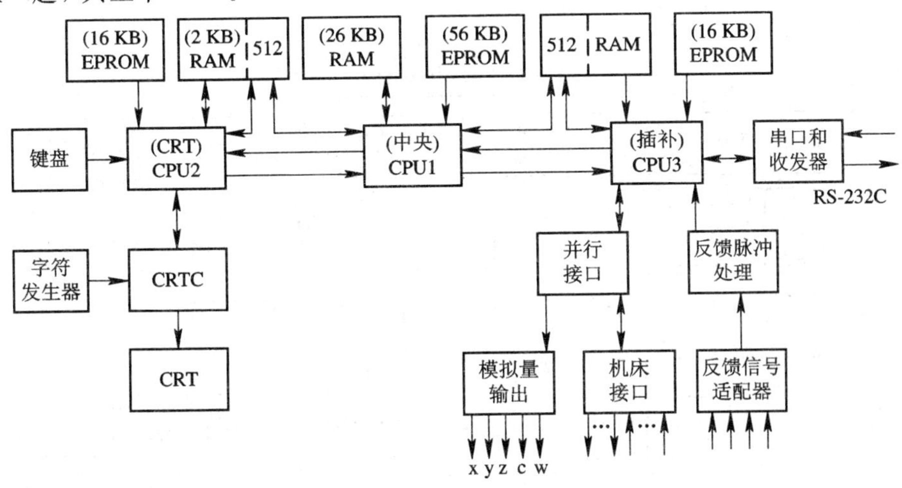

图4-10　共享存储器的CNC装置结构框图

CPU_1为中央处理器，其任务是数控程序的编辑、译码、刀具和机床参数的输入。此外，做为主处理器，它还控制CPU_2和CPU_3，并与之交换信息。CNC的控制程序（系统程序）有56 KB，存放在EPROM中，26 KB的RAM存放零件程序和预处理信息及工作状态、标志。为与CPU_2和CPU_3交换信息，它们各有512字节的公用存储器，CPU_1可以与公用存储器交换信息。

CPU_2为CRT显示处理器，其任务是根据CPU_1的指令和显示数据，在显示缓冲区中组成一幅画面数据，通过CRT控制器、字符发生器和位移寄存器，将显示数据串行送到视频电路进行显示。此外，它还定时扫描键盘和倍率开关状态，并送CPU_1进行处理。CPU_2有16 KB EPROM，用于存放显示控制程序，还有2 KB RAM存储器，其中512字节是与CPU_1共用的公用存储器，另外的512字节是对应显示屏幕的页面缓冲区，其余1 KB字节用于数据、状态及开关编码等信息的存储。

CPU_3为插补处理器，它完成的工作是插补运算、位置控制、机床输入/输出接口和RS-232C接口控制。插补控制程序存储在16 KB EPROM存储器中，CPU_3根据CPU_1的命令及与处理结果进行直线和圆弧插补。它定时回收各轴的实际位置，并根据插补运算结果计算各轴的跟随误差，以得到速度指令值，经D/A转换输出模拟电压到各伺服单元。另外，CPU_3通过它的512字节公用存储器向CPU_1提供机床操作面板开关的状态及所需显示的位置信息等。CPU_3对RS-232C接口定时接收外设送来的数据，并通过公用存储器转到CPU_1的零件存储器中；或从公用存储器将CPU_1送来的数据，经RS-232C接口送到外设。

MTC1数控装置中的公用存储器通过CPU_1分别向CPU_2或CPU_3发送总线请求保持

信号 HOLD 才被占用的。此时 CPU_2 或 CPU_3 处于保持状态，CPU_1 与公用存储器进行交换。交换信息结束，CPU_1 撤销 HOLD 信号，CPU_1 释放公用存储器，CPU_2 和 CPU_3 恢复对公用存储器的控制权。

三个 CPU 都分别设有若干级中断，CPU_1 通过中断实现对 CPU_2 和 CPU_3 的控制。

多微处理器 CNC 装置采用共享总线，又共享存储器的结构形式能较好地完成并行多任务实时处理的数控功能。FANUC11 CNC 装置就是这种硬件结构，其结构框图如图 4－11 所示。

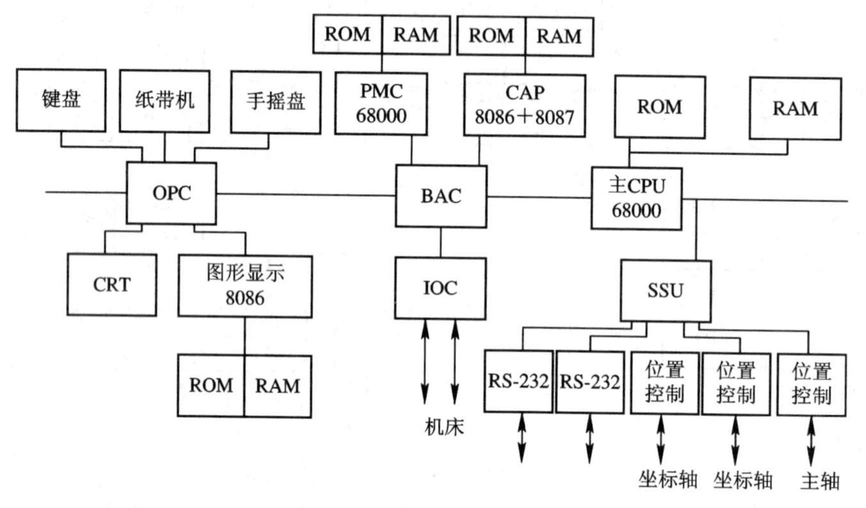

图 4－11　共享总线和存储器的 CNC 装置结构框图

FANUC11 的 CNC 装置是为 FMS(柔性制造系统)所用数控机床设计的，它除能实现多坐标控制外，还能实现后台自动编程、加工过程和程编零件的图形显示以及与主机的通信等。系统有公用的存储器，各自的 CPU 还有自己的存储器。按功能可划分为基本的数控部分、会话式自动编程部分、CRT 图形显示部分和可编程控制器 PLC(也叫 PMC，可编程机床控制器)等。

功能模块包括如下部分：

(1) 主处理单元，完成基本的数控任务及系统管理，主 CPU 为 68000，16 位微处理器。

(2) 图形显示单元，完成数控加工的图形显示(CPU 为 8086)和在线的人机对话自动编程(CPU 为 8086＋8087)。

(3) 总线仲裁控制器(BAC)，对请求总线使用权的 CPU 进行裁决，按优先级分配总线使用权以及产生信号，使没有得到总线控制权的 CPU 处于等待状态。此外，BAC 还具有位操作、并行 DMA(直接存储器存取)控制和串行 DMA 控制等特殊功能。

(4) 接口 SSU，是 CNC 装置与机床和机器人等设备的接口，使系统支持单元。功能部件有：位置控制芯片(MB87103)，其输出接坐标轴的进给驱动装置和主轴驱动装置，位置控制芯片的输入为插补来的速度指令和位置测量元件的反馈信号；用于传送高速信号的高速 I/O 口；2 ms 的插补定时器。

(5) 输入/输出控制器 IOC，接收和传送可编程控制器 PMC 与机床开关控制的按钮、限位开关、继电器等之间的信号。PMC 的 CPU 为 68000。

(6) 操作板控制器 OPC，用于和各种操作外设相连，主要包括键盘信号的接收和驱动；CRT 的控制接口；手摇脉冲发生器接口；用于和纸带阅读机、穿孔机等与外设相连的 RS-232C 接口和 20 mA 电流回路接口；操作开关和显示器接口。

(7) 存储器，该系统有多种存储器，除主存储器外，各 CPU 都有各自的存储器。大容量磁泡存储器可达 4 MB，可存储 4 km 纸带的零件程序。PMC 的 ROM 为 128 KB。顺序逻辑程序可达 16 000 步。系统控制程序 ROM 容量为 256 KB。

多 CPU 共享存储器的 CNC 装置还采用多端口存储器来实现各微处理器之间的互联和通信，由多端口控制逻辑电路解决访问冲突。

3. 多微处理器 CNC 装置结构的特点

多微处理器 CNC 装置结构的特点如下：

(1) 计算处理速度高。多微处理器结构中的每一个处理器完成系统中指定的一部分功能，独立执行程序，并行运行，比单微处理器提高了计算处理速度。它适应多轴控制、高进给速度、高精度、高效率的数控要求。由于系统共享资源，因此性价比也较高。

(2) 适应性和扩展性好。多微处理器的 CNC 装置大多采用模块结构，可将微处理器、存储器、输入/输出控制组成独立微计算机级的硬件模块，相应的软件也是模块结构，固化在硬件模块中。软/硬件模块形成一个特定的功能单元，称为功能模块。功能模块间有明确定义的接口，接口是固定的，成为工厂标准或工业标准，彼此可进行信息交换，于是可以积木式组成 CNC 装置，使设计简单，并且具有良好的适应性和扩展性。

(3) 可靠性高。由于系统中每个微处理器分管各自的任务，因此形成了若干模块。插件模块更换方便，可使故障对系统的影响减到最小。共享资源省去了重复机构，不但降低了造价，还提高了可靠性。

(4) 硬件易于组织规模生产。一般硬件是通用的，容易配置，只要开发新的软件就可构成不同的 CNC 装置，便于组织规模生产，形成批量，保证质量。

4.2.3 开放式 CNC 系统

随着微电子技术、计算机技术的发展，以单片机为核心的数控系统和以 STD 总线模板机为主体的数控系统不断涌现。而且已出现以微型计算机为基础的开放式数控系统，它既可充分利用微机丰富的硬件、软件资源，也可为数控技术的进一步发展开辟新的途径。

1981 年，美国国防部开始了一项“下一代控制器(NGG)”的计划；1991 年完成了“开放系统体系结构标准(SOSAS)”；1994 年美国汽车工业开始了“开放式、模块化体系结构控制器(OMAC)”计划；1992 年欧洲启动了“自动化系统中控制的开放系统体系结构(OSACA)”计划；1995 年日本机床公司开始了“控制器开放系统环境(OSEC)”计划。OMAC、OSACA 和 OSEC 是三个有影响的开放式数控系统研究计划。1996 年芝加哥国际机床展览会开始展出以个人计算机(PC)为基础的数控系统，从此开始了开放式数控系统的新时代。开放式数控系统有如下两种模式。

(1) 以 CP 作为传统 CNC 的前端接口。在 CNC 上插入一块专门开发的个人计算机模板，原有的 CNC 进行实时控制，而由 PC 进行非实时性控制，这种模式的柔性有限，而且 NC(数控)的内核也不开放。

(2) 将整个 CNC 单元(或运动控制模板)包括集成的 PLC 插入到个人计算机的标准槽

中。CNC 单元(或运动控制模板)作实时控制，个人计算机作实时处理。这种模式正变为开放式数控系统的主流。如美国 Delta Tata System 公司的 PMAC－NC、Ormes System 和 Orion，德国 Sinumerik840D、PA 公司的 PA8000 和 Indramat 公司的 MTC200，它们都属于这种模式。PMAC－NC 是在个人计算机上插入一块 PMAC 运动控制板，执行全部的实时任务，如轮廓加工、插补运算、伺服控制、刀具半径补偿和螺距误差补偿等。MTC200 则是在 PC 中插入 MTC－PPLC 板分别处理运动控制和 PLC。这种模式的运动计算通常都是由 32 位数字信号处理器(DSP)处理的，为了保持最大的吞吐量和简化编程，DSP 与 PC 共享公共存储器空间。美国 Cincinnati 公司开发的双 PC 平台 Acramatic2100 也是这种模式的应用实例。它的一个 PC 母板控制工作站功能，如车间编程和数据库工作；另一个 PC 作实时伺服控制。据称这样做，CNC 系统升级更容易，费用也更低；而 Ormec System 公司近两年时间就开发出了以 IBM－PC 结构为基础的 CNC 系统，它可控制 14 根轴运动。日本 FANUC 公司与富士通公司合作，由富士通提供 PC 机，FANUC 配置控制用基板、软件、电机、伺服机构等，并与牧野铣床制作所、森精机械制作所紧密合作，它的用户改制自由度很大，个人计算机的硬件、软件可以灵活地应用，与过去的数控系统有连续性和互换性、可靠性得到提高。

以 PC 为基础的开放式 CNC 系统，利用带有 Windows 平台的个人计算机，使开发工作大大减少，而且很容易实现多轴、多通道控制，实时三维实体图形显示和自动编程等。

以这种模式开放的数控系统，可以实现下列三种不同层次的开放程度。

(1) CNC 可以直接地或通过网络运行各种应用软件，强有力的软件包(例如数字化)能作为许可证软件来执行。各种车间编程软件、刀具轨迹检验软件、工厂管理软件、通信软件、多媒体软件都可在控制器上运行，这大大改善了 CNC 的图形显示、动态仿真、编程和诊断功能。

(2) 用户操作界面的开放。这使得 CNC 系统的用户接口有其自己的操作特点，而且更加友好，并具备特殊的诊断功能(如远距离诊断等)。

(3) NC 内核的深层次开放。通过执行用户自己的 C 或 C＋＋语言开发的程序，就可以把应用软件加到标准 CNC 的内核中，这称为编译循环。CNC 内核系统提供已定义的出口点，机床制造厂商或用户把自己的软件连接到这些出口点，通过编译循环，就可把他们自己的知识、经验、诀窍等专用工艺集成到 CNC 系统中去形成独具特色的个性化数控机床。而且带有专门知识技能的应用软件永远属于机床制造商或用户自己。这样三个层次的全部开放，就能满足机床制造厂商和最终用户的种种要求，这种控制技术的柔性，使用户能十分方便地把 CNC 应用到几乎所有的应用场合。总之，无论是以个人计算机(PC)为基体，加上 CNC 系统的主要控制部分而组成的数控系统，还是以 CNC 系统为主，加上个人计算机的有关部分而组成的数控系统，都有各自的优势。

未来开放式数控系统的发展趋势如下：

(1) 在控制系统技术，接口技术、检测传感技术、执行器技术、软件技术五大方面开发出优质的、先进的、适销的、经济合理的开放式数控系统。

(2) 数控系统今后主攻方向是进一步适应高精度、高效率(高速)、高自动化加工的要求。特别是对有复杂任意曲线、任意曲面零件的加工，需要利用新的加工表述语言，简化设计、生产准备、加工过程，并减少数据存储量，采用 64 位 CPU 实现 CAD/CAM 进行三维曲面的加工。

(3) 开放式个人计算机 CNC 系统实现网络化，即 CNC 机床配上个人计算机开放式 CNC 系统，能在厂内连网并与厂外通信网络连接，对 CNC 机床能进行作业管理、远距离监视、情报检索等。在实现高精度、高效率加工的基础上，进一步实现无人化、智能化、集成化的高度自动化生产。

4.3 CNC 系统的软件结构

4.3.1 CNC 系统软件概述

CNC 系统是一个典型而又复杂的实时控制系统，能对信息作出快速处理和响应。一个实时控制系统包括受控系统和控制系统两大部分。受控系统由硬件设备组成，如电机及其驱动；控制系统(在此为 CNC 装置)由软件及其支持硬件组成，共同完成数控的基本功能。

CNC 装置的许多控制任务，如零件程序的输入与译码、刀具半径的补偿、插补运算、位置控制以及精度补偿等都是由软件实现的。从逻辑上讲，这些任务可看成是一个个的功能模块，模块之间存在耦合关系；从时间上来讲，各功能模块之间存在一个时序配合。在许多情况下，某些功能模块必须同时运行，同时运行的模块是由具体的加工控制要求所决定。例如，在加工零件的同时，要求 CNC 装置能显示其工作状态，如零件程序的执行过程、参数变化和刀具运动轨迹等，以方便操作者。这时，在控制软件运行时管理软件中的显示模块也必须同时运行；在控制软件运行过程中，其本身的一些功能也必须同时运行。为使刀具运行连续进行，在各程序段之间无停顿，则要求译码、刀具补偿和速度处理必须与插补同时进行。CNC 装置各功能模块之间的并行处理关系如图 4－12 所示，具有并行处理的两模块之间用双向箭头表示。

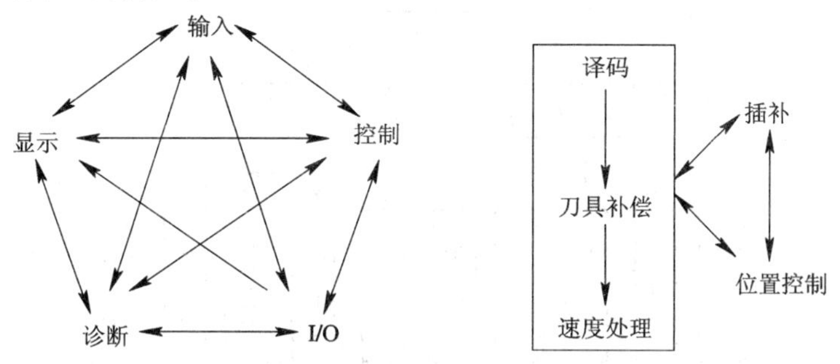

图 4－12　并行处理关系

4.3.2 CNC 系统软件的结构特点

1. CNC 装置软件、硬件的界面

CNC 装置的软件结构取决于软件和硬件的分工，也取决于软件本身的工作性质。硬件为软件运行提供了支持环境。软件和硬件在逻辑上是等价的，硬件能完成的工作原则上软件也可以完成。硬件处理速度快，但造价高；软件设计灵活，适应性强，但处理速度慢。所

以，在 CNC 装置中，软、硬件的分工是由性价比决定的。

在现代 CNC 装置中，软件和硬件的界面关系是固定的。早期的 NC 装置中，数控系统的全部功能都由硬件来实现，随着计算机技术的发展，计算机参与了数控系统的工作，构成了计算机数控(CNC)系统，数控工作便由软件来完成。随着产品、功能要求的不同，软件和硬件界面是不一样的，三种典型 CNC 装置的软、硬件界面关系如图 4－13 所示。

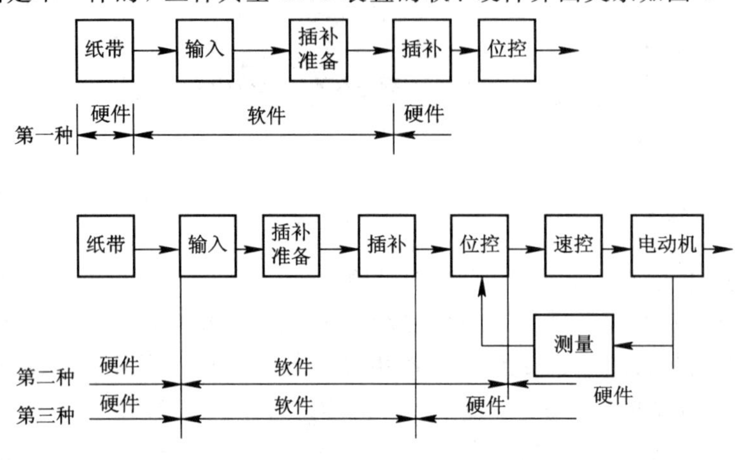

图 4－13　三种典型的软、硬件界面关系

2. 系统软件的内容及结构类型

CNC 系统是一个专用的实时多任务系统，CNC 装置通常作为一个独立的过程控制单元用于工业自动化生产中。因此，它的系统软件包括管理和控制两大部分，如图 4－14 所示。管理部分包括输入、I/O 处理、通信、显示、诊断以及加工程序的编制管理等程序；控制部分包括译码、刀具补偿、速度处理、插补和位置控制等软件。数控的基本功能由这些功能子程序实现。这是任何一个计算机数控系统所必须具备的，功能增加，子程序就增加。

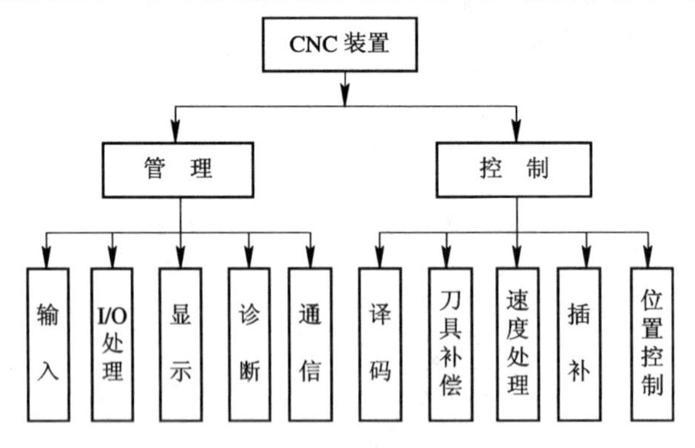

图 4－14　CNC 装置软件任务分解

不同的系统软件结构中对这些子程序的安排方式不同，管理方式亦不同。在单微处理器数控系统中，常采用前后台型的软件结构和中断型的软件结构。在多微处理器数控系统中，将微处理器作为一个功能单元利用上面的思想构成相应的软件结构类型，各个 CPU 分别承担一定的任务，它们之间的通信依靠共享总线和共享存储器进行协调。在子系统较多时，也可采用相互通信的方法。无论何种类型的结构，CNC 装置的软件结构都具有多任务并行处理和多重实时中断的特点。

3. 多任务并行处理

1) CNC 装置的多任务性

数控加工时，CNC 装置要完成许多任务，图 4-14 则反映了它的多任务性。在多数情况下，管理和控制的某些工作必须同时进行。例如，为使操作人员能及时来了解 CNC 装置的工作状态，显示模块必须与控制软件同时运行；当在插补加工运行时，管理软件中的零件程序输入模块必须与控制软件同时运行。而当控制软件运行时，其本身的一些处理模块也必须同时运行，例如，为了保证加工过程的连续性，即刀具在各程序之间不停刀，译码、刀具补偿和速度处理模块必须与插补模块同时运行，而插补程序又必须与位置控制程序同时进行。

图 4-12 表示了软件任务的并行处理关系。

2) 并行处理

并行处理是指计算机在同一时刻或同一时间间隔内完成两种或两种以上性质相同或不同的工作。并行处理的优点能提高运行速度。

并行处理分为资源重复并行处理方法、时间重叠并行处理方法和资源共享并行处理方法。时间重叠是根据流水线处理技术，使多个处理过程在时间上相互错开，轮流使用同一套设备的几个部分。资源共享是根据“分时共享”的原则，使多个用户按时间顺序使用同一套设备。目前 CNC 装置的硬件结构中，已广泛使用资源重复并行处理技术，如采用多 CPU 的体系结构来提高系统的速度。而在 CNC 装置的软件结构中，主要采用“资源分时共享”和“资源重叠的流水处理”方法。

在单 CPU 的 CNC 装置中，主要采用 CPU 分时共享的原则来解决多任务的同时运行。各任务何时占用 CPU 及各任务占用 CPU 时间的长短，是首先要解决的两个时间分配问题。在 CNC 装置中，各任务占用 CPU 使用循环轮流和中断优先相结合的办法来解决。图 4-15 是一个典型的 CNC 装置各任务分享 CPU 的时间分配图。

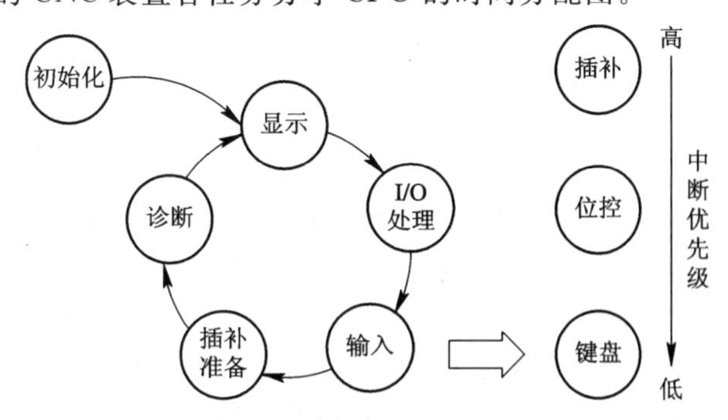

图 4-15　CNC 装置分时共享 CPU 的时间分配

在完成初始化任务后，系统自动进入时间分配循环中，在循环中依次轮流处理各任务。而对系统中一些实时性很强的任务则按优先级排队，分别处于不同中断优先级上作为环外任务，环外任务可以随时中断环内任务的执行。每个任务允许占用 CPU 的时间受到一定的限制，对于某些占有 CPU 时间较多的任务，如插补准备(包括译码、刀具半径补偿和速度处理等)可以在其中的某些地方设置断点，当程序运行到断点处时，自动让出 CPU，等到下一个运行时间里自动跳到断点处继续执行。

4. 实时中断处理

CNC系统软件结构的另一个特点是实时中断处理。CNC系统程序以零件加工为对象，每个程序有许多子程序，它们按预定的顺序反复执行，各步骤间关系十分密切，有许多子程序实时性很强，这就决定了中断成为整个系统不可缺少的重要组成部分。CNC系统的中断管理主要靠硬件完成，而系统的终端结构决定了软件结构。

1) CNC系统的中断类型

CNC系统有外部中断、内部定时中断、硬件故障中断和程序性中断等几种类型。

(1) 外部中断主要有光电阅读机中断、外部监控中断(如紧急停、量仪到位等)和键盘、操作面板输入中断。前两种中断的实时性要求很高，将它们放在较高的优先级上。

(2) 内部定时中断主要有插补周期定时中断和位置采样定时中断。在有些系统中，这两种定时中断合二为一。但在处理时，总是先处理位置控制，然后处理插补运算。

(3) 硬件故障中断是各种硬件故障检测装置发出的中断，如存储器出错、定时器出错、插补运算超时等。

(4) 程序性中断是程序出现的异常情况的报警中断，如各种溢出、除零等。

2) CNC系统的中断结构模式

CNC系统的中断结构模式有前后台软件结构中的中断模式和中断型软件结构中的中断模式等。

在前后台软件结构中，前台程序是一个中断服务程序，完成全部的实时功能，后台(背景)程序是一个循环运行程序，管理软件和插补准备在这里完成，后台程序运行中，实时中断程序不断插入，与后台程序相配合，共同完成零件加工任务。

在中断型软件结构中，其软件结构的特点除了初始化程序之外，整个系统软件的各种任务模块分别安排在不同级别的中断服务程序中，整个软件就是一个大的中断系统，其管理的功能主要通过各级中断服务程序之间的相互通信来解决。

4.3.3 CNC系统软件的结构模式

CNC系统是一个大的多重中断系统，其中断管理主要由硬件完成，而系统软件的结构则取决于系统的中断结构。CNC的中断源有多种，已知的主要有外部中断、内部定时中断、硬件故障中断、程序性中断等。目前，CNC有两种类型的软件结构，一种是前后台型结构，另一种是中断型结构。

1. 前后台型结构

在前后台型结构的CNC装置中，整个系统分为两大部分，即前台程序和后台程序。前台程序是一个实时中断服务程序，几乎承担了全部的实时功能(如插补、位置控制、机床相关逻辑和监控等)，实现与机床动作直接相关的功能。后台程序是一个循环执行程序，一些实时性要求不高的功能，如输入译码、数据处理等插补准备工作和管理程序等均由后台程序承担，后台程序又称背景程序。

在后台程序循环运行的过程中，前台的实时中断程序不停地定时插入，二者密切配合，共同完成零件的加工任务。如图4-15所示，程序一经启动，经过一段初始化程序后便进入背景(后台)程序循环。同时开放定时中断，每隔一定时间间隔发生一次中断，执行完毕后返回背景程序，如此循环往复，共同完成数控的全部功能。

前后台型软件结构中的信息流动过程如图 4 - 16 所示。零件程序段进入系统后，经过图中的流动处理，输出运动轨迹信息和辅助信息。

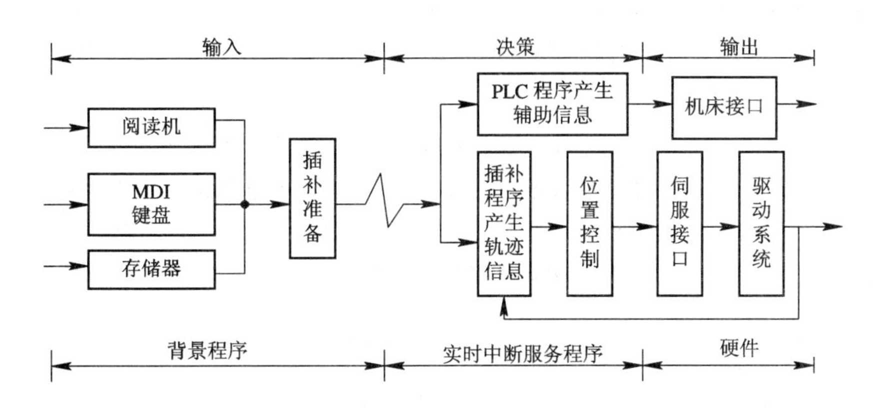

图 4 - 16　前后台型软件结构中的信息流

1）背景程序

背景程序的主要功能是进行插补前的准备和任务的管理调度。它一般由三个主要服务组成，为键盘、单段、自动和手动四种工作方式服务，如图 4 - 17 所示。各服务方式的功能见表 4 - 1。

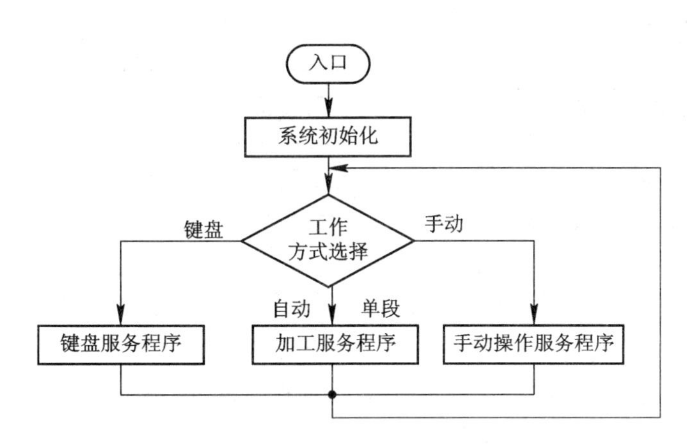

图 4 - 17　背景程序结构

表 4 - 1　背景程序四种工作方式的功能

工作方式	功 能 说 明
键盘	主要完成数据输入和零件加工的编辑
手动	用来处理坐标轴的点动和机床回原点的操作
单段	单段工作方式是加工工作方式，在加工完成一个程序段后停顿，等待执行下一步
自动	自动工作方式也是加工工作方式，在加工一个程序段后不停顿，直到整个零件程序执行完毕为止

加工工作方式在背景程序中处于主导地位。在操作前的准备工作(如由键盘方式调零件程序、由手动方式使刀架回到机床原点)完成后，一般便进入加工方式。在加工工作方式下，背景程序要完成程序段的读入、译码和数据处理(如刀具补偿)等插补前的准备工作，如此逐个程序段地进行处理，直到整个零件程序执行完毕为止。自动循环工作方式如图4-18所示，在正常情况下，背景程序在1→2→3→4中循环。

2) 实时中断服务程序

实时中断服务程序是系统的核心。实时控制的任务包括位置伺服、面板扫描、PLC控制、实时诊断和插补。在实时中断服务程序中，各种程序优先级排队，按时间先后顺序执行。每次中断有严格的最大运行时间限制，如果前一次中断尚未完成，又发生了新的中断，说明发生服务重叠，系统进入急停状态。实时中断服务程序流程如图4-19所示。

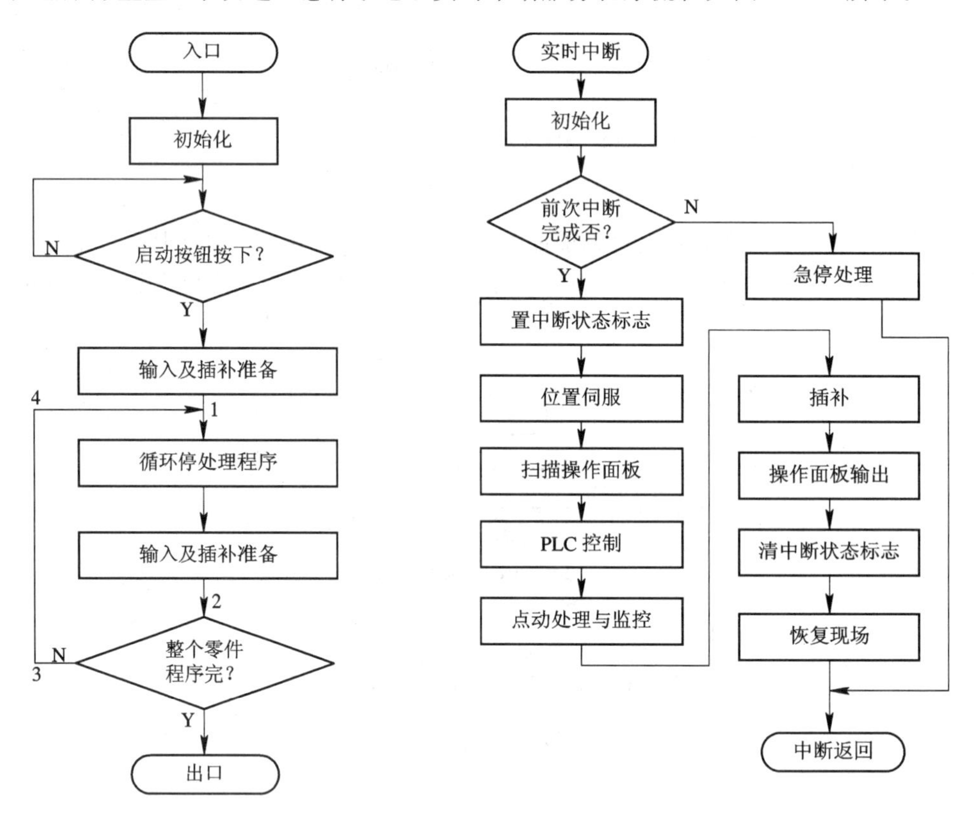

图4-18 自动循环工作方式

图4-19 实时中断服务程序流程

2. 中断型结构

中断型结构的系统软件除初始化程序之外，将CNC的各种功能模块分别安排在不同级别的中断服务程序中，然后由中断管理系统(由软件和硬件组成)对各级中断服务程序实施调度管理。也就是说，所有功能子程序均安排成级别不同的中断程序，整个软件就是一个大的中断系统，其管理功能通过各级中断程序之间的相互通信来解决。

各中断服务程序的优先级别与其作用和执行时间密切相关。级别高的中断程序可以打断级别低的中断程序。优先级及其功能见表4-2。

表 4-2　中断服务程序的优先级及其功能

优先级	主 要 功 能	中　断　源
0	初始化	开机后进入
1	CRT 显示，ROM 奇偶校验	由初始化程序进入
2	工作方式选择及预处理	16 ms 软件定时
3	PLC 控制，M、S、T 处理	16 ms 软件定时
4	参数、变量、数据存储器控制	硬件 DMA
5	插补运算，位置控制，补偿	8 ms 软件定时
6	监控和急停信号，定时 2、3、5	2 ms 硬件时钟
7	ARS 键盘输入及 RS232C 输入	硬件随机
8	纸带阅读机	硬件随机
9	报警	串行传送报警
10	RAM 校验，电源断开	硬件，非屏幕中断

中断服务程序的中断有两种来源：一种外部设备产生的中断请求信号，称为硬件中断(如第 0、1、4、6、7、8、9、10 级)；另一种是由程序产生的中断信号，称为软件中断，这是由 2 ms 的实时时钟在软件中分频得出的(如第 2、3、5 级)。硬件中断请求又称为外中断，要求受中断控制器(如 Intel8259A)的统一管理，由中断控制器进行优先排队和镶嵌处理；而软件中断是由中断指令产生的中断，每出现 4 次 2 ms 时钟中断时，产生第 5 级 8 ms 软件中断，每出现 8 次 2 ms 时钟中断时，分别产生第 3 级和第 2 级 16 ms 软件中断，各软件中断的优先顺序由程序决定。由于软件中断有既不使用中断控制器也不能被屏蔽的特点，因此为了将软件中断优先嵌入硬件中断的优先级中，在软件中断服务程序的开始处，要通过改变屏蔽优先级比其低的中断，软件中断返回前，再恢复初始屏蔽状态。

3. 功能模块软件结构

当前，为实现数控系统中的实时性和并行性的任务，越来越多地采用多微处理器结构，从而使数控装置的功能进一步增强，结构更加紧凑，更适合于多轴控制、高速进给速度、高精度和高效率的数控系统的要求。

多微处理器 CNC 装置多采用模块化结构，每个微处理器分管各自的任务，形成特定的功能模块。相应的软件也模块化，形成功能模块软件结构，固化在对应的硬件功能模块中。各功能模块之间有明确的软、硬件接口。

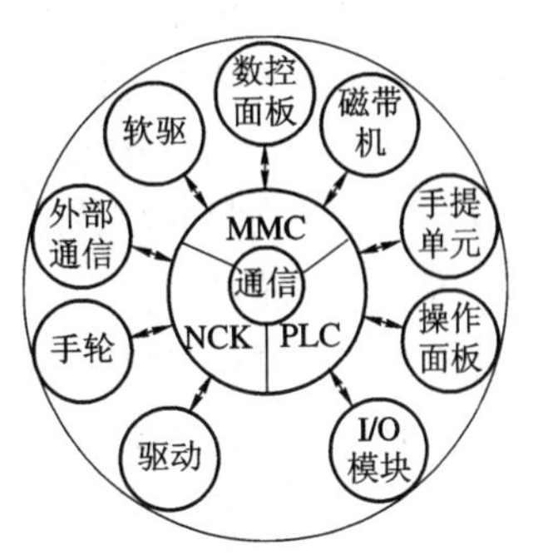

图 4-20　功能模块软件结构

图 4-20 所示的功能模块软件结构主要由三大模块组成，即人机通信(MMC)模块、数控通道(NCK)模块和可编程控制器(PLC)模块。每个模块都有一个微处理器系统，三者可以互相通信。各模块的功能见表 4-3。

表 4-3　三大模块的功能

模　块	功能说明
MMC 模块	完成与操作面板、软件驱动器及磁带机之间的连接，实现操作、显示、诊断、调机、加工模拟及维修等功能
NCK 模块	完成程序段准备、插补、位控等功能。可与驱动装置、电子手轮连接；可和外部 PC 机进行通信，实现各种数据变换；还可构成柔性制造系统时信息的传递、转换和处理等
PLC 模块	完成机床的逻辑控制，通过选用通信接口实现连网通信。可连接机床控制面板、手提操作单元(即便携式移动操作单元)和 I/O 模块

4.4　数控系统的插补原理

4.4.1　概述

1. 插补基本概念

在数控机床中，刀具或工件的最小位移量是机床坐标轴运动的一个分辨单位，由检测装置辨识，称为分辨率(闭环系统)或称为脉冲当量(开环系统)，又叫做最小设定单位。因此刀具的运动轨迹在微观上是由小段构成的折线，不可能绝对地沿着刀具所要求的零件轮廓形状运动，只能用折线逼近所要求的廓形曲线。机床数控系统依据一定方法确定刀具运动的轨迹，进而产生基本廓形曲线，如直线、圆弧等。其他需要加工的复杂曲线由基本廓形曲线逼近，这种拟合方法称为插补(Interpolation)。插补实质是数控系统根据零件轮廓线形的有限信息(如直线的起点、终点，圆弧的起点、圆心等)，计算出刀具的一系列加工点，完成所谓的数据“密化”工作。插补有两层意思：一是生产基本线型，二是用基本线型拟合其他轮廓曲线。插补运算具有实时性，要满足刀具运动实时控制的要求，其运算速度和精度会直接影响数控系统的性能指标。

2. 插补运算的基本原理

根据数控机床的精度要求，运用微积分的方法，以脉冲当量为单位，进行有限分段，以折线代替直线，以弦代替圆弧，以直代曲，分段逼近，相连成轨迹。常用机床的脉冲当量为 0.01 mm/脉冲～0.001 mm/脉冲，脉冲当量越小数控机床精度越高，各种斜线、圆弧、曲线均可由脉冲当量为单位的微小直线拟合而成，如图 4-21 所示。

3. 插补方法的分类

数控系统中完成插补运算的装置或程序称为插补器，根据插补器的结构可分为硬件插补器、软件插补器和软硬件结合插补器三种类型。早期 NC 系统的插补运算由专门设计的数字逻辑电路装置来完成，称为硬件插补，其结构复杂，成本较高。在 CNC 系统中插补功能一般由计算机程序来完成，称为软件插补。由于硬件插补具有速度高的特点，为了满足插补速度和精度的要求，现代 CNC 系统也采用软件与硬件相结合的方法，由软件完成粗插补，由硬件完成精插补。

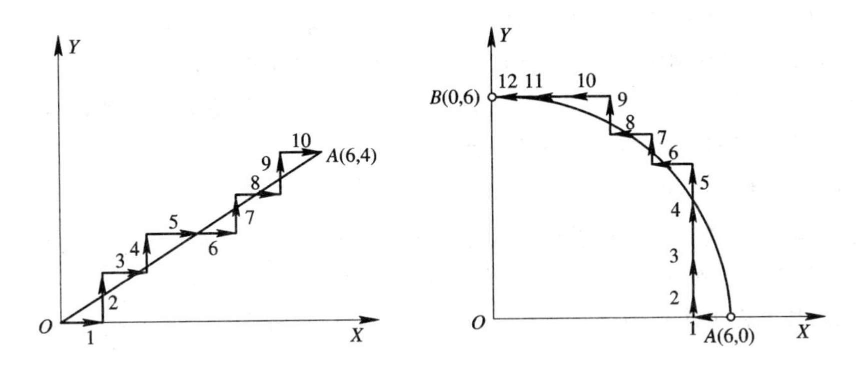

图 4－21　用微小直线段来拟合曲线

由于直线和圆弧是构成零件轮廓的基本线型，因此 CNC 系统一般都具有直线插补和圆弧插补两种基本类型，在三坐标以上联动的 CNC 系统中，一般还具有螺旋线插补和其他线型插补。为了方便对各种曲线、曲面的直接加工，人们一直研究各种曲线的插补功能，在一些高档 CNC 系统中，已经出现了抛物线插补、渐开线插补、正弦线插补、样条曲线插补、球面螺旋线插补以及曲面直接插补等功能。

插补运算所采用的原理和方法很多，一般可归纳为基准脉冲插补和数据采样插补两大类型。

(1) 基准脉冲插补，又称为脉冲增量插补或行程标量插补，其特点是每次插补结束仅向各运动坐标轴输出一个控制脉冲，因此各坐标仅产生一个脉冲当量或行程的增量。脉冲序列的频率代表坐标运动的速度，而脉冲的数量代表运动位移的大小。这类插补运算简单，容易用硬件电路来实现，早期的插补都是采用这类方法，在目前的 CNC 系统中原来的硬件插补功能可以用软件来实现，但仅适用于一些中等速度和中等精度的系统，主要用于步进电机驱动的开环系统。也有的数控系统将其用作数据采样插补中的精插补。

基准脉冲插补的方法很多，如逐点比较法、数字积分法、脉冲乘法器、矢量判别法、比较积分法、最小偏差法、单步追踪法等。应用较多的是逐点比较法和数字积分法。

(2) 数据采样插补，又称数字增量插补、时间分割插补或时间标量插补，其运算采用时间分割思想，根据编程的进给速度将轮廓曲线分割为每个插补周期的进给直线段(又称为轮廓步长)，以此来逼近轮廓曲线。数控装置将轮廓步长分解为各坐标轴的插补周期进给量，作为命令发送给伺服驱动装置。伺服系统按位移检测采样周期采集实际位移量，并反馈给插补器进行比较以完成闭环控制。伺服系统中指令执行过程实质也是数据密化工作。闭环和半闭环控制系统都采用数据采样插补方法，它能满足控制速度和精度的要求。数据插补方法很多，如直线函数法、扩展数字积分法、二阶归算法等。但都基于时间分割的思想。

4.4.2　基准脉冲插补

1. 逐点比较法

1) 插补原理及特点

逐点比较法是我国早期数控机床中广泛采用的一种方法，又称为代数运算法或醉步法，其基本原理是每次仅向一个坐标轴输出一个进给脉冲，而每走一步都要通过偏差函数计算，判断偏差点的瞬时坐标同规定加工轨迹之间的偏差，然后决定下一步的进给方向。每个插补循环由偏差判别、进给、偏差函数计算和终点判别四个步骤组成。逐点比较法可进行直线插补、圆弧插补，也可用于其他曲线的插补，其特点是运算直观，插补误差不大于一个脉冲当量，脉冲输出均匀，调节方便。

2）逐点比较法直线插补

（1）偏差函数构造。直线插补时，通常将坐标原点设在直线起点上。对于第一象限直线 OA，如图 4－22 所示，其方程可表示为

$$\frac{X}{Y}-\frac{X_e}{Y_e}=0$$

改写为

$$YX_e-XY_e=0$$

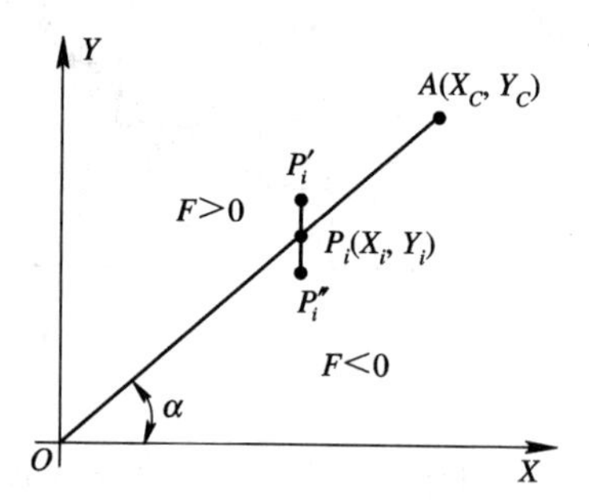

图 4－22　逐点比较法直线插补

若刀具加工点为 $P_i(X_i, Y_i)$，则该点的偏差函数 F_i 可表示为

$$F_i=Y_iX_e-X_iY_e \tag{4-1}$$

若 $F_i=0$，表示加工点位于直线上；若 $F_i>0$，表示加工点位于直线上方；若 $F_i<0$，表示加工点位于直线下方。

（2）偏差函数的递推计算。为了简化式(4－1）的计算，通常采用偏差函数的递推式(迭代式)。

若 $F_i\geqslant 0$，规定向 $+X$ 方向走一步，若坐标单位用脉冲当量表示，则有

$$\begin{cases}X_{i+1}=X_i+1\\F_{i+1}=X_e(Y_i+1)-Y_eX_i=F_i+Y_e\end{cases} \tag{4-2}$$

若 $F_i<0$，规定 $+Y$ 方向走一步，则有

$$\begin{cases}Y_{i+1}=Y_i+1_i\\F_{i+1}=X_e(Y_i+1)-Y_eX_i=F_i+X_e\end{cases} \tag{4-3}$$

因此插补过程中用式(4－2)和式(4－3)代替式(4－1)进行偏差计算，可使计算大为简化。

（3）终点判别。直线插补的终点判别可采用以下三种方法：

① 判断插补或进给的总步数，即 $N=X_e+Y_e$。

② 分别判断各坐标轴的进给步数。

③ 仅判断进给步数较多的坐标轴的进给步数。

（4）逐点比较法直线插补举例。对于第一象限直线 OA，终点坐标 $X_e=6$，$Y_e=4$，其插补运算过程如表 4－4 所示，插补轨迹如图 4－23 所示。插补从直线起点 O 开始，故 $F_0=0$。终点判别是判断进给总步数 $N=6+4=10$，将其存入终点判别计数器中，每进给一步减 1，若 $N=0$，则停止插补。

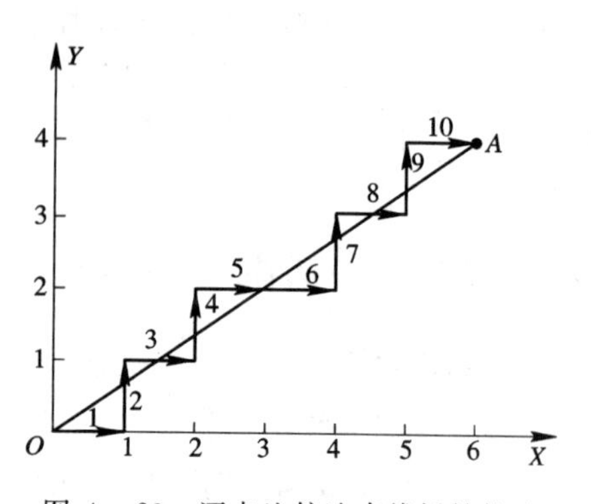

图 4－23　逐点比较法直线插补轨迹

表 4-4　逐点比较法直线插补过程

步　数	偏差判别	坐标进给	偏差计算	终点判断
0			$F_0=0$	$\sum=10$
1	$F=0$	$+X$	$F_1=F_0-Y_e=0-4=-4$	$\sum=10-1=9$
2	$F<0$	$+Y$	$F_2=F_1+X_e=-4+6=2$	$\sum=9-1=8$
3	$F>0$	$+X$	$F_3=F_2-Y_e=2-4=-2$	$\sum=8-1=7$
4	$F<0$	$+Y$	$F_4=F_3+X_e=-2+6=4$	$\sum=7-1=6$
5	$F>0$	$+X$	$F_5=F_4-Y_e=4-4=0$	$\sum=6-1=5$
6	$F=0$	$+Y$	$F_6=F_5-Y_e=0-4=-4$	$\sum=5-1=4$
7	$F<0$	$+X$	$F_7=F_6+X_e=-4+6=2$	$\sum=4-1=3$
8	$F>0$	$+Y$	$F_8=F_7-Y_e=2-4=-2$	$\sum=3-1=2$
9	$F<0$	$+X$	$F_9=F_8+X_e=-2+6=4$	$\sum=2-1=1$
10	$F>0$	$+Y$	$F_{10}=F_9-Y_e=4-4=0$	$\sum=1-1=0$

3）逐点比较法圆弧插补

（1）偏差函数构造。若加工半径为 R 的圆弧 AB，将坐标原点定在圆心上，如图 4-24 所示。对于任意加工点 $P_i(X_i, Y_i)$，其偏差函数 F_i 可表示为

$$F_i = X_i^2 + Y_i^2 - R^2 \tag{4-4}$$

显然，若 $F_i=0$，则表示加工点位于圆上；若 $F_i>0$，则表示加工点位于圆外；若 $F_i<0$，则表示加工点位于圆内。

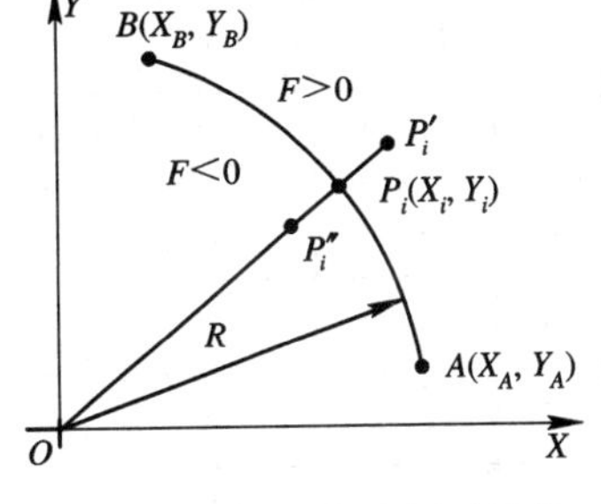

图 4-24　逐点比较法圆弧插补

（2）偏差函数的递推计算。为了简化式(4-4)的计算，需采用其递推式（或迭代式）。圆弧加工可分为顺时针加工或逆时针加工，与此相对应的便有逆圆插补和顺圆插补两种方式，下面就第一象限圆弧，对其递推式公式加以推导。

① 逆圆插补。若 $F_i\geqslant0$，规定向 $-X$ 方向走一步，则有

$$\begin{cases} X_{i+1} = X_i - 1 \\ F_{i+1} = (X_i-1)^2 + Y_i^2 - R^2 = F_i - 2X_i + 1 \end{cases} \tag{4-5}$$

若 $F_i<0$，规定向 $+Y$ 方向走一步，则有

$$\begin{cases} Y_{i+1} = Y_i + 1 \\ F_{i+1} = X_i^2 + (Y_i+1)^2 - R^2 = F_i + 2Y_i + 1 \end{cases} \tag{4-6}$$

② 顺圆插补。若 $F_i\geqslant0$，规定向 $-Y$ 方向走一步，则有

$$\begin{cases} Y_{i+1} = Y_i - 1 \\ F_{i+1} = X_i^2 + (Y_i-1)^2 - R^2 = F_i - 2Y_i + 1 \end{cases} \tag{4-7}$$

若 $F_i<0$，规定向$+X$方向走一步，则有

$$\begin{cases} X_{i+1} = X_i + 1 \\ F_{i+1} = (X_i+1)^2 + Y_i^2 - R^2 = F_i + 2X_i + 1 \end{cases} \tag{4-8}$$

(3) 终点判别。终点判别可采用与直线插补相同的方法：

① 判断插补或进给的总步数：$N=|X_A-X_B|+|Y_A-Y_B|$。

② 分别判断各坐标轴的进给步数：$N_x=|X_A-X_B|$，$N_y=|Y_A-Y_B|$。

(4) 逐点比较法圆弧插补举例。对于第一象限圆弧 AB，起点 $A(4, 0)$、终点 $B(0, 4)$，如图 4－25 所示。要求采用逆圆插补方法，其运算过程如表 4－5 所示，插补轨迹如图 4－26 所示。

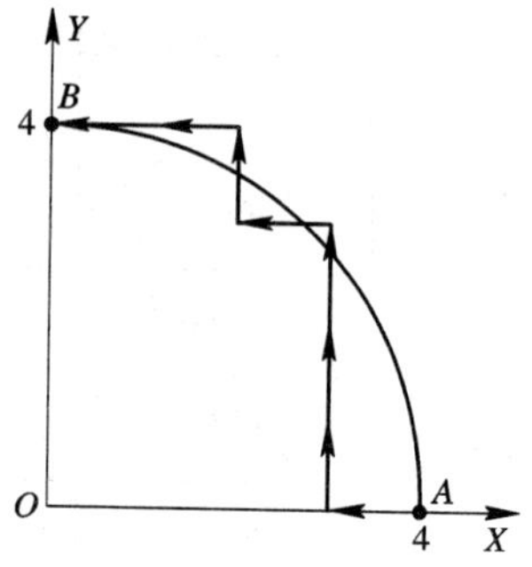

图 4－25　逐点比较法圆弧插补轨迹

表 4－5　逐点比较法圆弧插补过程

步数	偏差判别	坐标进给	偏差计算	坐标计算	终点判别
起点			$F_0=0$	$x_0=4$，$y_0=0$	$\sum=4+4=8$
1	$F_0=0$	$-X$	$F_1=F_0-2x_0+1=0-2\times4+1=-7$	$x_1=4-1=3$，$y_1=0$	$\sum=8-1=7$
2	$F_1<0$	$+Y$	$F_2=F_1+2y_1+1=-7+2\times0+1=-6$	$x_2=3$，$y_2=y_1+1=1$	$\sum=7-1=6$
3	$F_2>0$	$+Y$	$F_3=F_2+2y_2+1=-3$	$x_3=3$，$y_3=2$	$\sum=5$
4	$F_3<0$	$+Y$	$F_4=F_3+2y_3+1=2$	$x_4=3$，$y_4=3$	$\sum=4$
5	$F_4>0$	$-X$	$F_5=F_4-2x_4+1=-3$	$x_5=2$，$y_5=3$	$\sum=3$
6	$F_5<0$	$+Y$	$F_6=F_2+2y_5+1=4$	$x_6=2$，$y_6=4$	$\sum=2$
7	$F_6>0$	$-X$	$F_7=F_6-2x_6+1=1$	$x_7=1$，$y_7=4$	$\sum=1$
8	$F_7<0$	$-X$	$F_8=F_7-2x_7+1=0$	$x_8=0$，$y_8=4$	$\sum=0$

4) 逐点比较法的速度分析

刀具进给速度是插补方法的重要性能指标，也是选择插补方法的重要依据。

(1) 直线插补的速度分析。直线加工时，有

$$\frac{L}{v} = \frac{N}{f}$$

式中，L 为直线长度，v 为刀具进给速度，N 为插补循环数，f 为插补脉冲的频率。

$$N = X_e + Y_e = L\cos\alpha + L\sin\alpha$$

$$v = \frac{f}{\sin\alpha + \cos\alpha} \tag{4-9}$$

式中，α 为直线与 X 轴的夹角。式(4－9)说明刀具进给速度与插补时钟频率 f 和与 X 轴夹角 α 有关。若保持 f 不变，加工 0°和 90°倾角的直线时刀具进给速度最大(为 f)，加工 45°倾角直线时速度最小(为 $0.707f$)，如图 4－26 所示。

(2) 圆弧插补的速度分析。如图 4 - 27 所示，P 是圆弧 AB 上任意一点，cd 是圆弧在 P 点的切线，切线与 X 轴夹角为 α。

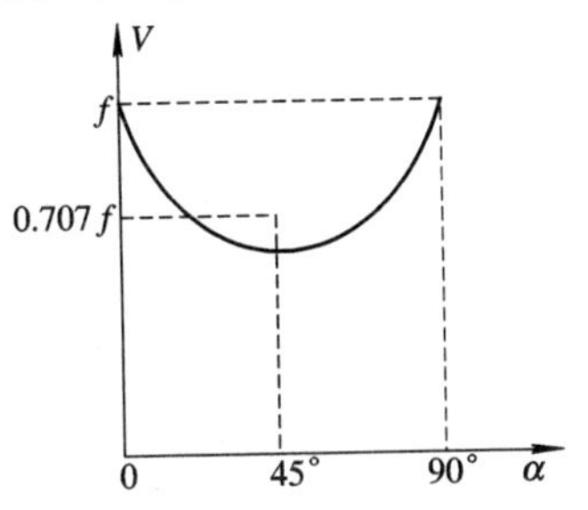

图 4 - 26　逐点比较法直线插补速度的变化

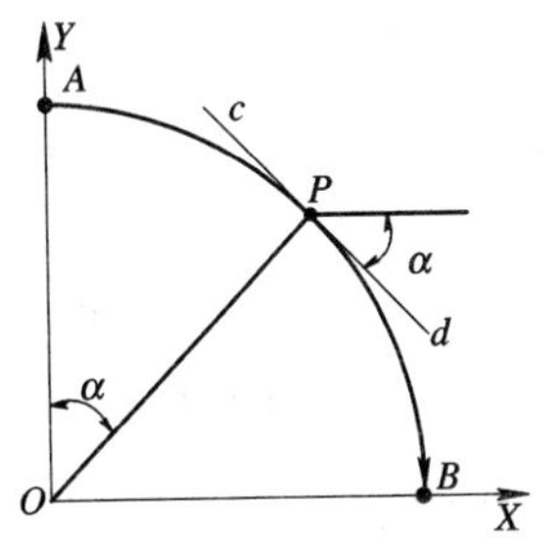

图 4 - 27　逐点比较法圆弧插补速度分析

显然刀具在 P 点的速度可认为与插补切线 cd 的速度基本相等。因此，由式(4 - 9)可知，加工圆弧时，刀具的进给速度是变化的，除了与插补时钟的频率成正比外，还与切削点处的半径同 Y 轴的夹角 α 有关，α 在 0°和 90°附近进给速度最快(为 f)，在 45°附近速度最慢（为 $0.707f$)，进给速度在$(1\sim0.707)f$ 间变化。

5) 逐点比较法的象限处理

以上仅讨论了第一象限的直线和圆弧插补，对于其他象限的直线和圆弧，可采取不同方法进行处理。下面介绍其中的两种。

(1) 分别处理法。前面讨论的插补原理与计算公式，仅适用与第一象限的情况。对于其他象限的直线插补和圆弧插补，可根据上面的分析方法，分别建立其偏差函数的计算公式。这样，对于四个象限的直线插补，会有四组计算公式，对于四个象限的逆时针圆弧插补和四个象限的顺时针圆弧插补，会有八组计算公式，其刀具的偏差和进给方向可用图 4 - 28 简单加以表示。

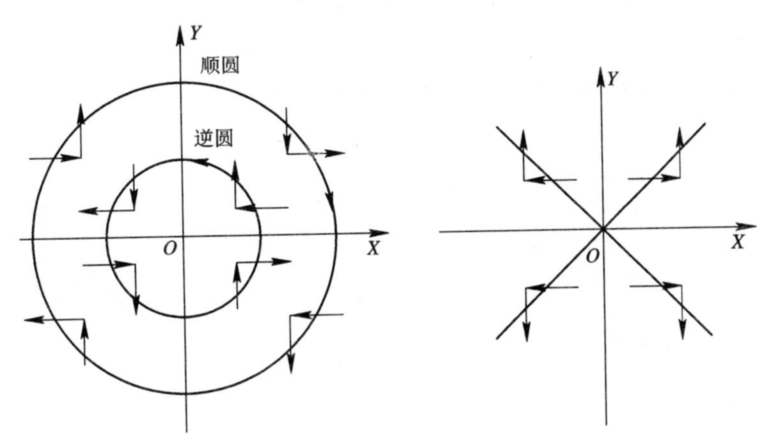

图 4 - 28　圆弧与直线插补中刀具偏差与进给方向简图

(2) 坐标变换法。通过对图 4 - 27 进行分析，可以发现能通过坐标变换减少偏差函数计算公式。若将原坐标系 OXY 变换为 $O'X'Y'$，且

$$\begin{cases} X = |X'| \\ Y = |Y'| \end{cases} \tag{4 - 10}$$

则可用第一象限的直线插补的偏差函数完成其余三个象限直线插补的偏差计算，用第一象

限逆圆插补的偏差函数进行第三象限逆圆和第二、四象限顺圆插补的偏差计算，用第一象限顺圆插补的偏差函数进行第三象限顺圆和第二、四象限逆圆插补的偏差计算。

2. 数字积分法

1）插补原理及其特点

数字积分法又称DDA(Digital Differential Analyzer)法。它是利用数字积分的方法，计算刀具沿各坐标轴的位移，以便加工出所需要的线型。

若加工图4-29的圆弧AB，刀具在X、Y轴方向的速度必须满足

$$\begin{cases} v_X = v\cos\alpha \\ v_Y = v\sin\alpha \end{cases}$$

式中，v_X、v_Y为刀具在X、Y轴方向的进给速度；v为刀具沿圆弧运动的切线速度；α为圆弧上任一点处切线同X轴的夹角。

用积分法可以求得刀具在X、Y方向的位移，即

$$X = \int v_X\,\mathrm{d}t = \int v\cos\alpha\,\mathrm{d}t$$

$$Y = \int v_Y\,\mathrm{d}t = \int v\sin\alpha\,\mathrm{d}t$$

其数字积分表达式为

$$\begin{cases} X = \sum v_X\,\Delta t = \sum v\cos\alpha\,\Delta t \\ Y = \sum v_Y\,\Delta t = \sum v\sin\alpha\,\Delta t \end{cases} \tag{4-11}$$

式中，Δt为插补循环周期。

可见只要能求出曲线的切线方向，便可对曲线进行插补。数字积分法运算速度快、脉冲分配均匀，易于实现各种曲线，特别是多坐标空间曲线的插补，因此应用广泛。

2）DDA法直线插补

（1）DDA法直线插补的积分表达式对于图4-29所示的直线OA，有

$$\frac{v}{L} = \frac{v_X}{X_e} = \frac{v_Y}{Y_e} = K \tag{4-12}$$

式中，L为直线长度；K为比例系数，则$v_X = KX_e$，$v_Y = KY_e$，代入式(4-11)，得

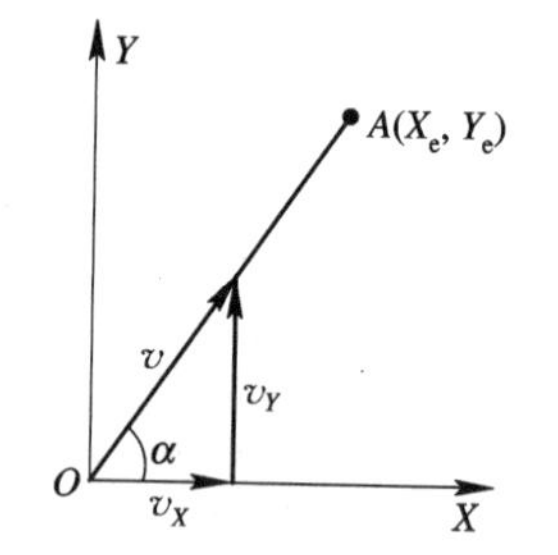

图4-29　DDA法直线插补原理

$$\begin{cases} X = K\sum_{i=1}^{m} X_e\,\Delta t \\ Y = K\sum_{i=1}^{m} Y_e\,\Delta t \end{cases} \tag{4-13}$$

令$\Delta t=1$，$K=1/2^N$，则

$$\begin{cases} X = \sum_{i=1}^{m} \frac{X_e}{2^N} \\ Y = \sum_{i=1}^{m} \frac{Y_e}{2^N} \end{cases} \tag{4-14}$$

式中，N为积分累加器的位数。

式(4－14)便是 DDA 直线插补的积分表达式。因为 N 位累加器的最大存数为 2^N-1，当累加数等于或大于 2^N 时，便发生溢出，而余数仍存放在累加器中。这种关系式还可以表示为

积分值＝溢出脉冲数代表的值＋余数

当两个积分累加器根据插补时钟进行同步累加时，溢出脉冲数必然符合式(4－13)，用这些溢出脉冲数分别控制相应坐标轴的运动，必然能加工出所要求的直线。X_e、Y_e 又称做积分函数，而积分累加器又称为余数寄存器。DDA 法直线插补的进给方向的判别比较简单，因为插补是从直线起点即坐标原点开始，坐标轴的进给方向总是直线终点坐标绝对值增加的方向。

(2) 终点判别。若累加次数 $m=2^N$，由式(4－14)可得

$$\begin{cases} X = \dfrac{1}{2^N}\sum\limits_{i=1}^{2^N} X_e = X_e \\ Y = \dfrac{1}{2^N}\sum\limits_{i=1}^{2^N} Y_e = Y_e \end{cases} \tag{4-15}$$

因此，累加次数，即插补循环数是否等于 2^N 可作为 DDA 法直线插补终点判别的依据。

(3) DDA 法直线插补举例。插补第一象限直线 OA，起点为 $O(0, 0)$，终点为 $A(5, 3)$。取被积函数寄存器分别为 J_{VX}、J_{VY}，余数寄存器分别为 J_{RX}、J_{RY}，终点计数器为 J_E，均为三位二进制寄存器。插补过程如表 4－6 所示，插补轨迹如图 4－30 所示。从图中可以看出，DDA 法允许向两个坐标轴同时发出进给脉冲，这一点与逐点比较法不同。

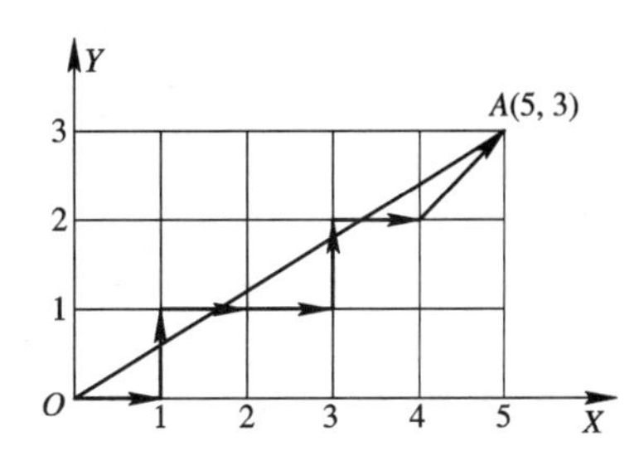

图 4－30 DDA 法直线插补轨迹

表 4－6 DDA 直线插补过程

累加次数 (Δt)	X 积分器			Y 积分器			终点计数器 J_E	备注
	J_{VX} (X_e)	J_{RX}	溢出 ΔX	J_{VY} (Y_e)	J_{RY}	溢出 ΔY		
0	101	000		011	000		000	初始状态
1	101	101		011	011		001	第一次迭代
2	101	010	1	011	110		010	J_{RX}有进位，ΔX 溢出脉冲
3	101	111		011	001	1	011	J_{RY}有进位，ΔY 溢出脉冲
4	101	100	1	011	100		100	ΔX 溢出
5	101	001	1	011	111		101	ΔX 溢出
6	101	110		011	010	1	110	ΔY 溢出
7	101	011	1	011	101		111	ΔX 溢出
8	101	000	1	011	000	1	000	ΔX、ΔY 同时溢出，$J_E=0$，插补结果

3) DDA 法圆弧插补

(1) DDA 法圆弧插补的积分表达式。对图 4-31 所示的第一象限圆弧，圆心 O 位于坐标原点，半径为 R，两端点为 $A(X_A, Y_A)$、$B(X_B, Y_B)$，刀具位置为 $P(X_i, Y_i)$，若采用逆时针加工，有

$$\frac{v}{R}=\frac{v_X}{Y_i}=\frac{v_Y}{X_i}=K \qquad (4-16)$$

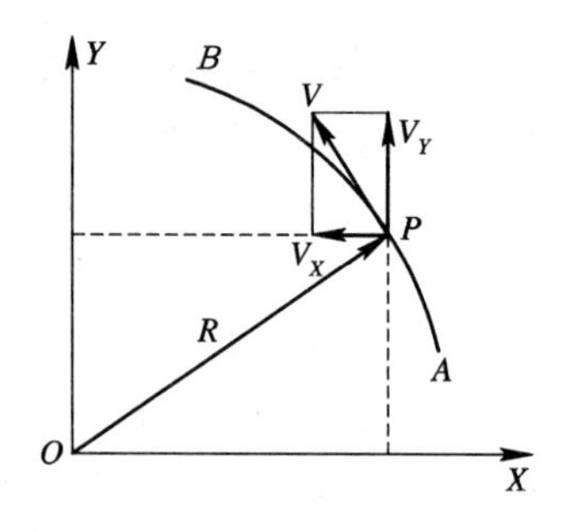

图 4-31　DDA 法圆弧插补原理

则 $v_X=KY_i$，$v_Y=KX_i$，代入式 (4-16) 中，令 $\Delta t=1$，$K=1/2^N$(N 为累加器的位数)，则有

$$\begin{cases} X=\dfrac{1}{2^N}\sum\limits_{i=1}^{m}Y_i \\ Y=\dfrac{1}{2^N}\sum\limits_{i=1}^{m}X_i \end{cases} \qquad (4-17)$$

显然用 DDA 法进行圆弧插补时，是对切削点的即时坐标 X_i 与 Y_i 的数值分别进行累加。若累加器产生溢出，则在相应坐标方向进给一步，进给方向则必须根据刀具的切向运动方向在坐标轴上的投影方向来确定，即取决于圆弧所在象限和顺圆或逆圆插补，如表 4-7 所示。

表 4-7　DDA 法圆弧插补的进给方向

插补方向	顺圆				逆圆			
象限	Ⅰ	Ⅱ	Ⅲ	Ⅳ	Ⅰ	Ⅱ	Ⅲ	Ⅳ
ΔX	+	+	−	−	−	−	+	+
ΔY	−	+	+	−	+	−	−	+

(2) 终点判别。DDA 法圆弧插补的终点判别不能通过插补运算的次数来判别，而必须根据进给次数来判别。由于利用两坐标方向进给的总步数进行终点判别时，会引起圆弧终点坐标出现大于一个脉冲当量，但小于两个脉冲当量的偏差，偏差较大，一般采用分别判断各坐标方向进给步数的方法，即 $N_X=|X_A-X_B|$、$N_Y=|Y_A-Y_B|$。

(3) DDA 法圆弧插补举例。对于第一象限的圆弧，两端点为 $A(5, 0)$ 和 $B(0, 5)$，采用逆时针圆弧插补，插补脉冲计算过程如表 4-8 所示，插补轨迹如图 4-32 所示。因为插补中要对刀具位置坐标数值进行累加，因此一旦累加器发生溢出，即说明刀具在相应坐标方向移动了一步，则必须对其坐标值，即被积函数进行修改。该例中，两坐标的进给步数均为 5。在插补中，一旦某坐标进给步数达到了要求，则停止该坐标方向的插补运算。

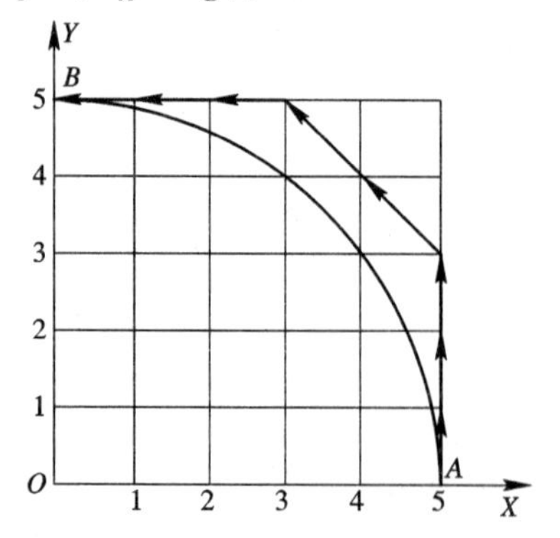

图 4-32　DDA 法圆弧插补轨迹

表 4-8　DDA 法圆弧插补过程

运算次序	X 积分器			X 终	Y 积分器			Y 终	备　注
	J_{VX} (Y_i)	J_{RX} $(\sum Y_i)$	ΔX		J_{VY} (X_i)	J_{RY} $(\sum X_i)$	ΔY		
0	000	000	0	101	101	000	0	101	初始状态
1	000	000	0	101	101	101	0	101	第一次迭代
2	000	000	0	101	101	010	1	100	产生 ΔY，修正 Y_i
	001								
3	001	001	0	101	101	111	0	100	积分器再次溢出
4	001	010	0	101	101	100	1	011	修正 J_{VX}(即修 Y_i)
	010								
5	010	100	0	101	101	001	1	010	产生 ΔY，修正 Y_i
	011								
6	011	111	0	101	101	110	0	010	
7	011	010	1	100	101	011	1	001	同时产生 ΔX、ΔY，修正 X_i、Y_i
	100				100				
8	100	110	0	100	100	111	0	001	
9	100	010	1	011	100	011	1	000	产生 ΔX、ΔY，Y 达到终点,停止 Y 迭代
	101				011				
10	101	111	0	011	011				
11	101	001	1	001	011				产生 ΔX，修正 X_i
					010				
12	101	001	1	001	010				产生 ΔX，修正 X_i
					001				
13	101	110	0	001	001				
14	101	011	1	000	001				产生 ΔX、X 终点，到插补结束
					000				

4) DDA 法插补的速度分析

由式(4-12)和式(4-16)可将直线插补与圆弧插补时的进给速度分别表示为

$$\begin{cases} v = \dfrac{1}{2^N} L f \delta \\ v = \dfrac{1}{2^N} R f \delta \end{cases} \tag{4-18}$$

式中，f 为插补时钟频率，δ 为坐标轴的脉冲当量。

显然，进给速度受到被加工直线的长度和被加工圆弧半径的影响，特别是行程长且走刀快，行程短且走刀慢，引起各程序段进给速度的不一致，影响加工质量和加工效率，为此人们采取了许多改善措施。

(1) 设置进给速率数 FRN。利用 G93，设置进给速率数 FRN(Feed Rate Number)，即

$$\begin{cases} \mathrm{FRN} = \dfrac{v}{L} = \dfrac{1}{2^N} f\delta \\ \mathrm{FRN} = \dfrac{v}{R} = \dfrac{1}{2^N} f\delta \end{cases} \tag{4-19}$$

则 $v=\mathrm{FRN}\cdot L$ 或 $v=\mathrm{FRN}\cdot R$，通过 FRN 调整插补时钟频率 f，使其与给定的进给速度相协调，消除线长 L 与圆弧半径 R 对进给速度的影响。

(2) 左移规格化。所谓左移规格化，是当被积函数过小时将被积函数寄存器中的数值同时左移，使两个方向的脉冲分配速度扩大同样的倍数而两者的比值不变，提高加工效率，同时还会使进给脉冲变得比较均匀。

直线插补时，左移的位数要使坐标值较大的被积函数寄存器的最高有效位数为 1，以保证每经过两次累加运算必有一次溢出。

圆弧插补时，左移的位数要使坐标值较大的被积函数寄存器的次高位为 1，以保证被积函数修改时不致直接导致溢出。

4.4.3 数据采样插补

1. 概述

1) 数据采样插补的基本原理

对于闭环和半闭环控制的系统，其分辨率较小($\leqslant 0.001$ mm)，运行速度较高，加工速度高达 24 m/min，以至更高。若采用基本脉冲插补，计算机要执行 20 多条指令，约需 40 μs，而所产生的仅是一个控制脉冲，坐标轴仅移动一个脉冲当量，这样一来计算机根本无法执行其他任务，因此必须采用数据采样插补。

数据采样插补由粗插补和精插补两个步骤组成。在粗插补阶段(一般数据采样插补都是指粗插补)，是采用时间分割思想，根据编程规定的进给速度 F 和插补周期 T，将廓形曲线分割成一段段的轮廓步长 l，$l=FT$，然后计算出每个插补周期的坐标增量 ΔX 和 ΔY，进而计算出插补点(即动点)的位置坐标。在精插补阶段，要根据位置反馈采样周期的大小，由伺服系统完成。也可以用基准脉冲法进行精插补。

2) 插补周期和采样周期

插补周期 T 的合理选择是数据采样插补的一个重要问题。在一个插补周期 T 内，计算机除了完成插补运算外，还要执行显示、监控和精插补等项实时任务，所以插补周期 T 必须大于插补运算时间与完成其他实时任务时间之和，一般为 8 ms～10 ms 左右，现代数控系统已缩短到 2 ms～4 ms，有的已达到零点几毫秒。此外，插补周期 T 还会对圆弧插补的误差产生影响。

插补周期 T 应是位置反馈采样周期的整数倍，该倍数应等于对轮廓步长实时精插补时的插补点数。

3）插补精度分析

（1）直线插补时，由于坐标轴的脉冲当量很小，再加上位置检测反馈的补偿，可以认为轮廓步长 l 与被加工直线重合，不会造成轨迹误差。

（2）圆弧插补时，一般将轮廓步长 l 作为弦线或割线对圆弧进行逼近，因此存在最大半径误差 e_r，如图 4－33 所示。

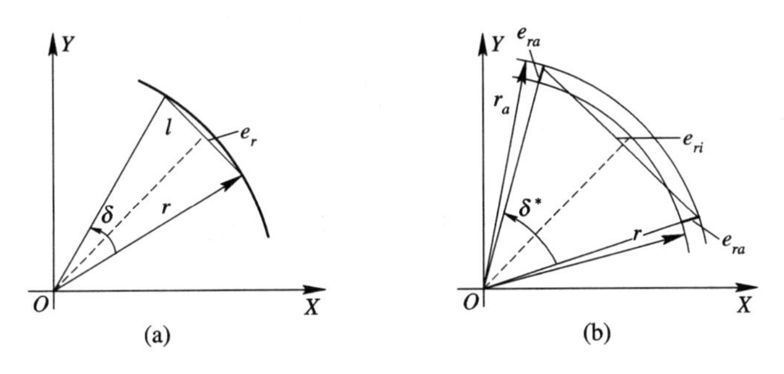

图 4－33　弦线、割线逼近圆弧的径向误差

(a) 弦线逼近；(b) 割线逼近

采用弦线对圆弧进行逼近时，由图 4－33(a)可知

$$r^2-(r-e_r)^2=\left(\frac{l}{2}\right)^2$$

舍去高阶无穷小 e_r^2，则有

$$e_r=\frac{l^2}{8r}=\frac{(FT)^2}{8r} \tag{4-20}$$

若采用理想割线（又称内外差分弦）对圆弧进行逼近，因为内外差分弦使内外半径的误差 e_r 相等，如图 4－33(b)所示，则有

$$(r+e_r)^2-(r-e_r)^2=\left(\frac{l}{2}\right)^2$$

$$4re_r=\frac{l^2}{4}$$

$$e_r=\frac{l^2}{16r}=\frac{(FT)^2}{16r} \tag{4-21}$$

显然，当轮廓步长相等时，内外差分弦的半径误差是内接弦的一半。若令半径误差相等，则内外差分弦的轮廓步长 l 或角步距 δ 可以是内接弦的$\sqrt{2}$倍，但由于前者计算复杂，因此很少应用。

由以上分析可知，圆弧插补时的半径误差 e_r 与圆弧半径 r 成反比，而与插补周期 T 和进给速度 F 的平方成正比。当 e_r 给定时，可根据圆弧半径 r 选择插补周期 T 和进给速度 F。

2. 数据采样法直线插补

1）插补计算过程

由图 4－34 所示的直线可以看出，在直线插补过程中，轮廓步长 l 及其对应的坐标增量 ΔX、ΔY 等是固定的，因此直线插补的计算过程可分为插补准备和插补计算两个步骤。

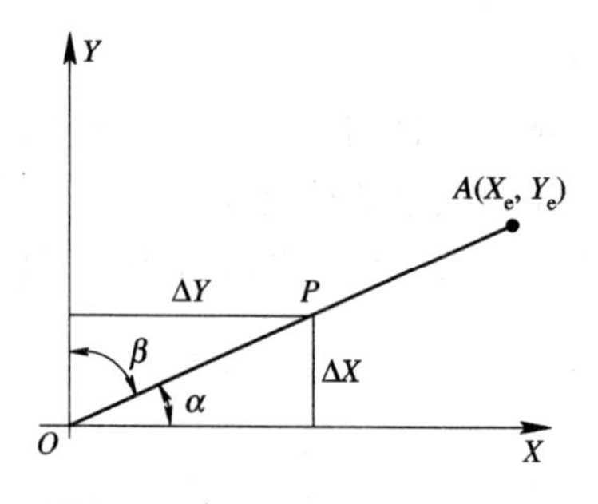

图 4-34 数据采样法直线插补

(1) 插补准备：主要是计算轮廓步长 $l=FT$ 及其相应的坐标增量，可以采用不同方法计算。

(2) 插补计算：实时计算出各插补周期中的插补点(动点)坐标值。

2) 实用的插补算法

(1) 直接函数法。

插补准备：

$$\begin{cases} \Delta X_i = \dfrac{l}{L} X_e \\ \Delta Y_i = \Delta X_i \dfrac{Y_e}{X_e} \end{cases} \tag{4-22}$$

插补计算：

$$X_i = X_{i+1} + \Delta X_i, \ Y_i = Y_{i-1} + \Delta Y_i \tag{4-23}$$

(2) 进给速率法(扩展 DDA 法)。

插补准备：计算步长系数，即

$$K = \frac{l}{L} = \frac{FT}{L} = T \cdot \text{FRN}$$

插补计算：

$$\Delta X_i = KX_e, \quad \Delta Y_i = KY_e \tag{4-24}$$

$$\Delta X = X_{i-1} + \Delta X_i, \quad Y_i = Y_{i-1} + \Delta Y_i \tag{4-25}$$

(3) 方向余弦法一。

插补准备：

$$\cos\alpha = \frac{X_e}{L}, \quad \cos\beta = \frac{Y_e}{L}$$

插补计算：

$$\Delta X = l\cos\alpha, \quad \Delta Y = l\cos\beta \tag{4-26}$$

$$X_i = X_{i-1} + \Delta X, \quad Y_i = Y_{i-1} + \Delta Y \tag{4-27}$$

(4) 方向余弦法二。

插补准备：

$$\cos\alpha = \frac{X_e}{L}, \quad \cos\beta = \frac{Y_e}{L}$$

插补计算：

$$L_i = L_{i-1} + l$$

$$X_i = L_i \cos\alpha, \quad Y_i = L_i \cos\beta \tag{4-28}$$

$$\Delta X_i = X_i - X_{i-1}, \quad \Delta Y_i = Y_i - Y_{i-1} \tag{4-29}$$

(5) 以此计算法。

插补准备：

$$\Delta X_i = \frac{l}{L} X_e, \quad \Delta Y_i = \frac{l}{L} Y_e \tag{4-30}$$

插补计算：

$$X_i = X_{i-1} + \Delta X_i, \quad Y_i = Y_{i-1} + \Delta Y_i \tag{4-31}$$

3. 数据采样法圆弧插补

由于圆弧是二次曲线，是用弦线或割线进行逼近的，因此其插补计算要比直线插补复杂。用直线逼近圆弧的插补算法很多，而且还在发展。研究插补算法遵循的原则：一是算法简单，计算速度快；二是插补误差小，精度高。下面简要介绍日本 FANIJC 公司采用的直线函数法、美国 A－B 公司采用的扩展 DDA 法以及递归函数法。

1) 直线函数法(弦线法)

在图 4－35 中，顺圆上 B 点是继 A 点之后的瞬时插补点，坐标值分别为 $A(X_i, Y_i)$、$B(X_{i+1}, Y_{i+1})$。为了求出 B 点的坐标值，过 A 点作圆弧的切线 AP，M 是弦线 AB 的中点，AF 平行于 X 轴，而 ME、BF 平行于 Y 轴。δ 是轮廓步长 AB 弦对应的角步距。因为 $OM \perp AB$，$ME \perp AF$，E 为 AF 的中点；又因为 $OM \perp AB$，$AF \perp OD$，所以

$$\alpha = \angle MOD = \varphi_i + \frac{\delta}{2}$$

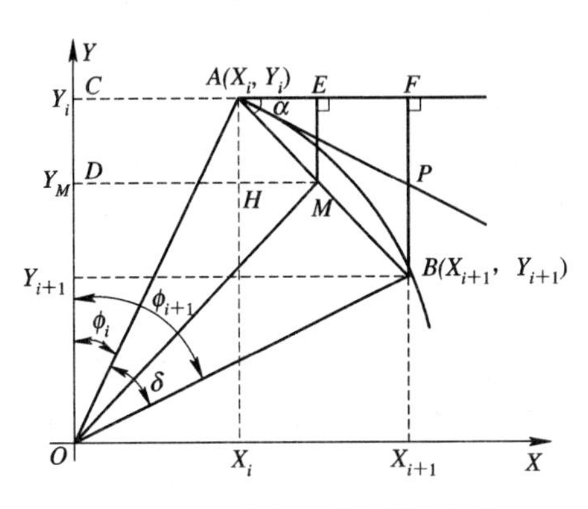

图 4－35 直线函数法圆弧插补

在 $\triangle MOD$ 中，有

$$\tan\left(\varphi_i + \frac{\delta}{2}\right) = \frac{DH + HM}{OC - CD}$$

将 $DH = X_i$，$OD = Y_i$，$HM = \frac{1}{2} l \cos\alpha = \frac{1}{2}\Delta X$，$CD = \frac{1}{2} l \sin\alpha = \frac{1}{2}\Delta Y$ 代入上式，则有

$$\tan\alpha = \frac{X_i + \frac{1}{2} l \cos\alpha}{Y_i - \frac{1}{2}} \tag{4-32}$$

在式(4－32)中，$\sin\alpha$ 和 $\cos\alpha$ 都是未知数，难以用简单方法求解，因此采用近似计算求解 $\tan\alpha$，用 $\cos 45°$ 和 $\sin 45°$ 来取代，即

$$\tan\alpha = \frac{X_i + \frac{\sqrt{2}}{4} l}{Y_i - \frac{\sqrt{2}}{4} l}$$

从而造成了 $\tan\alpha$ 的偏差，使角 α 变为 α'(在 0° ～45°间)，$\alpha' < \alpha = 0$，使 $\cos\alpha'$ 变大，因而影响 ΔX 值使之成为 $\Delta X'$，即

$$\Delta X' = l\cos\alpha' = AF \tag{4-33}$$

α 角的偏差会造成进给速度的偏差，而在 α 为 0°和 90°附近偏差较大。为使这种偏差不会使插补点离开圆弧轨迹，Y'不能采用 $l\sin\alpha'$计算，而采用式(4-24)来计算，即

$$\Delta Y' = \frac{\left(X_i + \frac{1}{2}\Delta X'\right)\Delta X'}{Y_i - \frac{1}{2}\Delta Y'} \tag{4-34}$$

则 B 点一定在圆弧上，其坐标为

$$X_{i+1} = X_i + \Delta X', \quad Y_{i-1} = Y_i - \Delta Y_i$$

采用近似计算引起的偏差仅是 $\Delta X \to \Delta X'$，$\Delta Y \to \Delta Y'$，$\Delta l \to \Delta l'$。这种算法能够保证圆弧插补的每一插补点位于圆弧轨迹上，它仅造成每次插补的轮廓步长(即合成进给量 l 的微小变化，所造成的进给速度误差小于指令速度的 1%。这种变化在加工中是允许的，完全可以认为插补的速度仍然是均匀的。

2) 扩展 DDA 法数据采样插补

扩展 DDA 算法是在 DDA 积分法的基础上发展起来的。它是将 DDA 法切线逼近圆弧的方法改变为割线逼近，从而大大提高圆弧插补的精度。

如图 4-36 所示，若加工半径为 R 的第一象限顺时针圆弧 AD，圆心为 O 点，设刀具处在现加工点 $A_{i-1}(X_{i-1}, Y_{i-1})$位置，线段 $A_{i-1}A_i$ 是沿被加工圆弧的切线方向的轮廓进给步长，$A_{i-1}A_i = l$。显然，刀具进给一个步长后，点 A_i 偏离所要求的圆弧轨迹较远，径向误差较大。若通过 $A_{i-1}A_i$ 线段的中点 B，作以 OB 为半径的圆弧的切线 BC，并在 A_iH 上截取直线段 $A_{i-1}A_i'$，使 $A_{i-1}A_i' = A_{i-1}A_i = l = FT$，此时可以证明 A_i'点必定在所要求圆弧 AD 之外。如果用直线段 $A_{i-1}A_i'$替代切线进给，会使径向误差大大减小。这种用割线进给代替切线进给的插补算法称为扩展 DDA 算法。

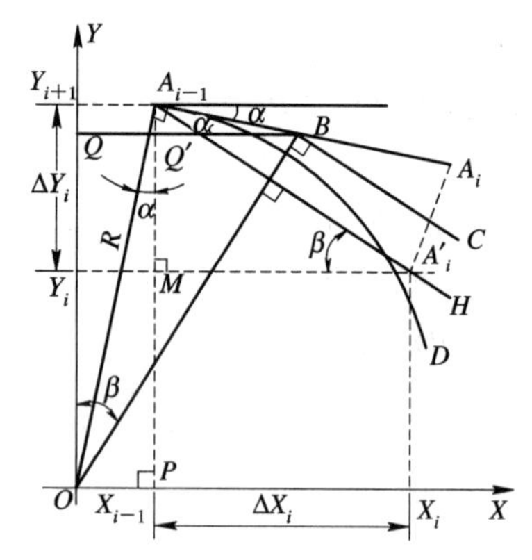

图 4-36　扩展 DDA 法圆弧插补算法

下面推导在一个插补周期 T 内，轮廓步长 l 的坐标分量 ΔX_i和 ΔY_i，因为据此可以很容易求出本次插补后新加工点 A_i'的坐标位置(X_i, Y_i)。

由图 4-36 可知，在直角$\triangle OPA_{i-1}$中，有

$$\sin\alpha = \frac{OP}{OA_{i-1}} = \frac{X_{i-1}}{R}$$

$$\cos\alpha = \frac{A_{i-1}P}{OA_{i-1}} = \frac{Y_{i-1}}{R}$$

过 B 点作 X 轴的平行线 BQ 交 Y 轴于 Q 点，并交 $A_{i-1}P$ 线段于 Q' 点。由图 4-36 可知，直角$\triangle OQB$ 与直角$\triangle A_{i-1}MA_i'$相似，则有

$$\frac{MA'}{A_{i-1}A_i'} = \frac{OQ}{OB} \tag{4-35}$$

在图 4-36 中，$MA_i'=\Delta X_i$，$A_{i-1}A_i'=l$，在$\triangle A_{i-1}Q'B$ 中，有

$$A_{i-1}Q' = A_{i-1}B \cdot \sin\alpha = \frac{l}{2} \cdot \sin\alpha$$

则

$$OQ = A_{i-1}P - A_{i-1}Q' = Y_{i-1} - \frac{l}{2} \cdot \sin\alpha$$

在直角$\triangle OA_{i-1}B$ 中，将 OQ 和 OB 代入式(4-35)中，得

$$OB = \sqrt{(A_{i-1}B)^2 + (OA_{i-1})^2} = \sqrt{\left(\frac{l}{2}\right)^2 + R^2}$$

$$\frac{\Delta X_i}{l} = \frac{Y_{i-1} - \frac{l}{2}\sin\alpha}{\sqrt{\left(\frac{l}{2}\right)^2 + R^2}}$$

上式中，因为 $l \ll R$，故可将$\left(\frac{l}{2}\right)^2$略去，则上式变为

$$\Delta X_i \approx \frac{l}{R}\left(Y_{i-1} - \frac{l}{2}\frac{X_{i-1}}{R}\right) = \frac{FT}{R}\left(Y_{i-1} - \frac{1}{2} \cdot \frac{FT}{R}X_{i-1}\right) \tag{4-36}$$

在相似直角$\triangle OQB$ 与直角$\triangle A_{i-1}MA_i'$中，还有

$$\frac{A_iM}{A_{i-1}A_i'} = \frac{QB}{OB} = \frac{QQ' + Q'B}{OB}$$

在直角$\triangle A_{i-1}Q'B$ 中，有

$$Q'B = A_{i-1}B \cdot \cos\alpha = \frac{l}{2} \cdot \frac{Y_{i-1}}{R}$$

又因为 $QQ'=X_{i-1}$，则

$$\Delta Y_i = A_{i-1}M = \frac{A_{i-1}A_i'(QQ' + Q'B)}{OB} = \frac{l\left(X_{i-1} + \frac{l}{2}\frac{Y_{i-1}}{R}\right)}{\sqrt{\left(\frac{l}{2}\right)^2 + R^2}}$$

同理，由于 $l \ll R$，略去高阶无穷小$\left(\frac{l}{2}\right)^2$，则有

$$\Delta Y_i \approx \frac{l}{R}\left(X_{i-1} + \frac{1}{2} \cdot \frac{l}{R}Y_{i-1}\right) = \frac{FT}{R}\left(X_{i-1} + \frac{1}{2} \cdot \frac{FT}{R}Y_{i-1}\right) \tag{4-37}$$

若令 $K=FT/R=T \cdot \mathrm{FRN}$，则

$$\begin{cases} \Delta X_i = K\left(Y_{i-1} - \frac{1}{2}KX_{i-1}\right) \\ \Delta Y_i = K\left(X_{i-1} + \frac{1}{2}KY_{i-1}\right) \end{cases} \tag{4-38}$$

则 A_i'点的坐标值为

$$\begin{cases} X_i = X_{i-1} + \Delta X_i \\ Y_i = Y_{i-1} - \Delta Y_i \end{cases} \tag{4-39}$$

式(4-38)和式(4-39)为第一象限顺时针圆弧插补计算公式，依此类推，可得出其他象限及其走向的扩展 DDA 圆弧插补计算公式。

由上述扩展 DDA 圆弧插补公式可知，采用该方法只需进行加法、减法及有限次的乘法运算，因而计算较方便、速度较快。此外，该法用割线逼近圆弧，其精度比弦线法的高。因此扩展 DDA 法是比较适合于 CNC 系统的一种插补算法。

3）递归函数计算法(RFB)

递归函数采样插补是通过对轨迹曲线参数方程的递归计算实现插补的。由于它是根据前一个或前两个已知插补点来计算本次插补点，故称为一阶递归插补或二阶递归插补。

(1) 一阶递归插补。图 4－37 为要插补的圆弧，起点为 $P_0(X_0, Y_0)$，终点为 $P_E(X_E, Y_E)$，圆弧半径为 R，圆心位于坐标原点，进给速度为 F。设刀具现在的位置为 $P_i(X_i, Y_i)$，经过一个插补周期 T 后到达 $P_{i+1}(X_{i+1}, Y_{i+1})$，刀具运动轨迹为 P_iP_{i+1}，每次插补所转过的圆心角为 θ，称为步距角，即

$$\frac{FT}{R} = K$$

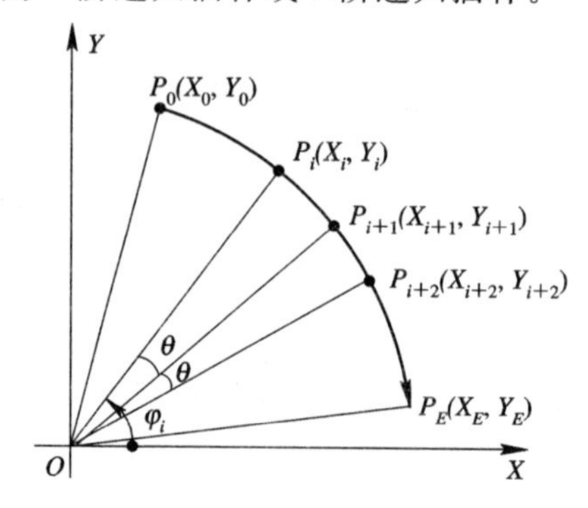

图 4－37　函数递归法圆弧插补

有

$$\begin{cases} X_i = R\cos\varphi_i \\ Y_i = R\sin\varphi_i \end{cases}$$

插补一补后，有 $\varphi_{i+1} = \varphi_i - \theta$

$$\begin{cases} X_{i+1} = X_i\cos\theta + Y_i\sin\theta \\ Y_{i+1} = X_i\sin\theta - Y_i\cos\theta \end{cases} \tag{4-40}$$

式(4－40)称为一阶递归插补公式。将式(4－40)中的三角函数 $\cos\theta$ 和 $\sin\theta$ 用幂级数展开进行二阶近似，即

$$\cos\theta \approx 1 - \frac{\theta^2}{2} = 1 - \frac{K^2}{2}$$

$$\sin\theta \approx \theta \approx K$$

将上式代入式(4－40)，则

$$\begin{cases} X_{i+1} = X_i + K\left(Y_i - \dfrac{1}{2}KX_i\right) \\ Y_{i+1} = Y_i - K\left(X_i + \dfrac{1}{2}KY_i\right) \end{cases}$$

这个结果与扩展 DDA 法插补的结果一致，因此扩展 DDA 法也可称为一阶递归二阶近似插补。

(2) 二阶递归插补。二阶递归插补算法中，需要两个已知插补点。若插补点 P_{i+1} 已知，则对于下一插补点 P_{i+2} 有，$\varphi_{i+2} = \varphi_{i+1} - \theta$，则

$$\begin{cases} X_{i+2} = X_{i+1}\cos\theta + Y_{i+1}\sin\theta \\ Y_{i+2} = X_{i+1}\sin\theta - Y_{i+1}\cos\theta \end{cases} \tag{4-41}$$

将式(4－40)代入式(4－41)，则

$$\begin{cases} X_{i+2} = X_i + 2Y_{i+1}\sin\theta = X_i + 2Y_{i+1}K \\ Y_{i+2} = Y_i - 2X_{i+1}\cos\theta = Y_i - 2X_{i+1}K \end{cases} \tag{4-42}$$

显然这使计算更为简单。但二阶递归插补需要用其他插补法计算出第二个已知的插补点 P_{i+1}，同时考虑到误差的累积影响，参与计算的已知插补点应计算得尽量精确。

4.4.4 数控装置的进给速度控制

1. 进给速度控制

CNC系统的进给速度控制包括自动调节和手动调节两种方式。自动方式指按加工要求编入程序中的指令进给速度进行控制；手动方式指加工过程中由操作者根据需要随时使用倍率旋钮对进给速度进行手动调节。

根据这两种速度控制要求和所使用的插补方法，通过软件控制输出脉冲的频率，即可控制进给速度。对程编进给速度指令进行译码处理后，按照所用插补方法计算出插补中断时间常数，以控制插补中断的发生率，或调整输出脉冲延时子程序。当中断服务程序扫描控制面板上倍率开关时(该开关已设定了新的进给率百分数)，在执行程序中对算出的时间常数或延时子程序进行百分率调整，从而对手动调整作出正确的响应。

前已讲述，进给脉冲的频率决定了进给速度，且与插补方法有关。DDA法插补的进给速度分析已在上一节中介绍过。逐点比较法的进给速度较DDA法稳定，其变化范围为0.707～1。

2. 加减速控制

当机床启动、停止或在加工过程中改变进给速度时，为了不至于因此而产生冲击、失步、越程或振荡，必须对送给进给电动机的进给脉冲频率或电压进行加减速度控制。

CNC装置的加减速控制一般由软件实现，可在插补前进行，也可在插补后进行。放在插补前进行的加减速控制称为前加减速控制，其优点是只对程编进给速度F进行控制，不会影响实际插补输出的位置精度，但需预测减速点。放在插补后的加减速度称为后加减速控制，对各运动轴分别进行加减速控制，其优点是无需预测减速点。

1) 前加减速控制

(1) 稳定速度和瞬时速度。稳定速度时系统处于稳定状态时，一个插补周期内的进给量。

稳定速度计算公式如下：

$$f_s = \frac{TkF}{600 \times 1000} \tag{4-43}$$

式中，f_s为稳定减速，T为插补周期(ms)，F为指令速度(mm/min)，k为速度系数(包括快速倍率、切削进给倍率等)。

瞬时速度指系统在每个插补周期内的进给量。当系统处于稳定进给状态时，瞬时速度f_i等于速度f_s；当系统处于加速(或加速)状态时，$f_i > f_s$或$f_i < f_s$。

(2) 线性加减速处理。当进给速度因机床启动/停止或进给速度指令改变而变化时，系统自动进行线性加减速处理。设进给速度为F(mm/min)，加速到F所需要的时间为t(ms)，则加/减速率a(μm·(ms)$^{-2}$)为

$$a = 1.67 \times 10^{-2}\ \frac{F}{t} \tag{4-44}$$

每加/减速一次，瞬时速度为

$$f_{i+1} = f_i \pm at \tag{4-45}$$

减速需在减速区域内进行，减速区域 S 可由下式决定

$$S = \frac{f_S^2}{2a} + \Delta S \tag{4-46}$$

式中，ΔS 为提前量。

加速和减速处理的原理框图见图 4-38。

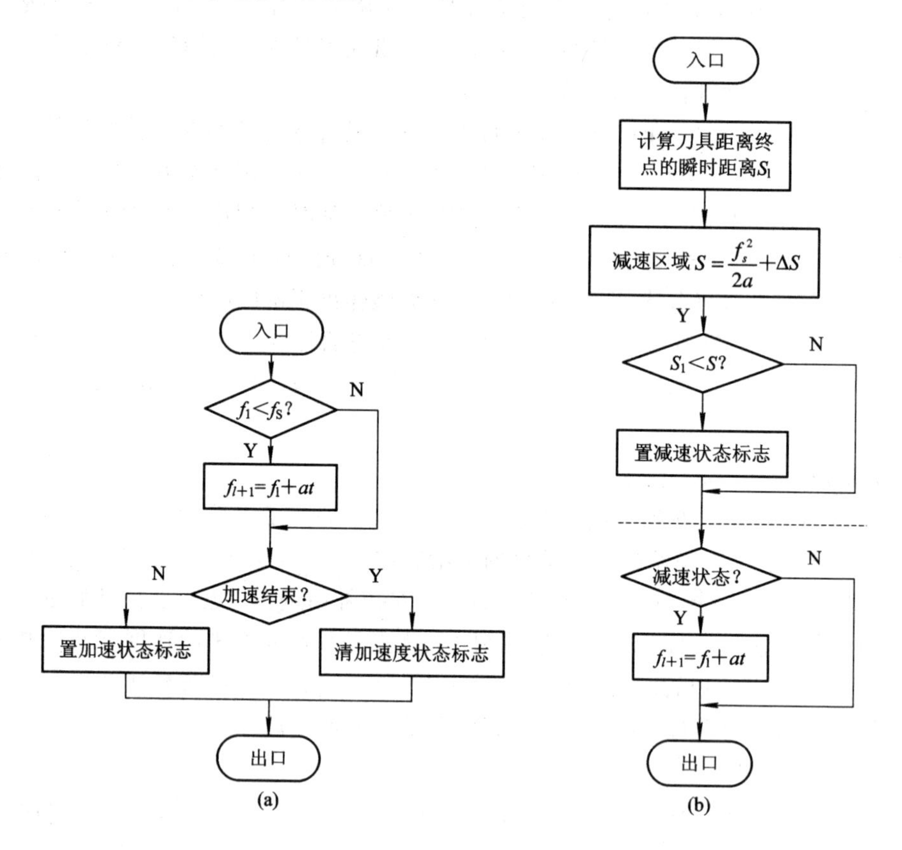

图 4-38　加减速处理的原理框图

(a) 加速处理；(b) 减速处理

2）后加减速控制

后加减速控制的常用算法有指数加减和直线加减速控制。

(1) 指数加减速控制法算法。采用这种算法可将启动或停止的速度突变处理成随时间按指数规律上升或下降(见图 4-39(a))。指数加减速控制时速度与时间的关系如下：

加速时，

$$v(t) = c_c(1 - e^{-\frac{t}{T}})$$

匀速时，

$$v(t) = v_c$$

减速时，

$$v(t) = v_c e^{-\frac{t}{T}}$$

式中，v_c 为稳定速度，T 为时间常数。

(2) 直线加减速控制算法。采用这种算法使机床启/停时，速度沿一定斜率的斜线上升/下降(见图 4－39(b))。

无论是指数加减速算法还是直线加减速算法，都必须保证系统不产生失步或超程，即在整个加速和减速过程中，输入到加减速控制器的位移量之和必须等于该加减速控制器实际输出的位移量之和。因此，对于指数加减速，必须使用图 4－39(a)中区域 OPA 的面积等于区域 DBC 的面积；对于直线加减速，应使图 4－39(b)中区域 OPA 的面积等于区域 DBC 的面积。

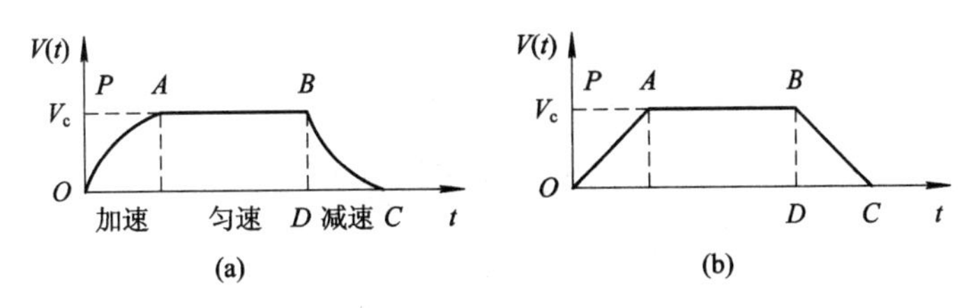

图 4－39　后加减速控制

(a) 指数加减速；(b) 直线加减速

为此，可采用位置误差累加器来使得这两部分面积相等。在加速过程中，由位置误差累加器记住因加速延迟而失去的位置增量值和；在减速过程中，将位置误差累加器中的位置增量按指数或直线规律逐渐释放出来，从而保证在加减速过程结束时，机床到达指定位置。

思考与练习题

1. 简述插补的基本概念。数控加工为什么要使用插补？

2. 插补算法的种类有哪些？其特点是什么？

3. 逐点比较法是如何实现的？

4. 简述 DDA 法插补原理。

5. 直线的起点坐标在原点 $O(0, 0)$，终点 E 的坐标分别为(1) $E(10, 6)$；(2) $E(9, 4)$；(3) $E(-5, 10)$；(4) $E(-6, -5)$。使用逐点比较法对这些直线进行插补，并画出插补轨迹。

6. 顺圆的起点、终点坐标为 $A(0, 10)$、$B(8, 6)$，试用逐点比较法进行顺圆插补，并画出插补轨迹。

7. 逆圆的起点、终点坐标分别为 $A(10, 0)$、$B(8, 6)$，使用逐点比较法进行逆圆插补，并画出插补轨迹。

8. 数据采样插补是如何实现的？

9. 数据采样插补误差与什么有关？

10. 简述直流进给运动的晶闸管(可控硅)速度控制原理。

11. 简述直流进给运动的“脉宽控制(PWM)”速度控制原理。

12. 简述交流进给运动的“SPWM”速度控制原理。

第5章

数控机床的伺服系统

5.1 伺服系统概述

伺服驱动系统是机床数控系统CNC和机床的联系环节。用CNC装置发出的控制信息，通过伺服驱动系统，转换成坐标轴的运动，完成程序所规定的操作。伺服驱动系统是数控机床的重要组成部分。伺服驱动系统的作用如下：

(1) 伺服驱动系统能放大控制信号，有输出功率的能力。

(2) 伺服驱动系统根据CNC装置发出的控制信息对机床移动部件的位置和速度进行控制。

5.1.1 伺服系统的组成

闭环伺服系统是一个位置随动系统，由速度环和位置环构成。速度环常用测速发电机或高分辨率脉冲编码器作为检测元件，由速度控制单元。伺服电动机组成速度反馈环节。位置环由CNC中位置模块与速度控制单元、位置检测及反馈部分构成。

图5-1为闭环伺服系统结构原理图。安装在工作台上的位置检测元件把机械位移变成位置数字量，并由位置反馈电路送到微机内部，该位置反馈量与输入微机的指令位置进行比较，如果不一致，微机送出差值信号，经驱动电路将差值信号进行进给变换、放大，然后驱动电动机，由减速装置带动工作台移动。当比较后的差值信号为零时，电动机停止转动，此时，工作台移到指令所指定的位置。这就是数控机床的位置控制过程。

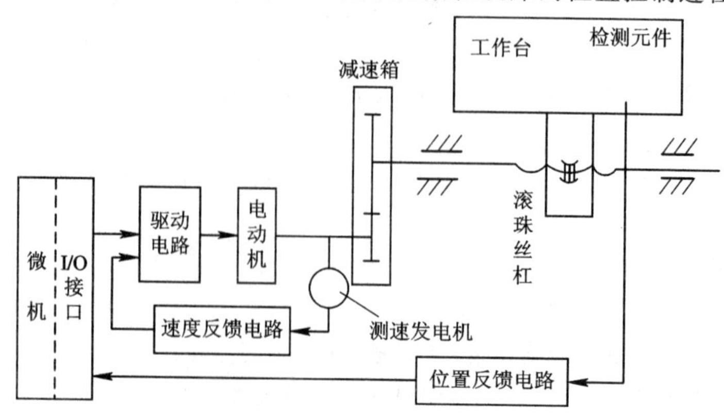

图5-1 闭环伺服系统结构原理图

图 5 - 1 中的测速发电机和速度反馈电路组成的反馈回路可实现速度恒值控制。测速发电机和伺服电动机同步旋转。如因外负载增大而使电动机的转速下降，则测速发电机的转速下降，经速度反馈电路，把转速变化的信号转变成电信号，送到驱动电路，与输入信号进行比较，比较后的差值信号经放大后，产生较大的驱动电压，从而使电动机转速上升，恢复到原先的调定转速，使电动机排除负载变动的干扰，维持转速恒定不变。

该电路中，由速度反馈电路送出的转速信号是在驱动电路中进行比较，而由位置反馈电路送出的位置信号是在微机中进行比较。比较的形式也不同，速度比较是通过硬件电路完成的，而位置比较是通过微机软件实现的。

伺服系统结构原理图可以用框图来表示，如图 5 - 2 所示。

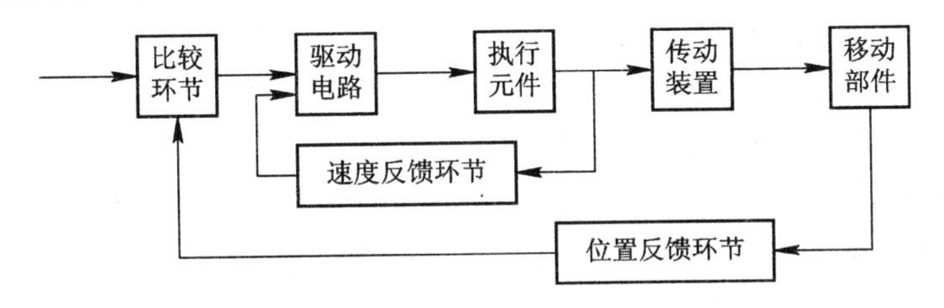

图 5 - 2　伺服系统框图

由上述原理图及框图可知，闭环伺服系统主要由以下几个部分组成：

(1) 微型计算机。它能接收输入的加工程序和反馈信号，经系统软件运行处理后，由输出口送出指令信号。

(2) 驱动电路。它用于接收微机发出的指令，并将输入信号转换成电压信号。经过功率放大后，驱动电动机旋转。转速的大小由指令控制。若要实现恒速控制功能，驱动电路应能接收速度反馈信号，将反馈信号与微机的输入信号进行比较，并将差值信号作为控制信号，使电动机保持恒速转动。

(3) 执行元件。它可以是直流电动机、交流电动机，也可以是步进电动机。采用步进电动机通常是开环控制。

(4) 传动装置。它包括减速箱和滚珠丝杠等。

(5) 位置检测元件及反馈电路。位置检测元件有直线感应同步器、光栅和磁尺等。位置检测元件检测的位移信号由反馈电路转变成计算机能识别的反馈信号送入计算机。由计算机进行数据比较后送出差值信号。

(6) 测速发电机及反馈电路。测速发电机实际上是小型发电机，发电机两端的电压值和发电机的转速成正比，故可将转速的变化量转变成电压的变化量。

除微型计算机外，其余部分称为伺服驱动系统。

伺服系统有多种分类方法，分别如下：

(1) 按驱动方式分，可分为液压伺服系统、气压伺服系统和电气伺服系统。

(2) 按执行元件类别分，可分为直流电动机伺服系统、交流电动机伺服驱动系统和步进电动机伺服系统。

(3) 按有无检测元件和反馈环节分，可分为开环伺服系统、闭环伺服系统和半闭环伺服系统。

(4) 按输出被控制量性质分，可分为位置伺服系统和速度伺服系统。

数控机床的精度与其使用的伺服系统类型有关。步进电动机开环伺服系统的定位精度是0.01 mm～0.005 mm。对精度要求高的大型数控设备，通常采用交流或直流，闭环或半闭环伺服系统。对高精度系统必须采用高精度检测元件，如感应同步器、光电编码器或磁栅等。对传动机构也必须采取相应措施，如高精度滚珠丝杠等。闭环伺服系统定位精度可达0.001 mm～0.003 mm。

5.1.2 对伺服系统的基本要求

数控机床的性能在很大程度上取决于伺服驱动系统的性能，对伺服驱动系统主要有如下要求：

(1) 进给调速范围要宽。调速范围 r_n 是指机床要求伺服电动机提供的最高转速 n_{max} 和最低转速 n_{min} 之比，即 $r_n = n_{max}/n_{min}$。

在各种数控机床中，由于加工用的刀具、被加工材料及零件加工要求的不同，为保证在任何情况下都能得到最佳切削条件，就要求进给驱动必须具有足够宽的调速范围。

脉冲当量为1 μm/P的情况下，最先进的数控机床的进给速度在0 m/min～240 m/min范围内连续可调。但对于一般的数控机床，要求进给驱动系统在0 m/min～24 m/min进给速度下工作就足够了。

(2) 位置精度要高。使用数控机床主要是为了解决以下几个问题：

① 保证加工质量的稳定性、一致性，减少废品率。

② 解决复杂曲面零件的加工问题。

③ 解决复杂零件的加工精度问题，缩短制造周期等。

为了满足这些要求，关键之一是保证数控机床的定位精度和加工精度。数控机床在加工时免除了操作者的人为误差。它是按预定的程序自动进行加工，不可能应付事先没有预料到的情况。也就是说，数控机床不能像普通机床那样，可随时用手动操作来调整和补偿各种因素对加工精度的影响。因此，要求定位精度和轮廓切削精度能达到数控机床要求的指标。为此，在位置控制中要求高的定位精度，如1 μm甚至0.1 μm。在速度控制中，要求具有很高的调速精度和很强的抗干扰能力，即要求工作稳定性要好。

(3) 速度响应要快。为了保证轮廓切削形状精度和低的加工表面粗糙度，除了要求有较高的定位精度外，还要求有良好的快速响应特性，即要求跟踪指令信号的响应要快。一方面，要求过渡过程时间要短，一般在200 ms以内，甚至小于几十毫秒；另一方面，要使过渡过程的前沿较陡，亦即上升斜率要大。

(4) 低速大转矩。根据数控机床的加工特点，大都是在低速下进行重切削的，即在低速时进给驱动要有大的转矩输出。这种可使动力源尽量靠近机床的执行机构，使传动装置机械部分的结构简化，系统刚性增加，传动精度提高。

为满足上述四点要求，进给伺服驱动系统对执行元件——伺服电动机也相应提出了很高的要求，即高精度、快反应、宽调速和大转矩等。具体的要求如下：

(1) 电动机在最低进给速度到最高进给速度范围内都能平滑地运转，转矩波动要小，尤其在最低转速时，如0.1 r/min或更低转速时，仍保持平稳的速度而无爬行现象。

(2) 电动机应具有大的、较长时间的过载能力，以满足低速大转矩的要求。例如，电动机能在数分钟内过载4～6倍而不损坏。

(3) 为了满足快速响应的要求，即随着控制信号的变化，电动机应能在较短时间内完成必须的动作。反应速度的快慢直接影响系统性能的好坏。因此，要求电动机必须具有较小的转动惯量和较大的制动转矩以及尽可能小的机电时间常数和启动电压。电动机必须具有 4000 rad/s^2 以上的加速度，才能保证电动机在 0.2 s 以内从静止启动到 1500 r/min。

(4) 电动机应能承受频繁的启动、制动和反转。

5.1.3　伺服系统的分类

下面介绍伺服系统的分类。

1. 按调节理论分类

1) 开环伺服系统

开环伺服系统(见图 5-3)的驱动元件主要是功率步进电动机或电液脉冲马达。这两种驱动元件工作原理的实质是数字脉冲到角度位移的变换，它无位置反馈系统，不用位置检测元件实现定位，而是靠驱动装置本身转过的角度正比于指令脉冲的个数；运动速度由进给脉冲的频率决定。

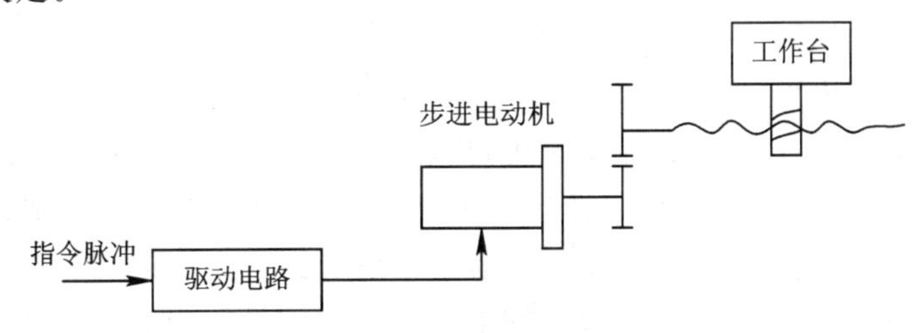

图 5-3　开环伺服系统

开环系统的结构简单、易于控制，但精度差、低速不平稳、高速扭矩小。一般用于轻载负载变化不大的或经济型数控机床上。

2) 闭环伺服系统

闭环伺服系统是误差控制随动系统(见图 5-4)。数控机床进给系统的误差是 CNC 输出的位移指令和机床工作台(或刀架)实际位移的差值。闭环系统运动执行能反映运动的位置，因此需要位置检测装置。该装置测出实际位移量或者实际所处位置并将测量值反馈给 CNC 装置，与指令进行比较求得误差，因此构成闭环位置控制。

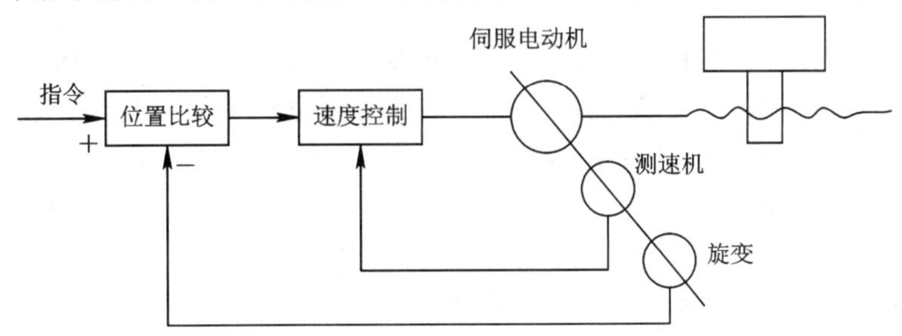

图 5-4　闭环伺服系统

由于闭环伺服系统是反馈控制，反馈测量装置精度很高，所以系统传动链的误差、各元件的误差以及运动中造成的误差都可以得到补偿，从而大大提高了跟随精度和定位精度。目前闭环系统的分辨率多数为 1 μm，定位精度可达±0.01 mm～±0.05 mm；高精度系统分辨率可达0.1 μm。系统精度只取决于测量装置的制造精度和安装精度。

3）半闭环伺服系统

位置检测元件没直接安装在进给坐标的最终运动部件上（见图5-5），而是经过中间机械传动部件的位置转换，称为间接测量。亦即坐标运动的传动链有一部分在位置闭环以外，在环外的传动误差没有得到系统的补偿，因而伺服系统的精度低于闭环系统。

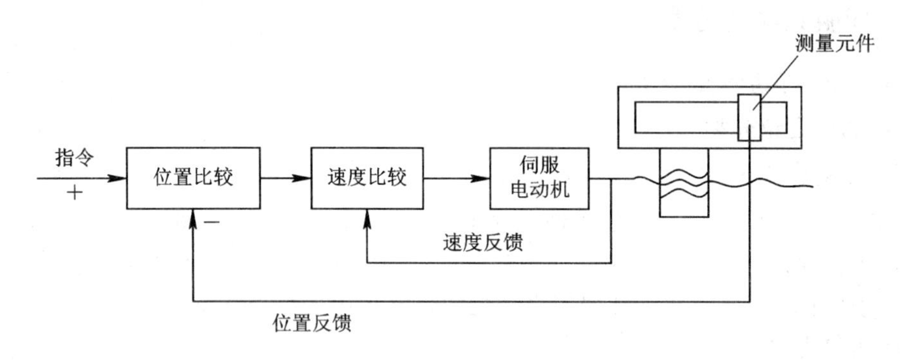

图5-5　半闭环伺服系统

半闭环和闭环系统的控制结构是一致的，不同点只是闭环系统环内包括较多的机械传动部件，传动误差均可被补偿，理论上精度可以达到很高。但由于受机械变形、温度变化、振动以及其他因素的影响，系统稳定性难以调整。此外，机床运行一段时间后，由于机械传动部件的磨损、变形及其他因素的改变，容易使系统稳定性改变，精度发生变化。因此，目前较多使用半闭环系统。只在具备传动部件精密度高、性能稳定、使用过程温差变化不大的高精度数控机床上才使用全闭环伺服系统。

2. 按使用直流伺服电动机和交流伺服电动机分类

1）直流伺服系统

直流伺服系统常用的伺服电动机有小惯量直流伺服电动机和永磁直流伺服电动机（也称为大惯量宽调速直流伺服电动机）。小惯量伺服电动机最大限度地减少了电枢的转动惯量，转速提高快。在早期的数控机床上应用较多，现在也有应用。小惯量伺服电动机一般都设计成具有高的额定转速和低的惯量，所以应用时，要经过中间机械传动（如齿轮副）才能与丝杠相连接。

永磁直流伺服电动机能在较大过载转矩下长时间工作以及电动机的转子惯量较大，能直接与丝杠相连而不需中间传动装置。此外，它还有一个特点是可以在低速下运转，如能在1 r/min甚至在0.1 r/min下平稳地运转。因此，这种直流伺服系统在数控机床上获得了广泛的应用，20世纪70年代至80年代中期，它在数控机床上的应用占据了绝对统治地位，至今，许多数控机床上仍使用这种电动机的直流伺服系统。永磁直流伺服电动机的缺点是其电刷限制了转速的提高，一般额定转速为1000 r/min～1500 r/min，而且结构复杂，价格较贵。

2）交流伺服系统

交流伺服系统使用交流异步伺服电动机（一般用于主轴伺服电动机）和永磁同步伺服电动机（一般用于进给伺服电动机）。由于直流伺服电动机存在着一些固有的缺点，使其应用环境受到限制。交流伺服电动机没有这些缺点，且转子惯量较直流电动机小，使得其动态响应快。另外，在同样的体积下，交流电动机的输出功率可比直流电动机提高10%～70%。还有交流电动机的容量可以比直流电动机的大，能够达到更高的电压和转速。因此，交流伺服系统得到了迅速发展，已经形成潮流。从20世纪80年代后期开始大量使用交流伺服系统，现在，有些国家的厂家已全部使用交流伺服系统。

3. 按进给驱动和主轴驱动分类

1）进给伺服系统

进给伺服系统是指一般概念的伺服系统，它包括速度控制环和位置控制环。进给伺服系统完成各坐标轴的进给运动，具有定位和轮廓跟踪功能，是数控机床中要求最高的伺服控制。

2）主轴伺服系统

严格地说，一般的主轴控制只是一个速度控制系统，主要实现主轴的旋转运动，提供切削过程中的转矩和功率，而且需保证任意转速的调节，来完成在转速范围内的无级变速。具有C轴控制的主轴与进给伺服系统一样，是一般概念的位置伺服控制系统。

此外，刀库的位置控制是为了在刀库的不同位置选择刀具，与进给坐标轴的位置控制相比，性能要低得多，故称为简易位置伺服系统。

4. 按反馈比较控制方式分类

1）脉冲、数字比较伺服系统

该系统是闭环伺服系统中的一种控制方式。它是将数控装置发出的数字(或脉冲)指令信号与检测装置测得的以数字(或脉冲)形式表示的反馈信号直接进行比较，以产生位置误差，达到闭环控制。

脉冲、数字比较伺服系统结构简单，容易实现，整机工作稳定，在一般数控伺服系统中应用十分普遍。

2）相位比较伺服系统

在相位比较伺服系统中，位置检测装置采取相位工作方式，指令信号与反馈信号都变成某个载波的相位，然后通过两者相位的比较，获得实际位置与指令位置的偏差，实现闭环控制。

相位伺服系统适用于感应式检测元件(如旋转变压器，感应同步器)的工作状态，可得到满意的精度。此外由于载波频率高、响应快、抗干扰性强，很适合于连续控制的伺服系统。

3）幅值比较伺服系统

该系统是以位置检测信号的幅值大小来反映机械位移的数值，并以此信号作为位置反馈信号，一般还要将此幅值信号转换成数字信号才与指令数字信号比较，从而获得位置偏差信号构成闭环控制系统。

在以上三种伺服系统中，相位比较和幅值比较系统从结构上和安装维护上都比脉冲、数字比较系统复杂、要求高，所以一般情况下，脉冲、数字比较伺服系统应用得最广泛，而相位比较系统要比幅值比较系统应用普遍。

4）全数字伺服系统

随着微电子技术、计算机技术和伺服控制技术的发展，数控机床的伺服系统已开始采用高速、高精度的全数字伺服系统，使伺服控制技术从模拟方式走向全数字方式。由位置、速度和电流构成的三环反馈全部数字化，软件数字 PID 使用灵活，柔性好。数字伺服系统还采用了许多新的控制技术和改进伺服性能的措施，使控制精度和品质大大提高。

5.2 伺服驱动电动机

伺服电动机在自动控制系统中作为执行元件，其任务是将接收的电信号转换为输出轴的角位移或角速度，以驱动控制对象。接收的电信号称为控制信号或控制电压，改变控制电压的大小和极性，就可以改变伺服电动机的转速和转向。自动控制系统对伺服电动机提出以下要求：

(1) 无自转现象，即当控制电压为零时，电动机应迅速自行停转。

(2) 具有较大斜率的机械特性，在控制电压改变时，电动机能在较宽的转速范围内稳定运行。

(3) 具有线性的机械特性和调节特性，以保证控制精度。

(4) 快速响应性好，即伺服电动机的转动惯量小。

伺服电动机分为直流伺服电动机和交流伺服电动机两大类。

5.2.1 步进电动机

1. 步进电动机的工作原理

步进电动机是一种将电脉冲信号变换成相应的角位移或直线位移的机电执行元件，每当输入一个电脉冲时，它便转过一个固定的角度，这个角度称为步距角，简称为步距。脉冲一个一个地输入，电动机便一步一步地转动，步进电动机便因此得名。

1）结构特点

步进电动机的位移量与输入脉冲数严格成比例，这就不会引起误差的积累，其转速与脉冲频率和步距角有关。控制输入脉冲数量、频率及电动机各相绕组的接通次序，可以得到各种需要的运行特性。尤其是当与其他数字系统配套时，它将体现出更大的优越性，因而，广泛地用于数字控制系统中。例如，在数控机床中，将零件加工的要求编制成一定符号的加工指令，然后送入数控机床的控制箱，其中的数字计算机会根据指令，发出一定数量的电脉冲信号，步进电动机就会作相应的转动，通过传动机构带动刀架做出符合要求的动作以自动加工零件。

步进电动机和一般旋转电动机一样，分为定子和转子两大部分。定子由硅钢片叠成，装上一定相数的控制绕组，由环行分配器送来的电脉冲对多相定子绕组轮流进行励磁；转子用硅钢片叠成或用软磁性材料做成凸极结构，转子本身没有励磁绕组的叫做反应式步进电动机，用永久磁铁做转子的叫做永磁式步进电动机。步进电动机的结构形式虽然繁多，但工作原理都相同，下面仅以三相反应式步进电动机为例说明。

图 5－6 为一台三相反应式步进电动机的结构示意图。定子有六个磁极，每两个相对的磁极上绕有一相控制绕组。转子上装有四个凸齿。

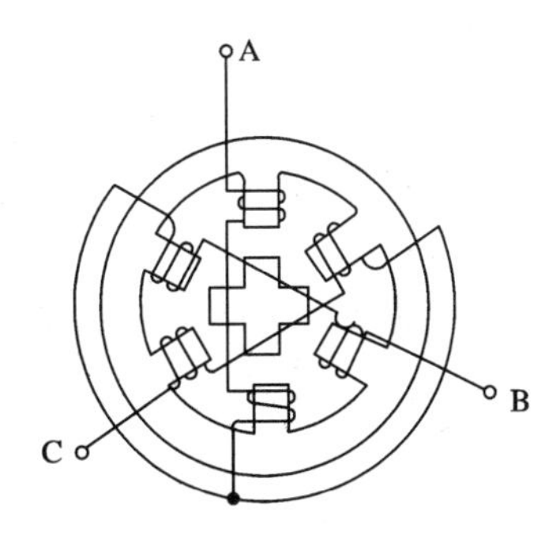

图 5－6　三相反应式步进电动机的结构示意图

2）工作原理

步进电动机的工作原理就是电磁铁的工作原理，如图 5－7 所示。由环形分配器送来的脉冲信号，对定子绕组轮流通电，设先对 A 相绕组通电，B 相和 C 相都不通电。由于磁通具有沿磁阻最小路径通过的特点，图 5－7(a)中转子齿 1 和齿 3 的轴线与定子 A 极轴线对齐，即在电磁吸力作用下，将转子 1、3 齿吸引到 A 极下，此时，因转子只受径向力而无切线力，故转矩为零，转子被自锁在这个位置上，此时，B、C 两相的定子齿则和转子齿在不同方向各错开 30°。随后，如果 A 相断电，B 相控制绕组通电，则转子齿就和 B 相定子齿对齐，转子顺时针方向旋转 30°(见图 5－7(b))。然后使 B 相断电，C 相通电，同理转子齿就和 C 相定子齿对齐，转子又顺时针方向旋转 30°(见图 5－7(c))。可见，通电顺序为 A—B—C—A 时，转子便按顺时针方向一步一步转动。每换接一次，则转子前进一个步距角。电流换接三次，磁场旋转一周，转子前进一个齿距角(此例中转子有四个齿时为 90°)。欲改变旋转方向，则只要改变通电顺序即可，例如通电顺序改为 A—C—B—A，转子就反向转动。

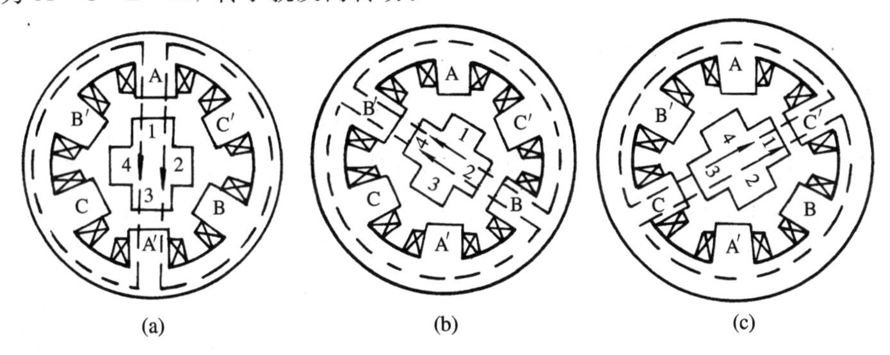

图 5－7　单三拍通电方式时转子的位置

(a) A 相通电；(b) B 相通电；(c) C 相通电

3）通电方式

步进电动机的转速既取决于控制绕组通电的频率，也取决于绕组通电方式，三相步进电动机一般有单三拍、单双六拍及双三拍等通电方式。“单”、“双”、“拍”的意思分别是：“单”是指每次切换前后只有一相绕组通电，“双”就是指每次有两相绕组通电，从一种通电状态转换到另一种通电状态就叫做一“拍”。步进电动机若按 A—B—C—A 方式通电，因为定子绕组为三相，每一次只有一相绕组通电，而每一个循环只有三次通电，故称为三相单三拍通电。如果按照 A—AB—B—BC—C—CA—A 的方式循环通电，就称为三相六拍通电，如图 5－8 所示。从该图可以看出，当 A 和 B 两相同时通电时，转子稳定位置将会停留在 A、B 两定子磁极对称的中心位置上。因为每一拍，转子转过一个步距角。由图 5－7 和图 5－8 可明显看出，三相三拍步距角为 30°，三相六拍步距角为 15°。上述步距角显然太大，不适合一般用途的要求。

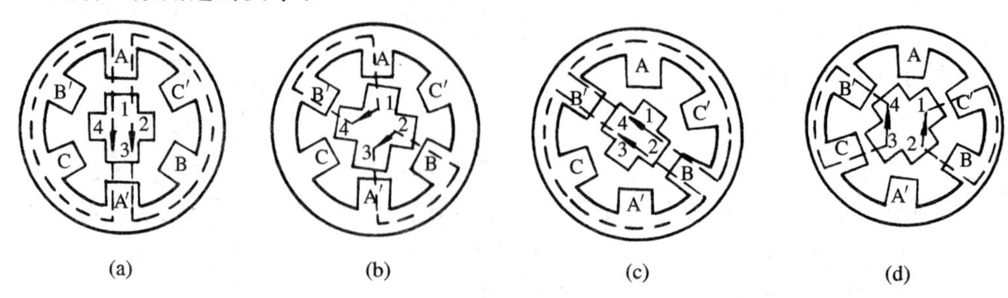

图 5－8　步进电动机的通电方式

(a) A 相通电；(b) A、B 相通电；(c) B 相通电；(d) B、C 相通电

图 5－9 是一个实际的小步距角步进电动机。

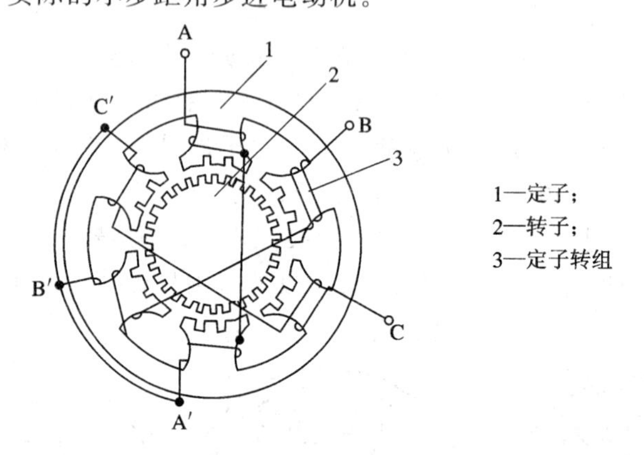

图 5－9　三相反应式步进电动机结构示意图

从图 5－9 中可以看出，它的定子内圆和转子外圆均有齿和槽，而且定子和转子的齿宽和齿距相等。定子上有三对磁极，分别绕有三相绕组，定子极面小齿和转子上的小齿位置则要符合下列规律：当 A 相的定子齿和转子齿对齐时(如图 5－9 所示位置)，B 相的定子齿应相对于转子齿顺时针方向错开 1/3 齿距，而 C 相的定子齿又应相对于转子齿顺时针方向错开 2/3 齿距。也就是说，当某一相磁极下定子与转子的齿相对时，下一相磁极下定子与转子齿的位置则刚好错开 τ/m。其中，τ 为齿距，m 为相数。再下一相磁极定子与转子的齿则错开 $2\tau/m$。依此类推，当定子绕组按 A—B—C—A 顺序轮流通电时，转子就沿顺时针方向一步一步地转动，各相绕组轮流通电一次，转子就转过一个齿距。

设转子的齿数为 Z，则齿距为

$$\tau=\frac{360^\circ}{Z} \tag{5-1}$$

因为每通电一次(即运行一拍)，转子就走一步，故步距角为

$$\beta=\frac{\text{齿距}}{\text{拍数}}=\frac{360^\circ}{Z\times\text{拍数}}=\frac{360^\circ}{ZKm} \tag{5-2}$$

式中，K 为状态系数(单、双三拍时，$K=1$；单、双六拍时，$K=2$)。

若步进电动机的齿数 $Z=40$，三相单三拍运行时，其步距角为

$$\beta=\frac{360^\circ}{3\times40}=3^\circ \tag{5-3}$$

若按三相六拍运行时，其步距角为

$$\beta=\frac{360^{\circ}}{2\times3\times40}=1.5^{\circ} \tag{5-4}$$

由此可见，步进电动机的转子齿数 Z 和定子相数 m(或运行拍数 K)越多，则步距角 β 越小，控制越精确。

当定子控制绕组按着一定顺序不断地轮流通电时，步进电动机就持续不断地旋转。如果电脉冲的频率为 f(通电频率)，步距角用弧度表示，则步进电动机的转速为

$$[n]_{r/min}=\frac{\beta\times60f}{360^{\circ}}=\frac{60f}{ZKm} \tag{5-5}$$

2. 步进电动机的主要工作特性

1）步进电动机的基本特性

由式(5－5)可知，反应式步进电动机转速只取决于脉冲频率、转子齿数和拍数，而与电压、负载、温度等因素无关。当步进电动机的通电方式选定后，其转速只与输入脉冲频率成正比，改变脉冲频率就可以改变转速，故可进行无级调速，调速范围很宽。同时步进电动机具有自锁能力，当控制电脉冲停止输入，而让最后一个脉冲控制的绕组继续通入直流电时，则电动机可以保持在固定的位置上，这样，步进电动机就可以实现停车时转子定位。

综上所述，步进电动机工作时的步数或转速既不受电压波动和负载变化的影响(在允许负载范围内)，也不受环境条件(温度、压力、冲击和振动等)变化的影响，只与控制脉冲同步。同时，它又能按照控制的要求进行启动、停止、反转或改变速度，这就是它被广泛地应用于各种数字控制系统中的原因。

2）矩角特性

矩角特性是反映步进电动机电磁转矩 T 随偏转角 θ 变化的关系。定子一相绕组通以直流电后，如果转子上没有负载转矩的作用，转子齿和通电相磁极上的小齿对齐，这个位置称为步进电动机的初始平衡位置。当转子有负载作用时，转子齿就要偏离初始位置，由于磁力线有力图缩短的倾向，从而产生电磁转矩，直到这个转矩与负载转矩相平衡。转子齿偏离初始平衡位置的角度就叫转子偏转角 θ(空间角)，若用电角度 θ_e 表示，则由于定子每相绕组通电循环一周(360°电角度)，对应转子在空间转过一个齿距($\tau=360^{\circ}/Z$ 空间角度)，故电角度是空间角度的 Z 倍，即 $\theta_e=Z\theta$。而 $T=f(\theta_e)$ 就是矩角特性曲线。可以证明，此曲线可近似地用一条正弦曲线表示，如图 5－10 所示。

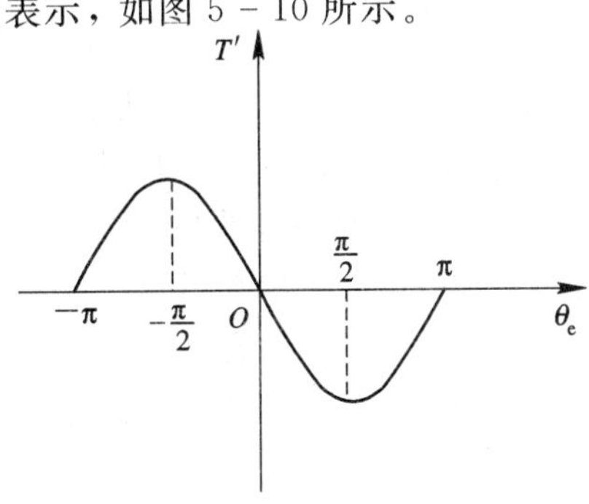

图 5－10　步进电动机的矩角特性

从图中可看出，θ_e 达到 $\pm\pi/2$ 时，即在定子齿与转子齿错开 1/4 个齿距时，转矩达到最大值，称为最大静转矩 $T_{s\,max}$。步进电动机的负载转矩必须小于最大静转矩，否则，根本带不动负载。为了能稳定运行，负载转矩一般只能是最大静转矩的 30%～50%左右。因此，这一特性反映了步进电动机带负载的能力，通常在技术数据中都有说明，它是步进电动机的最主要的性能指标之一。

3）脉冲信号频率特性

当脉冲信号频率很低时，控制脉冲以矩形波输入，电流波形比较接近于理想的矩形波，如图 5-11(a)所示。如果脉冲信号频率增高，由于电动机绕组中的电感有阻止电流变化的作用，因此电流波形发生畸变，变成图 5-11(b)所示的波形。在开始通电的瞬间，由于电流不能突变，其值不能立即升起，故使转矩下降，使启动转矩减小，有可能启动不起来，在断电的瞬间，电流也不能迅速下降，而产生反转矩致使电动机不能正常工作。如果脉冲频率很高，则电流还来不及上升到稳定值就开始下降，于是电流的幅值降低(由 I 下降到 I')，变成图 5-11(c)所示的波形。因而产生的转矩减小，致使承受负载的能力下降，故频率过高会使步进电动机启动不了或运行时失步而停下。因此，对脉冲信号频率是有限制的。

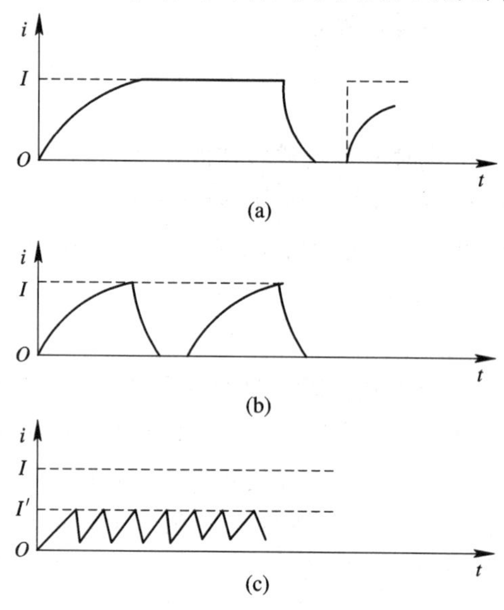

图 5-11　脉冲信号的畸变

(a) 接近理想的矩形波；(b) 电感作用电流波发生畸变；(c) 电流幅值降低导致的电流波变化

4）转子机械惯性

从物理学可知，机械惯性对瞬时运动的物体要发生作用，当步进电动机从静止到起步，由于转子部分的机械惯性作用，转子一下子转不起来，因此，要落后于它应转过的角度。如果落后不太大，还会跟上来，如果落后太多，或者脉冲频率过高，电动机将会启动不起来。

另外，即使电动机在运转，也不是每走一步都迅速地停留在相应的位置，而是受机械惯性的作用，要经过几次振荡后才停下来，如果这种情况严重，就可能引起失步。因此，步进电动机都采用阻尼方法，以消除(或减弱)步进电动机的振荡。

3. 步进电动机的选用

一般来说，选择步进电动机遵循下述程序。

1）选择要素

选择步进电动机时，首先要知道机械和时间两个方面的要素。机械要素是指负载转矩和负载惯量。时间要素是指加速过程所用时间和运行时间。

2）确定目标

确认脉冲信号频率，其依据是将物体移动到目标位置的时间，即

$$f=\frac{60\times n}{\beta} \tag{5-6}$$

式中，f 为脉冲频率，单位为 Hz；n 为转速，单位为 r/min；β 为步距角。

3）计算需要的运行转矩

电动机带在运行时所需要的转矩为

$$T=T_1+T_a \tag{5-7}$$

式中，T 为需要的运行转矩，单位为 kg·cm；T_1 为负载转矩，单位为 kg·cm；T_a 为惯性体的加速转矩，单位为 kg·cm。

其中负载转矩 T_1 由实测或估算公式得到。

惯性体的加速转矩 T_a 可按下式计算

$$T_a=\frac{\text{驱动物体的惯量}}{980.7}\times\frac{3.14\times\text{步距角}}{18}\times\frac{\text{电动机希望的脉冲频率}}{\text{加速时间}} \tag{5-8}$$

4）决定电动机的型号

根据已得到的脉冲频率和运行需求的转矩，从电动机产品样本的矩频特性曲线上选取2～3种可用的电动机。

5）验证

根据选中的电动机，结合转子惯量再次用下列公式，即

$$\text{需要的运行转矩}=\frac{\text{驱动物体的惯量}+\text{转子惯量}}{980.7}\times\frac{3.14\times\text{步距角}}{18}\times\frac{\text{脉冲频率}}{\text{加速时间}}+\text{负载转矩} \tag{5-9}$$

验算。将计算值再次与矩频特性曲线对照，确定是否在该曲线内侧，直到满足为止，最终确定一种电动机。对首次设计的装置来讲，所选用的电动机和驱动器的特性，通常留有1.5～2倍的余量。

5.2.2 直流伺服电动机

1. 直流伺服电机的结构

直流伺服电机的控制电源为直流电压。根据其功能可分为普通型直流伺服电机、盘形电枢直流伺服电机、空心杯直流伺服电机和无槽直流伺服电机等几种。

1）普通型直流伺服电机

普通型直流伺服电机的结构与他激直流电机的结构相同，由定子和转子两大部分组成。根据励磁方式又可分为电磁式和永磁式两种，电磁式伺服电机的定子磁极上装有励磁绕组，励磁绕组接励磁控制电压产生磁通；永磁式伺服电机的磁极是永磁铁，其磁通是不可控的。与普通直流电机相同，直流伺服电机的转子一般由硅钢片叠压而成，转子外圆有

槽，槽内装有电枢绕组，绕组通过换向器和电刷与外边电枢控制电路相连接。为了提高控制精度和响应速度，伺服电机的电枢铁心长度与直径之比比普通直流电机要大，气隙也较小。

当定子中的励磁磁通和转子中的电流相互作用时，就会产生电磁转矩驱动电枢转动，恰当地控制转子中电枢电流的方向和大小，就可以控制伺服电机的转动方向和转动速度。电流为零时，伺服电机则停止不动。普通的电磁式和永磁式直流伺服电机性能接近，它们的惯性较其他类型伺服电机大。

2）盘形电枢直流伺服电机

盘形电枢直流伺服电机的定子由永久磁铁和前后铁轭共同组成，磁铁可以在圆盘电枢的一侧，也可在其两侧。盘形伺服电机转子电枢由线圈沿转轴的径向圆周排列，并用环氧树脂浇铸成圆盘形。盘形绕组通过的电流是径向电流，而磁通是轴向的，径向电流与轴向磁通相互作用产生电磁转矩，使伺服电机旋转。图 5 - 12 为盘形伺服电机的结构示意图。

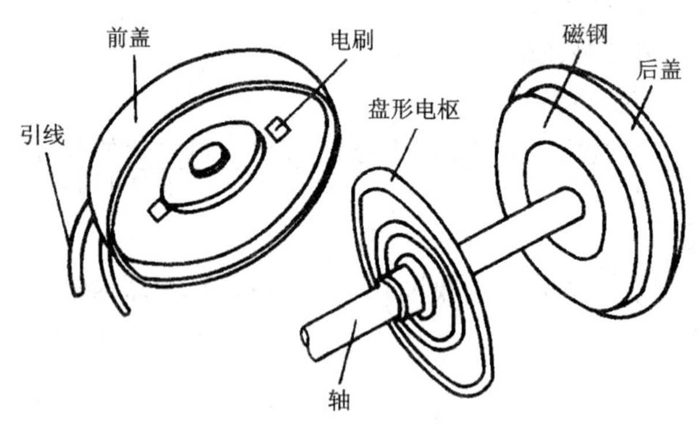

图 5 - 12　盘形电枢直流伺服电机结构

3）空心杯电枢直流伺服电机

空心杯电枢直流伺服电机有两个定子，一个由软磁材料构成的内定子和一个由永磁材料构成的外定子，外定子产生磁通，内定子主要起导磁作用。空心杯伺服电机的转子由单个成型线圈沿轴向排列成空心杯形，并用环氧树脂浇铸成型。空心杯电枢直接装在转轴上，在内外定子间的气隙中旋转。图 5 - 13 为空心杯电枢直流伺服电机的结构图。

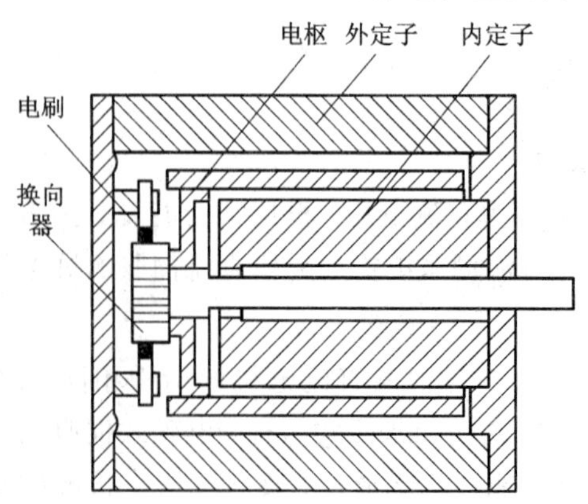

图 5 - 13　空心杯永磁直流伺服电机结构

4）无槽直流伺服电机

无槽直流伺服电机与普通伺服电机的区别是无槽直流伺服电机的转子铁心上不开元件槽，电枢绕组元件直接放置在铁心的外表面，然后用环氧树脂浇铸成型。图 5 - 14 为无槽直流伺服电机的结构图。

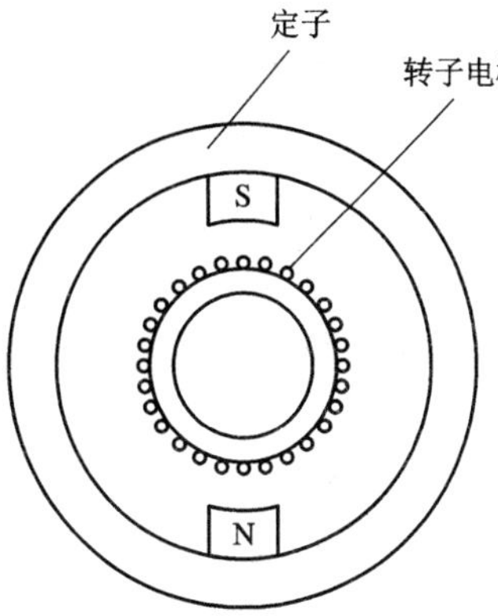

图 5 - 14　无槽直流伺服电机结构

后三种伺服电机与普通伺服电机相比，由于转动惯量小，电枢等效电感小，因此其动态特性较好，适用于快速系统。

2. 直流伺服电机的运行特性

在忽略电枢反应的情况下，直流伺服电机的电压平衡方程为

$$U = E_a + R_a I_a \tag{5-10}$$

当磁通恒定时，电枢的反电动势为

$$E_a = C_e \Phi n = k_e n \tag{5-11}$$

式中，k_e 为电动势常数。

直流伺服电机的电磁转矩为

$$T_{em} = C_T \Phi I_a = k_t I_a \tag{5-12}$$

式中，k_t 为转矩常数。

将上述三式联立求解可得直流伺服电机的转速关系式为

$$n = \frac{U}{k_e} - \frac{R_a}{k_e k_t} T_{em} \tag{5-13}$$

根据上式可得直流伺服电机的机械特性和调节特性。

1）机械特性

机械特性是指在控制电枢电压保持不变的情况下，直流伺服电机的转速随转矩变化的关系。当电枢电压为常值时，式(5 - 11)可写成

$$n = n_0 - kT_{em} \tag{5-14}$$

式中，$n_0 = \dfrac{U}{k_e}$，$k = \dfrac{R_a}{k_e k_t}$。

对上式应考虑以下两种特殊情况：

(1) 当转矩为零时，电机的转速仅与电枢电压有关，此时的转速为直流伺服电机的理想空载转速，理想空载转速与电枢电压成正比，即

$$n = n_0 = \frac{U}{k_e} \tag{5-15}$$

(2) 当转速为零时，电机的转矩仅与电枢电压有关，此时的转矩称为堵转转矩。堵转转矩与电枢电压成正比，即

$$T_D = \frac{U}{R_a} k_t \tag{5-16}$$

图 5 - 15 为给定不同的电枢电压得到的直流伺服电机的机械特性。从机械特性曲线上看，不同电枢电压下的机械特性曲线为一组平行线，其斜率为 $-k$。从图中可以看出，当控

制电压一定时，不同的负载转矩对应不同的机械转速。

2）调节特性

直流伺服电机的调节特性是指负载转矩恒定时，电机转速与电枢电压的关系。当转矩一定时，根据式(5-11)可知，转速与电压的关系也为一组平行线，如图5-16所示，其斜率为$1/k_e$。当转速为零时，对应不同的负载转矩可得到不同的启动电压U。当电枢电压小于启动电压时，伺服电机将不能启动。

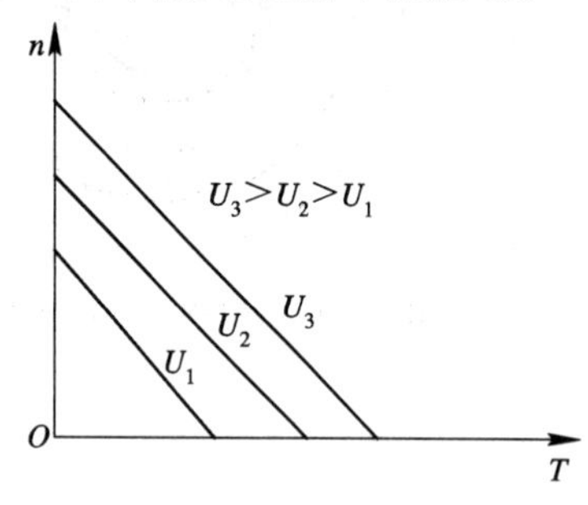

图5-15 电枢控制的直流伺服电机的机械特性

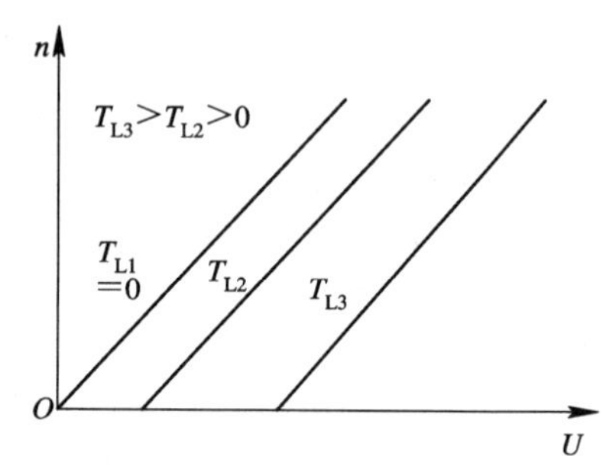

图5-16 直流伺服电机的调节特性

5.2.3 交流伺服电动机

1. 交流伺服电动机的工作原理

交流伺服电动机一般是两相交流电机，由定子和转子两部分组成。交流伺服电机的转子有笼形和杯形两种，无论哪一种转子，它的转子电阻都做得比较大，其目的是使转子在转动时产生制动转矩，使它在控制绕组不加电压时，能及时制动，防止自转。交流伺服电机的定子为两相绕组，并在空间相差90°电角度。两个定子绕组结构完全相同，使用时一个绕组作励磁用，另一个绕组作控制用。图5-17为交流伺服电机的工作原理图。图中，U_f为励磁电压，U_c为控制电压，这两个电压均为交流电压，相位互差90°。当励磁绕组和控制绕组均加交流互差90°电角度的电压时，会在空间形成圆旋转磁场(控制电压和励磁电压的幅值相等)或椭圆旋转磁场(控制电压和励磁电压幅值不等)，转子会在旋转磁场作用下旋转。当控制电压和励磁电压的幅值相等时，控制二者的相位差也能产生旋转磁场。

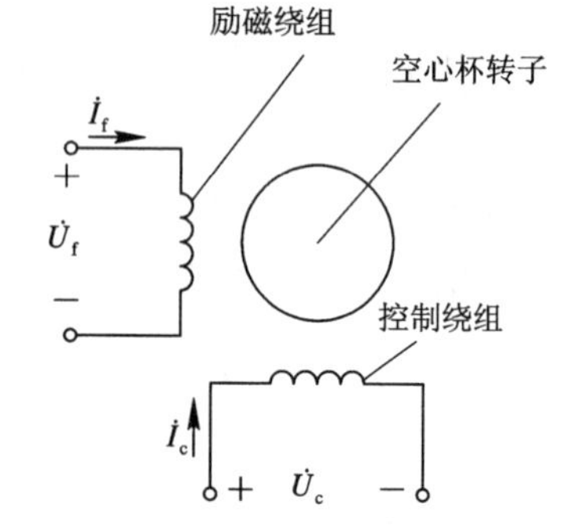

图5-17 交流伺服电机工作原理图

与普通两相异步电动机相比，伺服电动机有宽的调速范围。当励磁电压不为零，控制电压为零时，其转速也应为零。机械特性为线性并且动态特性好。为达到上述要求，伺服电机的转子电阻应当大，转动惯量应当小。

由电机学原理可知，异步电动机的临界转差率s_m与转子电阻有关，增大转子电阻可使临界转差率s_m增大，当转子电阻增大到一定值时，可使$s_m \geqslant 1$，电机的机械特性曲线近似为线性，这样可使伺服电机的调速范围大，在大范围内能稳定运行。当增大转子电阻时还可以防止自转现象的发生。当励磁电压不为零，控制电压为零时，伺服电机相当于一台单相异步电动机，若转子电阻较小，则电机还会按原来的运行方向转动，此时的转矩仍为拖动性转矩，此时的机械特性如图 5－18(a)所示；当转子电阻增大时，如图 5－18(b)所示，拖动性转矩将变小；当转子电阻大到一定程度时，如图 5－18(c)所示，转矩完全变成制动性转矩，这样可以避免自转现象的产生(图中，T_{em}为电磁转矩，T_1 和 T_2 为电磁转矩的两个分量)。

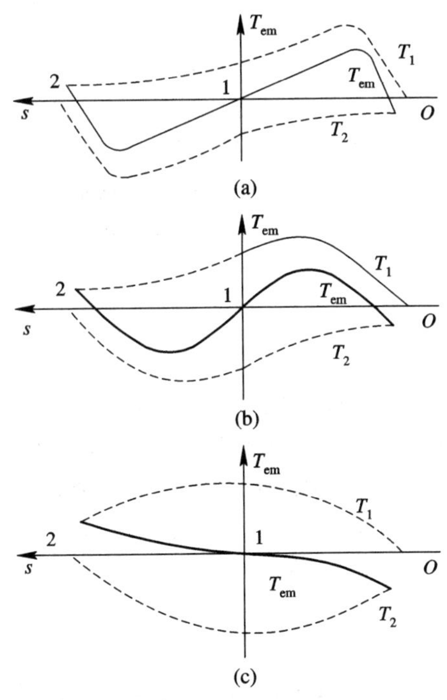

图 5－18　转子电阻对交流伺服电机机械特性的影响

(a) 小电阻时转矩分布图；(b) 电阻增大时转矩分布图；(c) 最大电阻时制动转矩分布图

2. 交流伺服电机的控制方式

交流伺服电机的控制方式有三种，它们分别是幅值控制、相位控制和幅相控制。

(1) 幅值控制。控制电压和励磁电压保持相位差 90°，只改变控制电压幅值，这种控制方法称为幅值控制。

当励磁电压为额定电压，控制电压为零时，伺服电机转速为零，电机不转；当励磁电压为额定电压，控制电压也为额定电压时，伺服电机转速最大，转矩也为最大；当励磁电压为额定电压，控制电压在额定电压与零电压之间变化时，伺服电机的转速在最高转速至零转速间变化。图 5－19 所示为幅值控制时伺服电机的控制接线图，使用时控制电压 U_c 的幅值在额定值与零之间变化，励磁电压保持为额定值。

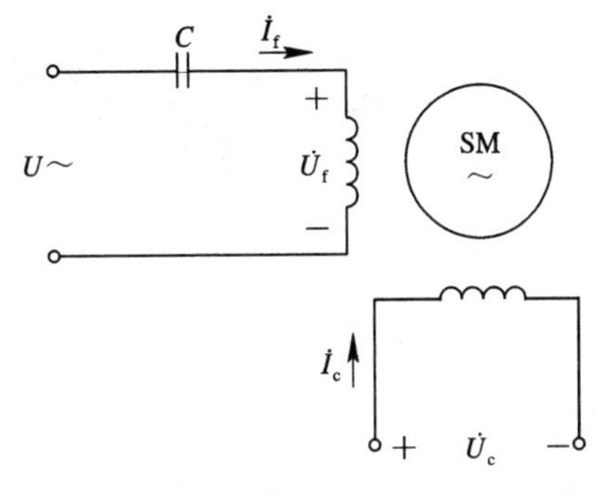

图 5－19　幅相控制时伺服电机的控制接线图

(2) 相位控制。与幅值控制不同，相位控制时控制电压和励磁电压均为额定电压，通过改变控制电压和励磁电压相位差，实现对伺服电机的控制。

设控制电压与励磁电压的相位差为$\beta(\beta=0°\sim90°)$，根据β的取值可得出气隙磁场的变化情况。当$\beta=0°$时，控制电压与励磁电压同相位，气隙总磁通势为脉振磁通势，伺服电机转速为零，则不转动；当$\beta=90°$时，为圆形旋转磁通势，伺服电机转速最大，转矩也为最大；当β在$0°\sim90°$变化时，磁通势从脉振磁通势变为椭圆形旋转磁通势，最终变为圆形旋转磁通势，伺服电机的转速由低向高变化。β值越大越接近圆形旋转磁通势。相位控制时的电路图见图 5－17。

（3）幅相控制。它是对幅值和相位差都进行控制，通过改变控制电压的幅值及控制电压与励磁电压的相位差控制伺服电机的转速。图 5－19 为幅相控制时伺服电机的控制接线图。当控制电压的幅值改变时，电机转速发生变化，此时励磁绕组中的电流随之发生变化，励磁电流的变化引起电容的端电压变化使控制电压与励磁电压之间的相位角改变。

幅相控制的机械特性和调节特性不如幅值控制和相位控制，但由于其电路简单，不需要移相器，因此在实际应用中用得较多。

5.2.4 直线电动机

随着以高效率、高精度为基本特征的高速加工技术的发展，要求高速加工机床除必须具有适宜高速加工的主轴部件，动、静、热刚度好的机床支撑部件，高刚度、高精度的刀柄和快速换刀装置，以及高压大流量的喷射冷却系统和安全装置等之外，对高速机床的进给系统也提出了更高的要求，分别如下：

（1）高进给速度，最大进给速度达到 60 m/min～200 m/min。

（2）高加速度，最大加速度应达到 1 g～10 g。

（3）高精度。

对此，由"旋转伺服电动机＋滚珠丝杠"构成的传统直线运动进给方式已很难适应这样的高要求了。在解决上述难题的过程中，一种崭新的传动方式应运而生了，这就是直线电动机直接驱动系统，如图 5－20 所示。

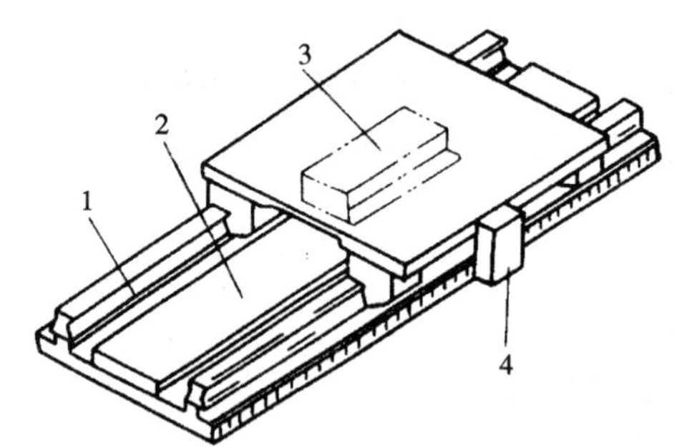

1—光栅尺(标尺光栅)；
2—指示光栅；
3—光电接收元件；
4—光源

图 5－20　直线电动机进给系统的外观

由于它取消了从电动机到工作台之间的一切中间传动环节，把机床进给传动链的长度缩短为零，因此这种传动方式被称做"直接驱动(Direct Drive)"，国内也有人称之为"零驱动"。

世界上第一台采用直线电动机直接驱动的高速加工中心是德国 Excello 公司 1993 年 9 月在德国汉诺威欧洲机床博览会上展出的 XHC 240 型加工中心。它采用了德国 Indrmat 公司的感应式直线电动机，各轴的快速移动速度为 80 m/min，加速度高达 1 g，定位精度为 0.005 mm，重复定位精度为 0.0025 mm。

1. 直线电动机工作原理简介

直线电动机的工作原理与旋转电动机相比，并没有本质的区别，就是将旋转电动机的转子、定子以及气隙分别沿轴线剖开，展成平面状，使电能直接转换成直线机械运动。如图 5－21 所示，对应于旋转电动机的定子部分，称为直线电动机的初级；对应于旋转电动机的转子部分，称为直线电动机的次级。当多相交变电流通入多相对称绕组时，就会在直线电动机初级和次级之间的气隙中产生一个行波磁场，从而使初级和次级之间相对移动。当然，二者之间也存在一个垂直力，可以是吸引力，也可以是推斥力。

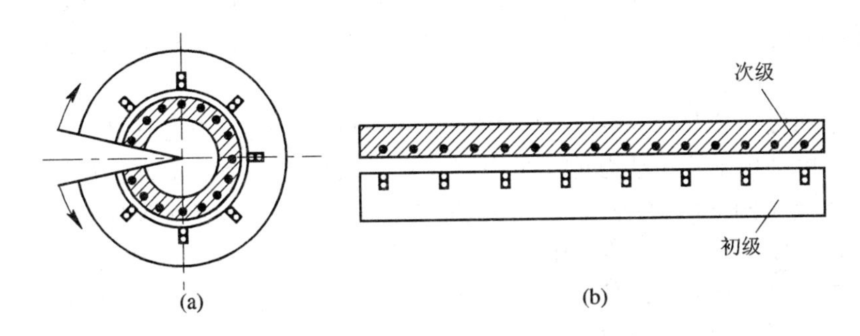

图 5－21　旋转电动机展开为直线电动机的过程

(a) 旋转电动机；(b) 直线电动机

直线电动机可以分为直流直线电动机、步进直线电动机和交流直线电动机三大类。在机床上主要使用交流直线电动机。

在结构上，可以有如图 5－22 所示的短次级和短初级两种形式。为了减小发热量和降低成本，高速机床用直线电动机一般采用图 5－22 中(b)所示的短初级结构。

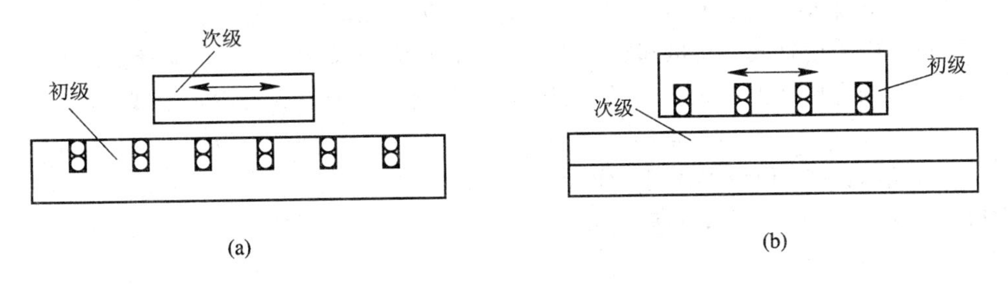

图 5－22　进给伺服系统动态结构图

(a) 短次级；(b) 短初级

在励磁方式上，交流直线电动机可以分为永磁(同步)式和感应(异步)式两种。永磁式直线电动机的次级是一块一块铺设的永久磁钢，其初级是含铁芯的三相绕组。感应式直线电动机的初级和永磁式直线电动机的初级相同，而次级是用自行短路的不馈电栅条来代替永磁式直线电动机的永久磁钢。永磁式直线电动机在单位面积推力、效率及可控性等方面均优于感应式直线电动机，但其成本高，工艺复杂，而且给机床的安装、使用和维护带来不便。感应式直线电动机在不通电时是没有磁性的，因此有利于机床的安装、使用和维护。近年来，对其性能不断改进，已接近于永磁式直线电动机的水平，在机械行业已受到广泛的欢迎。

2. 使用直线电动机的高速机床系统的特点

使用直线电动机的高速机床系统的特点如下：

(1) 速度高，可达 60 m/min～200 m/min。

(2) 惯性小，加速度特性好，可达 1 g～2 g，易于高速精定位。

(3) 使用直线伺服电动机，电磁力直接作用于运动体(工作台)上，而不用机械连接，因此没有机械滞后或齿节周期误差，精度完全取决于反馈系统的检测精度。

(4) 直线电动机上装配全数字伺服系统，可以达到极好的伺服性能。由于电动机和工作台之间无机械连接件，工作台对位置指令几乎是立即反应(电气时间常数约为 1 ms)，从而使跟随误差减至最小而达到较高的精度。并且，在任何速度下都能实现非常平稳的进给运动。

(5) 无中间传动环节，不存在摩擦磨损、反向间隙等问题，可靠性高，寿命长。

(6) 直线电动机系统在动力传动中由于没有低效率的中介传动部件而能达到高效率，可获得很好的动态刚度(动态刚度即为在脉冲负荷作用下，伺服系统保持其位置的能力)。

(7) 行程长度不受限制，并可在一个行程全长上安装使用多个工作台。

(8) 由于直线电动机的动件(初级)已和机床的工作台合二为一，因此单元不同，直线电动机进给单元只能采用全闭环控制系统。

然而，直线电动机在机床上的应用也存在一些问题，具体如下：

(1) 由于没有机械连接或啮合，因此垂直轴需要外加一个平衡块或制动器。

(2) 当负荷变化大时，需要重新整定系统。目前，大多数现代控制装置具有自动整定功能，因此能快速调机。

(3) 磁铁(或线圈)对电动机部件的吸力很大，因此应注意选择导轨和设计滑架结构，并注意解决磁铁吸引金属颗粒的问题。

直线电动机驱动系统具有很多的优点，对于促进机床的高速化有十分重要的意义和应用价值。目前以采用直线电动机和智能化全数字直接驱动伺服控制系统为特征的高速加工中心，已成为当今国际上各大著名机床制造商竞相研究和开发的关键技术和产品，并已在汽车工业和航空工业等领域中取得了初步应用和成效。由于处于初级应用阶段，生产批量不大，因而成本很高。但可以预见，作为一种崭新的传动方式，直线电动机必然在机床工业中得到越来越广泛的应用，并显现出巨大的生命力。

5.3 位置检测装置

5.3.1 位置检测装置简介

对于位置精度要求不高的数控设备，开环系统即可满足要求。当位置精度要求较高时，均应采用闭环系统。位置闭环控制系统采用一个或多个位置检测装置(常称传感器)测出工作机构的实际位置，并将实际位置输入计算机与预先给定的理想位置相比较，得到一个差值，根据差值，计算机向伺服系统发出相应的控制指令，伺服电动机带动工作机构向理想位置趋近，直到差值为零时，工作机构才停止动作。可见，位置检测元件是闭环控制系统中的重要组成元件。

1. 位置检测装置的要求

数控机床检测元件的作用是检测位移和速度，发送反馈信号，构成闭环控制。数控机床的加工精度主要由检测系统的精度决定。位移检测系统能够测量的最小位移量称为分辨率。分辨率不仅取决于检测元件本身，也取决于测量线路。数控机床对检测元件的主要要求如下：

(1) 寿命长，可靠性高，抗干扰能力强。

(2) 满足精度和速度要求。

(3) 使用维护方便，适合机床运行环境。

(4) 成本低。

(5) 便于与计算机连接。

不同类型的数控机床对检测系统的精度与速度的要求不同。一般来说，对于大型数控机床以满足速度要求为主，而对于中小型和高精度数控机床以满足精度要求为主。选择测量系统的分辨率或脉冲当量时，一般要求比加工精度高一个数量级。

2. 位置检测装置的分类

数控机床常用的位置检测元件见表 5 - 1。

表 5 - 1　位置检测元件分类

分　类	增量式	绝对式
回转式	旋转编码器 旋转变压器 旋转式感应同步器 圆光栅、圆磁栅	绝对旋转编码器 多速旋转变压器 三速旋转式感应同步器
直线式	直线式感应同步器 长光栅 磁尺激光干涉仪	三速直线式感应同步器 绝对值式磁尺

从检测信号的类型来分，位置检测装置可以分成数字式与模拟式两大类。但是同一检测元件既可以做成数字式，也可以做成模拟式，主要取决于使用方式和测量线路。

对机床的直线位移采用直线型检测元件测量，称为直接测量，其测量精度主要取决于测量元件的精度，不受机床传动精度的直接影响。

对机床的直线位移采用回转型检测元件测量，称为间接测量，其测量精度取决于测量元件和机床传动链两方面的精度。因此，为了提高定位精度，常常需要对机床的传动误差进行补偿。

在机床上，除了位置检测以外，还有速度检测，其目的是精确控制转速。转速检测元件常用测速发电机，测速发电机与驱动电动机同轴安装。也有用回转式脉冲发生器、脉冲编码器和频率一电压转换线路产生速度检测信号。

下面介绍常用的位置检测元件。

5.3.2 光栅位置检测装置

光栅用于数控机床作为检测装置，用以测量长度、角度、速度、加速度、振动等。它是数控机床闭环系统中用得较多的一种检测装置。

1. 光栅的种类

光栅的种类很多，其中有物理光栅和计量光栅之分。物理光栅刻线细而密，栅距(两刻线间的距离)在 0.002 mm～0.005 mm 之间，通常用于光谱分析和光波长的测定。计量光栅，相对来说刻线较粗，栅距在 0.004 mm～0.25 mm 之间，通常用于数字检测系统，是数控机床上应用较多的一种检测装置。

1）直线光栅

(1) 玻璃透射光栅。在玻璃的表面上制成透明与不透明间隔相等的线纹，称做透射光栅，其制造工艺为在玻璃表面感光材料的涂层上或金属镀膜上刻成光栅线纹，也有用刻蜡、腐蚀、涂黑工艺的。特点如下：

① 光源可以采用垂直入射，光电元件可直接接受光信号，因此信号幅度大，读数头结构比较简单。

② 刻线密度较大，常用 100 条/mm，其栅距为 0.01 mm，再经过电路细分，可做到微米级的分辨率。

(2) 金属反射光栅。在钢直尺或不锈钢带的镜面上用照相腐蚀工艺制作的光栅，或用钻石刀直接刻画制作的光栅线纹，称做反射光栅。常用的反射光栅的刻线密度为 4 条/mm、10 条/mm、25 条/mm、40 条/mm、50 条/mm，特点如下：

① 标尺光栅的线膨胀系数很容易做到与机床材料一致。

② 标尺光栅的安装和调整比较方便。

③ 易于接长或制成整根的钢带长光栅。

④ 不易碰碎。

⑤ 分辨率比透射光栅低。

2）圆光栅

圆光栅是用来测量角位移的。它是在玻璃圆盘的外环端面上，做成黑白间隔条纹，条纹呈辐射状、相互间的夹角相等。根据不同的使用要求，其圆周内线纹数也不相同。一般有三种形式：

(1) 六十进制，如 10 800、21 600、32 400、64 800 等。

(2) 十进制，如 1000、2500、5000 等。

(3) 二进制，如 512、1024、2048 等。

2. 直线透射光栅的组成及工作原理

1）直线透射光栅的组成

光栅位置检测装置由光源、长光栅(标尺光栅)、短光栅(指示光栅)、光电接收元件等组成，如图 5-23 所示。长光栅安装在机床固定部件上，长度相当于工作台移动的全行程，短光栅则固定在机床移动部件上。长、短光栅保持一定间隙(0.05 mm～0.1 mm)重叠在一起，并在自身的平面内转动一个很小的角度 θ，如图 5-24 所示。

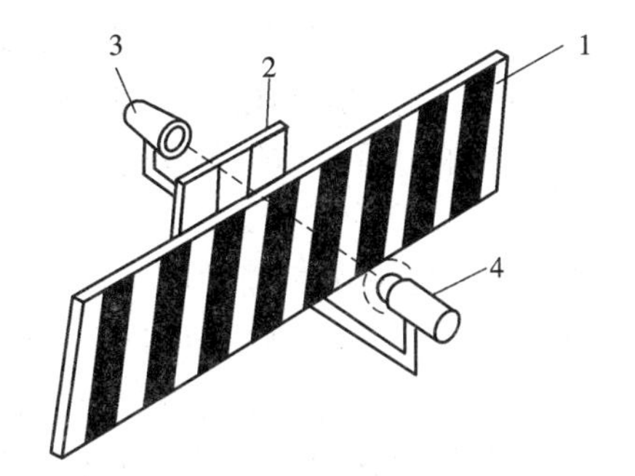

图 5 - 23　直线透射光栅

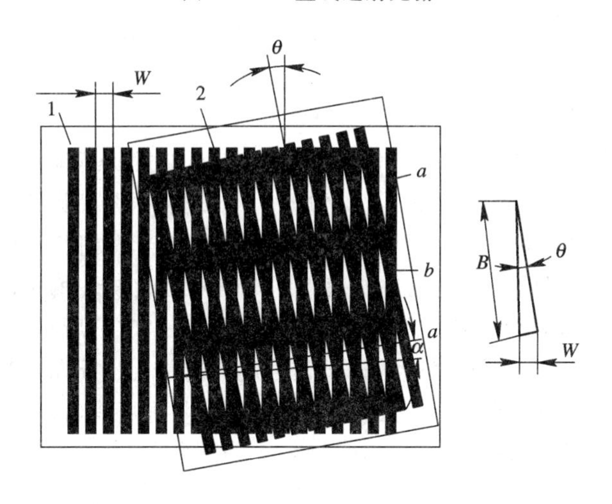

图 5 - 24　莫尔条纹的形成

光栅读数头又叫光电转换器，它把光栅莫尔条纹变成电信号。读数头由光源、透镜、指示光栅、光敏元件和驱动线路组成，是一个单独的部件。图 5 - 23 中标尺光栅不属于光栅读数头，但它要穿过光栅读数头，且保证与指示光栅有准确的相互位置关系。光栅读数头还有分光读数头、垂直入射读数头和镜像读数头等几种。

2）莫尔条纹的产生和特点

若光源以平行光照射光栅时，由于挡光效应和光的衍射，则在与线纹垂直方向，更确切地说，在两块光栅线纹夹角的平分线相垂直的方向上，出现了明暗交替、间隔相等的粗大条纹，称谓“莫尔干涉条纹”，简称莫尔条纹，见图 5 - 24。

莫尔条纹具有以下特点：

(1) 放大作用。当交角 θ 很小时，栅距 W 和莫尔条纹节距 B(单位为 mm)有下列关系

$$B=\frac{W}{\sin\theta}\approx\frac{W}{\theta} \tag{5-17}$$

由上式可知，莫尔条纹的节距为光栅栅距的 $1/\theta$ 倍。由于 θ 很小(小于 10)，因此节距 B 比栅距 W 放大了很多倍。若 $W=0.01$ mm，通过减小 θ 角，将莫尔条纹的节距调成 10 mm 时，其放大倍数相当于 1000 倍($1/\theta=B/W$)。因此，不需要经过复杂的光学系统，便将光栅的栅距放大了 1000 倍，从而大大减化了电子放大线路，这是光栅技术独有的特点。

(2) 平均效应。莫尔条纹是由若干线纹组成的，例如每毫米 100 线的光栅，10 mm 长的莫尔条纹，等亮带由 2000 根刻线交叉形成。因而对个别栅线的间距误差(或缺陷)就平均化了，这在很大程度上消除了短周期误差的影响。因此莫尔条纹的节距误差就取决于光栅刻线的平均误差。

(3) 莫尔条纹的移动规律。莫尔条纹的移动与栅距之间的移动成比例，当光栅向左或向右移动一个栅距 W 时，莫尔条纹也相应地向上或向下准确地移动一个节距 B。而且莫尔条纹的移动还具有以下规律：若标尺光栅不动，将指示光栅逆时针方向转一个很小的角度(设为 $+\theta$)后，并使标尺光栅向右移动，则莫尔条纹便向下移动；反之，当标尺光栅向左移动时，则莫尔条纹向上移动。若将指示光栅顺时针方向转动一个很小的角度(设为 $-\theta$)后，当标尺光栅向右移动时，莫尔条纹向上移动；反之标尺光栅向左移动，则莫尔条纹向下移动。

3. 直线光栅检测装置的辨向

采用一个光电元件所得到的光栅信号只能计数，不能辨识运动的方向。为了确定运动方向，至少要有两个光电元件，如图 5－25(b)所示。安装两个相距 $W/4$ 的隙缝 S_1 和 S_2，因此，通过 S_1 和 S_2 的光束分别为两个光电元件所接收，当光栅移动时，莫尔条纹通过两个缝隙的时间不同，所以两个光电元件所获得的电信号虽然波形相同，但相位相差 90°。至于哪个超前，则取决于标尺光栅 G_s 的移动方向。如图 5－25(c)所示，当标尺光栅 G_s 向右移动时，莫尔条纹向上移动，隙缝 S_2 的输出信号波形超前 1/4 周期；当 G_s 向左移动时，莫尔条纹向下移动，隙缝 S_1 的输出信号超前 1/4 周期。根据两缝隙输出信号的超前或滞后，可以确定标尺光栅 G_s 移动的方向。

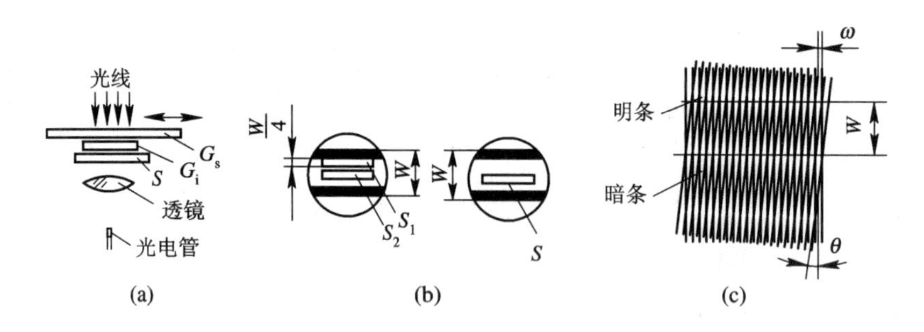

图 5－25　直线透射光栅

(a) 物理结构；(b) 光电元件图；(c) 莫尔纹理图

4. 提高光栅分辨精度的措施

为了提高光栅检测装置的精度，可以提高刻线精度和增加刻线密度，但刻线密度达 200 条/mm 以上的细光栅刻线制造比较困难，成本较高。因此，通常采用倍频的方法来提高光栅的分辨精度，如图 5－26 所示，它采用四倍频方案。光栅刻线密度为 50 条/mm，采用四个光电元件和四个隙缝，每隔 1/4 光栅节距产生一个脉冲，分辨精度可提高四倍。

当指示光栅与标尺光栅相对移动时，硅光电池接收到正弦波电流信号。这些信号送至差动放大器，再经过整形，使之成为两路正弦及余弦方波。然后经微分电路获得脉冲，由于脉冲是在方波的上升沿产生，为了使 0°、90°、180°、270°的位置上都得到脉冲，所以必须

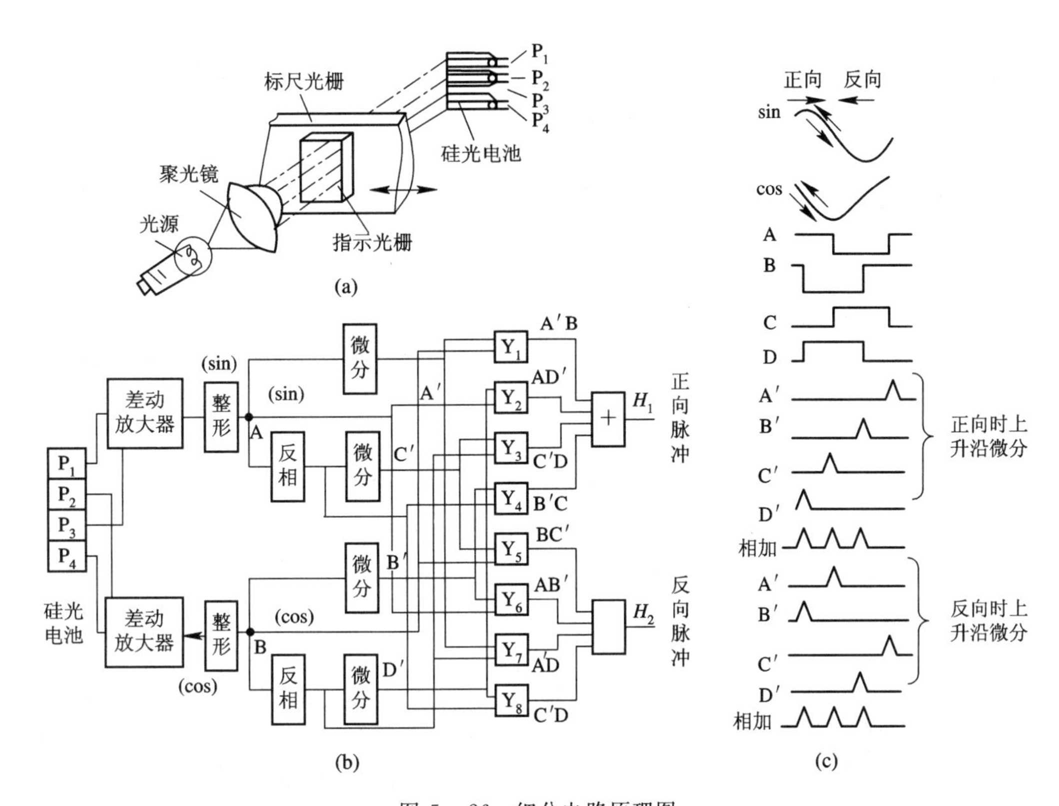

图 5-26　细分电路原理图

(a) 结构图；(b) 电路图；(c) 波形图

把正弦和余弦方波分别各自反相一次，然后再微分，这样可得到四个脉冲。为了辨别正向和反向运动，可用一些与门把四个方波＋sin、－sin、＋cos 及－cos(即 A、B、C、D)和四个脉冲进行逻辑组合。当正向运动时，通过与门 $Y_1 \sim Y_4$ 及或门 H_1 得到 AB＋AD＋CD＋BC 四个脉冲输出；当反向运动时，通过与门 $Y_5 \sim Y_8$ 及或门 H_2 得到 BC＋AB＋AD＋CD 四个脉冲输出。细分电路波形如图 5-26(c)所示，这时虽然光栅栅距为 0.02 mm，但四倍频后，每一脉冲都相当于 5 μm，即分辨精度提高了四倍。此外，也可采用八倍频、十倍频、二十倍频及其他倍频线路。

5. 光栅检测装置的特点

光栅检测装置的特点如下：

(1) 由于光栅的刻线可以制作得十分精确，同时莫尔条纹对刻线局部误差有均化作用，因此栅距误差对测量精度影响较小；也可采用倍频的方法来提高分辨率精度，所以测量精度高。

(2) 在检测过程中，标尺光栅与指示光栅不直接接触，没有磨损，因而精度可以长期保持。

(3) 光栅刻线要求很精确，两光栅之间的间隙及倾角都要求保持不变，故制造调试比较困难。另外，光学系统容易受到外界的影响而产生误差，如灰尘、冷却液等污物的侵入，易使光学系统污染甚至变质。为了保证精度和光电信号的稳定，光栅和读数头都应放在密封的防护罩内，对工作环境的要求也较高，测量精度高时，还要放在恒温室中使用。

5.3.3 脉冲编码器

脉冲编码器是一种位置检测元件，用以测量轴的旋转角度位置和速度变化，其输出信号为电脉冲。在数控机床上，它属间接测量。通常，它与驱动电动机同轴安装，驱动电动机可以通过齿轮箱或同步齿形带驱动丝杠，也可以直接驱动丝杠。脉冲编码器随着电动机旋转时，可以连续发出脉冲信号，例如电动机每转一圈，脉冲编码器可发出 2000 个均匀的方波信号，数控系统通过对该信号的接收、处理、计数即可得到电动机的旋转角度，从而算出当前工作台的位置。目前，脉冲编码器每转可发出数百至数万个方波信号，因此可满足高精度位置检测的需要。

脉冲编码器检测方式的特点如下：

(1) 检测方式是非接触式的，无摩擦和磨损，驱动力矩小。

(2) 由于光电变换器性能的提高，可得到较快的响应速度。

(3) 由于照相腐蚀技术的提高，可以制造高分辨率、高精度的光电盘。母盘制作后，复制很方便，且成本低。

(4) 抗污染能力差，容易损坏。

脉冲编码器按码盘的读取方式可分为光电式、接触式和电磁式。就精度与可靠性来讲，光电式脉冲编码器优于其他两种。数控机床上使用光电式脉冲编码器。按照编码的方式，可分为增量式和绝对值式两种。数控机床上最常用的脉冲编码器见表 5-2。

表 5-2 脉 冲 编 码 器

<table>
<tr><th>丝杠长度单位</th><th>脉冲编码器
p/r</th><th>每转脉冲移动量</th><th>丝杠长度单位</th><th>脉冲编码器
p/r</th><th>每转脉冲移动量</th></tr>
<tr><td rowspan="6">mm(米制)</td><td>2000</td><td rowspan="2">2、3、4、6、8</td><td rowspan="6">mm(米制)</td><td>2000</td><td rowspan="2">0.1、0.5、0.2
0.3、0.4</td></tr>
<tr><td>20 000</td><td>20 000</td></tr>
<tr><td>2500</td><td rowspan="2">5、10</td><td>2500</td><td rowspan="2">0.25、0.5</td></tr>
<tr><td>25 000</td><td>25 000</td></tr>
<tr><td>3000</td><td rowspan="2">3、6、12</td><td>3000</td><td rowspan="2">0.15、0.3、0.6</td></tr>
<tr><td>30 000</td><td>30 000</td></tr>
</table>

注：1 in=25.4 mm。表 5-2 中的 20 000 p/r、25 000 p/r、30 000 p/r 为高分辨率脉冲编码盘。根据速度、精度和丝杠螺距来选择。

1. 增量式脉冲编码器

增量式光电脉冲编码器亦称光电码盘、光电脉冲发生器等。轴的每圈转动，增量式编码器都会提供一定数量的脉冲。周期性测量或者单位时间内的脉冲计数可以用来测量移动的速度。如果在一个参考点后面脉冲数被累加，计算值就代表了转动角度或行程的参数。双通道编码器输出脉冲之间相差为 90°。能使接收脉冲的电子设备接收轴的旋转感应信号，因此双通道编码器可用来实现双向的定位控制。另外，三通道增量式旋转编码器每一圈产生一个称之为零位信号的脉冲。

增量式光电编码器原理见图 5-27。它由光源、聚光镜、光电盘、光栏板、光敏元件、整形放大电路和数字显示装置等组成。在光电盘的圆周上等分地制成透光狭缝，其数量从几百条到上千条不等。光栏板透光狭缝为两条，每条后面安装一个光敏元件。

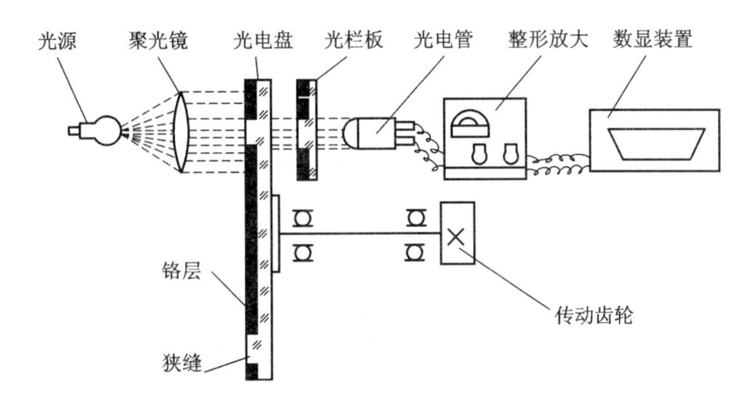

图 5-27　增量式光电编码器

盘转动时，光电元件把通过光电盘和光栏板射来的忽明忽暗的光信号(近似于正弦信号)转换为电信号，经整形、放大等电路的变换后变成脉冲信号，通过计量脉冲的数目，即可测出工作轴的转角，并通过数显装置进行显示。通过测定计数脉冲的频率，即可测出工作轴的转速。

从光栏板上两条狭缝中检测的信号 A 和 B 是具有 90°相位差的两个正弦波，这组信号经放大器放大与整形，输出波形如图 5-28 所示。根据先后顺序，即可判断光电盘的正反转。若 A 相超前于 B 相，对应于电动机正转；B 相超前 A 相，则对应于电动机反转。若以该方波的前沿或后沿产生计数脉冲，可以形成代表正向位移和反向位移的脉冲序列。

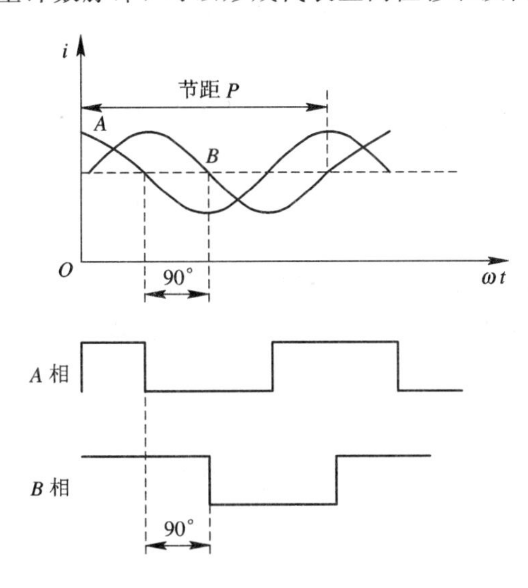

图 5-28　光电编码器的输出波形

此外，在脉冲编码器的里圈还有一条透光条纹 C，用以产生基准脉冲，又称零点脉冲，它是轴旋转一周在固定位置上产生一个脉冲。如数控车床切削螺纹时，既可将这种脉冲当做车刀进刀点和退刀点的信号使用，以保证切削螺纹不会乱牙；也可用于高速旋转的转数计数或加工中心等数控机床上的主轴准停信号。

在应用时，从脉冲编码器输出的信号是差动信号，差动信号的传输大大提高了传输的抗干扰能力。同时，在数控装置中，常对上述信号进行倍频处理，进一步提高其分辨率，从而提高位置控制精度。如果数控装置的接口电路从信号 A 的上升沿和下降沿各取一个脉冲，则每转所检测的脉冲数提高了一倍，称为二倍频。同样，如果从信号 A 和信号 B 的上升沿和下降沿均取一个脉冲，则每转所检测的脉冲数为原来的四倍，称为四倍频。例如，选用配置 2000 p/r 光电编码器的电动机直接驱动 8 mm 螺距的丝杠，经数控装置四倍频处理，可达 8000 p/r 的角度分辨率，对应工作台 0.001 mm 的分辨率。四倍频信号的获取波形如图 5－29 所示。

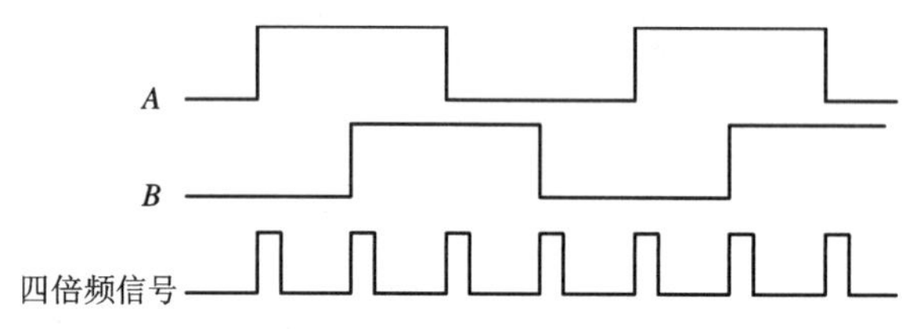

图 5－29　四倍频信号波

当利用脉冲编码器的输出信号进行速度反馈时，可经过频率—电压转换器(F/V)变成正比于频率的电压信号，作为速度反馈供给模拟式伺服驱动装置。对于数字式伺服驱动装置则可直接进行数字测速。

2. 绝对式旋转编码器

增量式编码器的缺点是有可能发生由于噪声或其他外界干扰产生的计数错误，因停电、刀具破损而停机，事故排除后不能再找到事故前执行部件的正确位置。

采用绝对值式编码器可以克服这些缺点。绝对值式编码器为每一个轴的位置提供一个独一无二的编码数字值。特别是在定位控制应用中，绝对值式编码器减轻了电子接收设备的计算任务，从而省去了复杂昂贵的输入装置。而且，当机器上电源切除或电源故障后再接通电源，不需要回到位置参考点，就可利用当前的位置值。

在功能上，单圈绝对值式编码器把轴细分成规定数量的测量步，最大的分辨率为 13 位，这就意味着最多可区分 8192 个位置。多圈绝对值式编码器不仅能在一圈内测量角位移，而且能利用多步齿轮测量圈数。多圈的圈数为 12 位，也就是说最大 4096 圈可以被识别。总的分辨率可达到 25 位或者 33、554、432 个测量步数。并行绝对值式旋转编码器传输位置值到估算电子装置通过几根电缆并行传送。

1）工作原理

绝对值式编码器是通过读取编码盘上的图案来表示数值的。图 5－30 为四码道接触式二进制编码盘结构及工作原理图。图中，黑的部分为导电部分，表示为“1”；白的部分为绝缘部分，表示为“0”。四个码道都装有电刷，最里面一圈是公共极，由于四个码道产生四位二进制数，码盘每转一周产生 0000～1111 个 16 个二进制数，因此将码盘圆周可分成 16 等份。当码盘旋转时，四个电刷依次输出 16 个二进制编码 0000～1111，编码代表实际角位移，码盘分辨率与码道多少有关，位码道角盘分辨率为

$$\theta = \frac{360^\circ}{2^n} \tag{5-18}$$

二进制编码器的主要缺点是码盘盘上的图案变化较大，在使用中容易产生较多的误读。经改进后的结构如图 5－30(b)所示(格雷编码盘)，它的特点是相邻的十进制数之间只

有一位二进制码不同。因此，图案的切换只用一位数(二进制的位)进行。所以，能把误读控制在一个数单位之内，从而提高了可靠性。

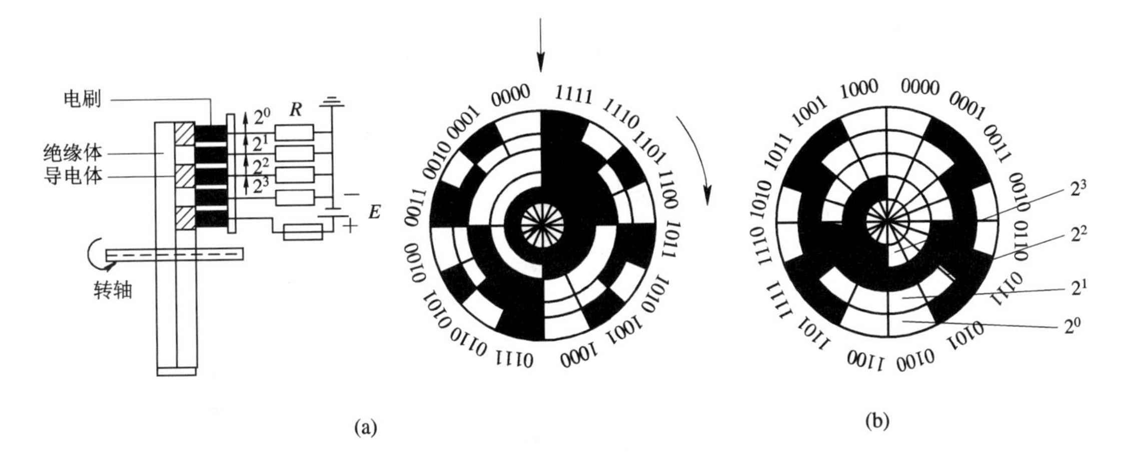

图 5 - 30 绝对式脉冲编码器

(a) 二进制编码器；(b) 格雷编码器

2）绝对式脉冲编码器的特点

(1) 角度坐标值可从绝对编码盘中直接读出。

(2) 不会有累积进程中的误计数。

(3) 允许的最高旋转速度较高。

(4) 编码器本身具有机械式存储功能，即使因停电或其他原因造成坐标值清除，通电后，仍可找到原绝对坐标位置。

(5) 缺点是为提高精度和分辨率，必须增加码道数，而且当进给转数大于一转时，需作特别处理。组成多级检测装置必须用减速齿轮将以上的编码器连接起来，从而使其结构复杂、成本增加。

3. 编码器在数控机床中的应用

在数控机床上，光电脉冲编码器常用于在数字比较的伺服系统中作为位置检测装置，将检测信号反馈给数控装置。

光电脉冲编码器将位置检测信号反馈给 CNC 装置有两种方式：一种是适应带加减计数要求的可逆计数器，形成加计数脉冲和减计数脉冲；另一种是适应有计数控制和计数要求的计数器，形成方向控制信号和计数脉冲。

在此，仅以第二种应用方式为例，通过给出该方式的电路图和波形图，简要介绍其工作过程，如图 5 - 31 所示。脉冲编码器的输出信号 A、$\overline{A}$、B、$\overline{B}$ 经差分、微分、与非门 C 和 D，由 RS 触发器(由 1、2 与非门组成)输出方向信号，正走时为"0"，反走时为"1"。由与非门 3 输出计数脉冲。

正走时，A 脉冲超前 B 脉冲，D 门在 A 信号控制下，将 B 脉冲上升沿微分作为计数脉冲反向输出，为负脉冲。该脉冲经与非门 3 变为正向计数脉冲输出。D 门输出的负脉冲同时又将触发器置为"0"状态，Q 端输出"0"，作为正走方向控制信号。

反走时，B 脉冲超前 A 脉冲。这时，由 C 门输出反走时的负计数脉冲，该负脉冲也由 3 门反向输出作为反走时计数脉冲。不论正走、反走，与非门 3 都为计数脉冲输出门。反走时，C 门输出的负脉冲使触发器置“1”，作为反走时方向控制信号。

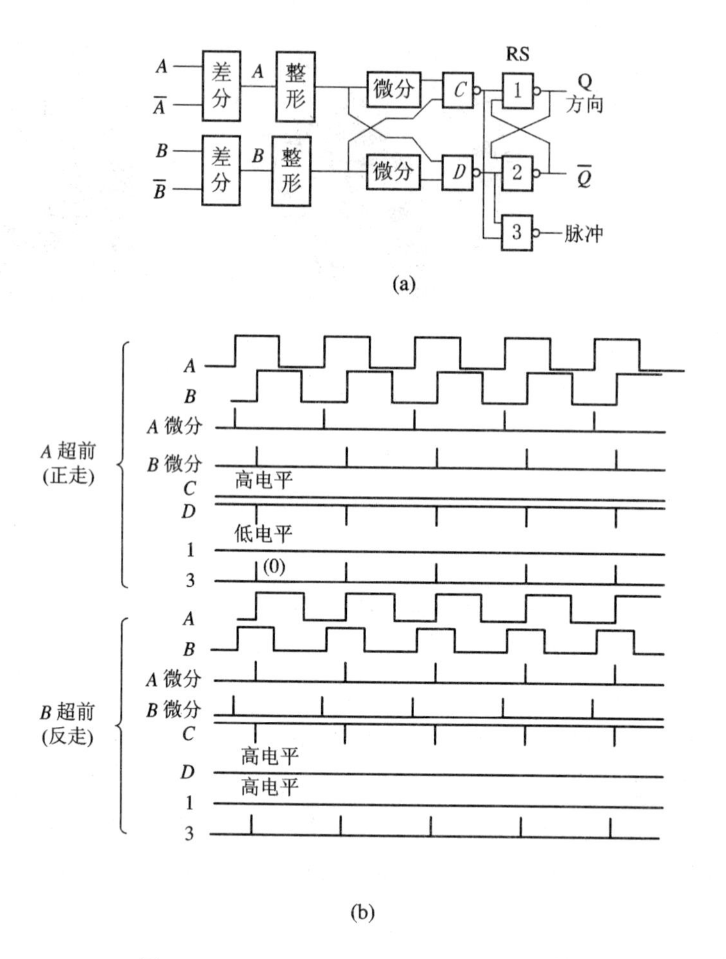

图 5-31　绝对式脉冲编码器及其输出信号

(a) 绝对脉冲编码器；(b) 绝对式脉冲编码器输出信号

5.3.4　旋转变压器

旋转变压器常用于数控机床中角位移的检测，具有结构简单、牢固，对工作环境要求不高，信号输出幅度大，以及抗干扰能力强等优点。但普通的旋转变压器测量精度较低，为角度数量级，在应用上受到一定限制，一般用于精度要求不高或大型机床的粗测及中测系统。使用中常通过增速齿轮和被测轴连接，以便提高检测精度，其成本较高。

1. 旋转变压器的工作原理

旋转变压器是一种角度测量元件，在结构上与两相绕线式异步小型交流电动机相似，由定子和转子组成。旋转变压器是根据电磁互感原理工作的，它在结构设计与制造上保证了定子与转子之间空气间隙内磁通分布呈正弦规律。其中，定子绕组作为变压器的一次侧，为变压器的原边，接受励磁电压，励磁频率通常使用400 Hz、50 Hz及5000 Hz的。转子绕组作为变压器的二次侧，是变压器的副边。当定子绕组加上交流励磁电压时，通过电磁耦合在转子绕组中产生的感应电动势，其输出电压的大小取决于定子与转子两个绕组轴线在空间的相对位置。两者平行时互感最大，二次侧的感应电动势也最大；两者垂直时互感的电感量为零，感应电动势也为零。

旋转变压器分为单极和多极两种。为了便于对旋转变压器工作原理理解，先讨论一下单极工作情况。如图 5－32 所示，单极旋转变压器的定子和转子各有一对磁极，假设加到定子绕组的励磁电压为 $u_1=U_m \sin\omega t$，则转子通过电磁耦合，产生感应电压 u_2。当转子转到使它的绕组磁轴和定子绕组磁轴垂直时，转子绕组的感应电压 $u_2=0$；当转子绕组的磁轴自垂直位置转过一定角度 θ 时，转子绕组中产生的感应电压为

$$u_2 = ku_1 \sin\theta = kU_m \sin\omega t \sin\theta \tag{5-19}$$

式中，$k=\omega_1/\omega_2$，为旋转变压器的电压比；ω_1、ω_2 分别为定子、转子绕组匝数；U_m 为最大瞬时电压；θ 为两绕组轴线间夹角。

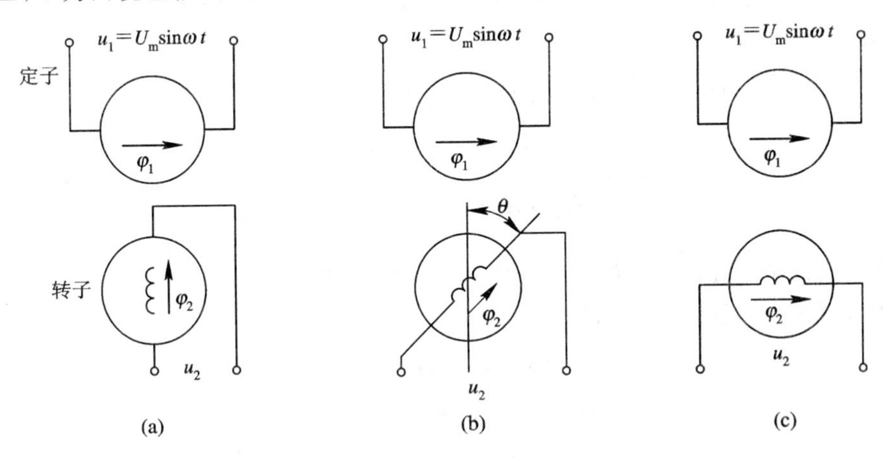

图 5－32　旋转变压器的工作原理

当转子转过90°(即 θ=90°)时，两磁轴平行，此时转子绕组中感应电压最大，即

$$u_2 = kU_m \sin\omega t \tag{5-20}$$

旋转变压器在结构上保证了转子绕组中的感应电压随转子的转角以正弦规律变化。当转子绕组中接以负载时，其绕组中便有正弦感应电流通过，该电流所产生的交变磁通将使定子和转子间的气隙中的合成磁通畸变，从而使转子绕组中的输出电压也发生畸变。为了克服上述缺点，通常采用正弦、余弦旋转变压器，其定子和转子绕组均由两个匝数相等、且相互垂直的绕组构成，如图 5－33 所示。一个转子绕组作为输出信号，另一个转子绕组接高阻抗作为补偿。若将定子中的一个绕组短接，而另一个绕组通以单相交流电压 $u_1=U_m \sin\omega t$，则在转子的两个绕组中得到的输出感应电压分别为

$$u_{2c} = ku_1 \cos\theta = kU_m \sin\omega t \cos\theta \tag{5-21}$$

$$u_{2s} = ku_1 \sin\theta = kU_m \sin\omega t \sin\theta \tag{5-22}$$

因为两个绕组中的感应电压恰恰是关于转子转角 θ 的正弦和余弦的函数，所以我们称之为正余弦旋转变压器。

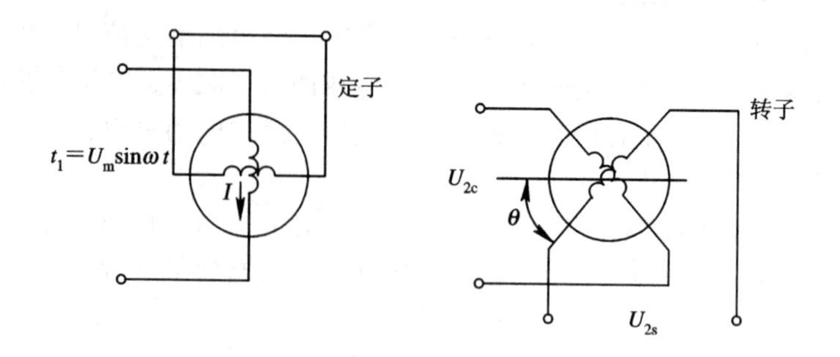

图 5 - 33　正弦、余弦旋转变压器原理图

2. 旋转变压器工作方式

以正余弦旋转变压器为例，如图 5 - 33 所示，若把转子的一个绕组短接，而定子的两个绕组分别通以励磁电压，应用叠加原理，可得到两种典型的工作方式。

1）鉴相工作方式

给定子的两个绕组分别通以同幅、同频，但相位相差 π/2 的交流励磁电压，即

$$u_{1s} = U_m \sin\omega t \tag{5-23}$$

$$u_{1c} = U_m \cos\omega t = U_m \sin\left(\omega t + \frac{\pi}{2}\right) \tag{5-24}$$

这两个励磁电压在转子绕组中都产生了感应电压，并叠加在一起，因而转子中的感应电压应为这两个电压的代数和，即

$$\begin{aligned} u_2 &= u_{1s} \sin\theta + u_{1c} \cos\theta \\ &= kU_m \sin\omega t \ \sin\theta + kU_m \cos\omega t \ \cos\theta \\ &= kU_m \cos(\omega t - \theta) \end{aligned} \tag{5-25}$$

同理，假如转子逆向转动，可得

$$u_2 = kU_m \cos(\omega t + \theta) \tag{5-26}$$

由式(5 - 24)和式(5 - 25)可以看出，转子的偏转角之间有严格的对应关系，这样，我们只要检测出转子输出电压的相位角，就可知道转子的转角。变压器的转子是和被测轴连接在一起的，故被测轴的角位移也就测到了。

2）鉴幅工作方式

给定子的两个绕组分别通以同频率、同相位但幅值不同的交变电压，即

$$u_{1s} = U_{sm} \sin\omega t \tag{5-27}$$

$$u_{1c} = U_{cm} \sin\omega t \tag{5-28}$$

其幅值分别为正、余弦函数，即

$$u_{sm} = U_m \sin\alpha \tag{5-29}$$

$$u_{cm} = U_m \cos\alpha \tag{5-30}$$

则定子上的叠加感应电压为

$$
\begin{aligned}
u_2 &= u_{1s}\sin\theta + u_{1c}\cos\theta \\
&= kU_m \sin\alpha \sin\omega t \sin\theta + kU_m \cos\alpha \cos\omega t \cos\theta \\
&= kU_m \cos(\alpha-\theta)\sin\omega t
\end{aligned} \tag{5-31}
$$

同理，如果转子逆向转动，可得

$$
u_2 = kU_m \cos(\alpha+\theta)\sin\omega t \tag{5-32}
$$

由式(5－30)和式(5－31)可以看出，转子感应电压的幅值随转子的偏转角而变化，测量出幅值即可求得转角 θ。

在实际应用中，应根据转子误差电压的大小，不断修改励磁信号中的 α 角(即励磁幅值)，使其跟踪 θ 的变化。

普通旋转变压器精度较低，为了提高精度，近来在数控系统中广泛采用磁阻式多级旋转变压器(又称细分解算器)，简称多级旋转变压器，其误差不超过 3.5 V。这种旋转变压是无接触式磁阻可变的耦合变压器。在多极旋转变压器中，定子(或转子)的极对数根据精度要求而不等，增加定子(或转子)的极对数，使电气转角为机械转角的倍数，从而提高精度，其比值即为定子(或转子)的极对数。日本多摩川公司生产的单对板无刷旋转变压器的主要参数见表 5－3。

表 5－3　日本多摩川公司生产的单对板无刷旋转变压器的主要参数

电器参数	输入电压	输入电流	励磁频率	变比系数	电气误差
	3.5 V	1.17 mA	3 kHz	0.6	10′
机械参数	最高转速	转子惯量	摩擦力矩		
	8000 r/min	4×10^{-7} kg·m^2	6×10^{-2} N·cm		
外形参数	外径	轴径	轴伸	长度	重量
	26.97 mm	3.05 mm	12.7 mm±0.5 mm	60 mm	165 g

5.3.5　感应同步器

感应同步器是由旋转变压器演变而来的。它是利用两个平面形印刷绕组，其间保持一定间隙(0.25 mm±0.05 mm)，相对平行移动时，根据交变磁场和互感原理而工作的。感应同步器是多极旋转变压器的展开形式，两者的工作原理基本相同。

感应同步器分为两种：测量直线位移的称为直线型感应同步器，测量角位移的称为圆型感应同步器。直线型感应同步器由定尺和滑尺组成，圆型感应同步器由转子和定子组成。

1. 感应同步器的结构、分类

1) 感应同步器的结构

图 5－34 为直线型感应同步器的定尺和滑尺的绕组结构示意图，图 5－35 为直线型感应同步器的截面结构。定尺为连续绕组，节距 $W_2=2(a_2+b_2)$，其中，a_2 为导电片宽，b_2 为片间间隙，定尺节距即为检测周期 W，常取 $W=2$ mm。

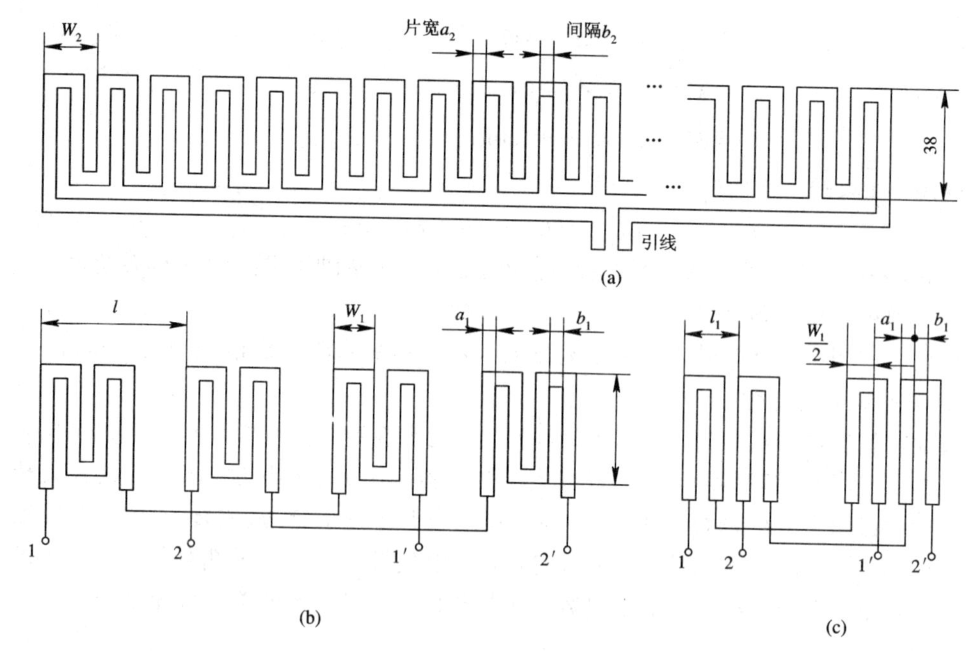

图 5－34　定尺与滑尺绕组

(a) 定尺绕组；(b) W 形滑尺绕组；(c) U 形滑尺绕组

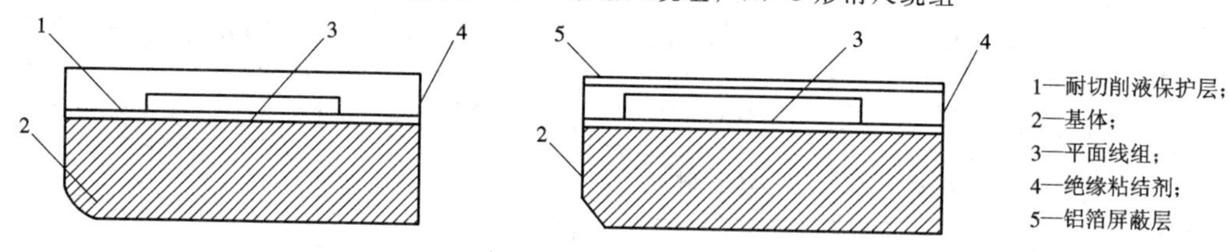

图 5－35　直线型感应同步器的截面结构

2) 直线型感应同步器的种类

直线型感应同步器通常有标准型、窄型、带状和三速(三重)式。

(1) 如图 5－36 所示，标准型是直线型感应同步器中精度最高的一种，应用最广。当测量长度超过 175 mm 时，可以将定尺接长使用。

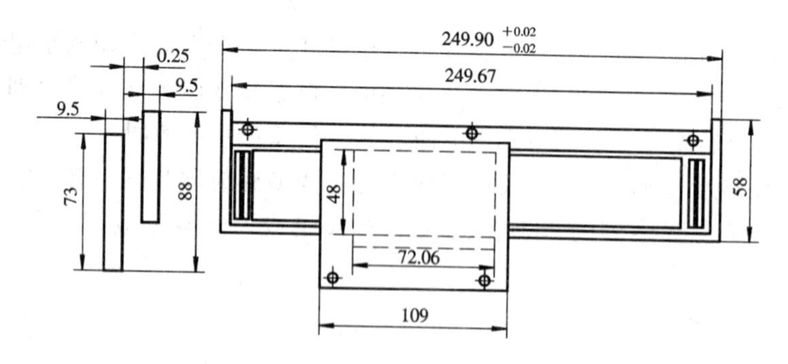

图 5－36　标准型直线型感应同步器的外形尺寸

(2) 窄型直线型感应同步器的定尺、滑尺的宽度减小了，适用在设备安装位置受限制的场合，但它的电磁感应强度减低，比标准型的精度低。

(3) 带状直线型感应同步器由于定尺最长可至 3 m 以上，不需接长，便于在设备上安装，定尺较长，刚性稍差，其总测量精度要比标准型的低。

(4) 三速(三重)直线型感应同步器的定尺有粗、中、细绕组，为绝对式检测系统。

圆感应同步器的结构如图 5－37 所示，包括固定和运动两部分。前者称为定子，后者称为转子。

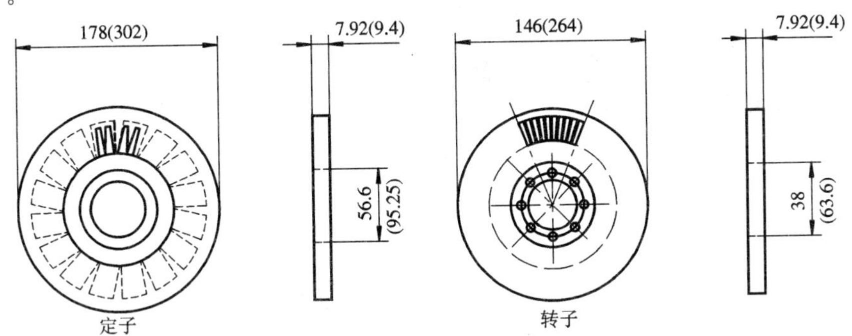

图 5－37　旋转感应同步器

表 5－4 给出了美国 Frand 公司生产的各类感应同步器的参数。

表 5－4　感应同步器的技术参数

感应同步器		检测周期	精　度	重复精度	滑尺(定子)			定尺		电压传递系数
					阻抗/Ω	输入电压	最大允许功率	阻抗/Ω	输出电压/V	
直线式	标准直线式	2 mm	±0.0025 mm	0.25 μm	0.9	1.2	0.5	4.5	0.027	44
	标准直线式	0.1 lin	±0.000 15 lin	10 lin	1.6	0.8	2.0	3.3	0.042	43
	窄式	2 mm	±0.005 mm	0.5 μm	0.53	0.6	0.6	2.2	0.008	73
	三速式	400 mm 100 mm 2 mm	±0.70 mm ±0.15 mm ±0.005 mm	0.5 μm	0.95	0.8	0.6	4.2	0.004	200
	带式	2 mm	±0.015 mm	0.01 μm	0.5	0.5		10	0.0065	77
回转式	12/270	1°	±1″	0.1″	8.0			4.5		120
	12/360	2°	±1″	0.1″	1.9			1.6		80
	7/360	2°	±3″	0.3″	2.0			1.5		145
	3/360	2°	±4″	0.4″	5.0			1.5		500
	2/360	2°	±5″	0.9″	8.4			6.3		2000

注：电压传递系数的定义是滑尺输入电压与定尺输出电压之比，即

$$电压传递系数=\frac{滑尺的输入电压}{定尺的输出电压}$$

电磁耦合度则等于电压传递系数的倒数。

2. 感应同步器的使用

1) 感应同步器的安装

图 5－38 为直线感应同步器的安装示意图，由定尺组件、滑尺组件和防护罩三部分组成。定尺组件与滑尺组件由尺子和尺座组成，分别安装在机床的不动和移动部件上，防护

罩用于保护感应同步器不使切屑和油污浸入。定尺和滑尺装配要求如图 5 - 39 所示，这样才能保证定尺和滑尺在全部工作长度上正常耦合，减少测量误差。

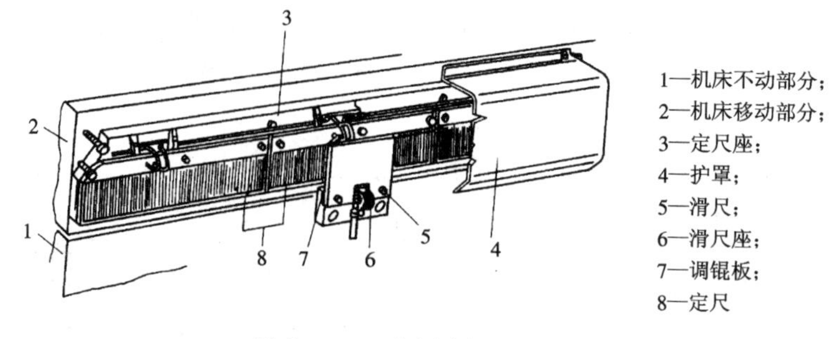

图 5 - 38 感应同步器安装图

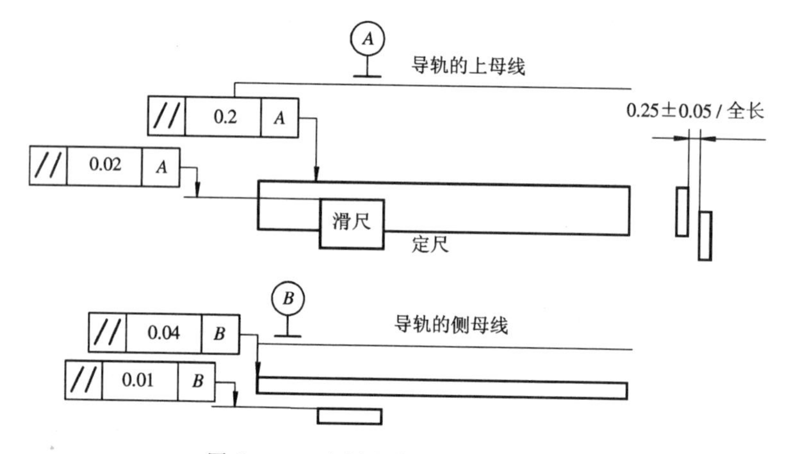

图 5 - 39 定尺和滑尺装配技术要求

2）感应同步器的接长

直线感应同步器的定尺长度一般为 175 mm，当需要增加测量范围时，可将定尺加以拼接，如图 5 - 40 所示。在拼接定尺时，需要根据电信号调整两个定尺接缝的大小，使其零位误差曲线在拼接时平滑过渡。

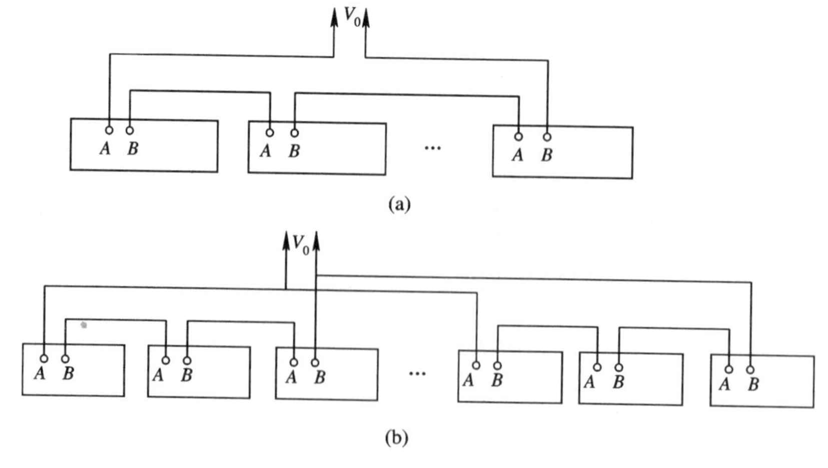

图 5 - 40 定尺绕组的接长方式

(a) 串联方式；(b) 串/并联方式

10 根以内的定尺接长时，可将定尺绕组串联。10 根以上的定尺接长时，为使线圈电阻和电感不致过分增大，把定尺分成数量相同的几组，每组定尺绕阻串联后，再并联起来，这样可以保证信噪比不致降低。

感应同步器接长的具体步骤如下：

(1) 将选好的定尺初步安装在定尺座上，将滑尺安装在可动滑台上，并调好定、滑尺之间的基本尺寸。

(2) 将滑尺移到第一根定尺的无误差点位置 A，使输出值为零，固紧第一尺。

(3) 使用距离测量系统(金属线纹尺加读数显微镜、量块加千分表、激光干涉仪或标准定尺等测量系统)，按无误差点之间的距离 l_1(以定尺节距为单位)，将滑尺准确地移动到第二定尺的无误差点 B，微调第二定尺，使输出值为零，固紧第二尺。

(4) 重复步骤(3)，依次将所有定尺调整固紧。

全部定尺接好后，需进行全长误差测量，对超差处进行重新调整。

上述几种距离测量系统中，激光干涉仪精度最高，且测距大、定位迅速、附件少，是一种较好的方法，尤其适合于大机床的现场接长。用量块加千分表测距，设备简单，但只能定长测量，不能测定任意距离。用标准定尺比长的方法，只适宜再接长机上使用。

正确地接长避免或减小了因接长不善而带来的附加误差，但接缝的存在将导致接缝误差，它是由于接缝处磁密变小造成的，一般为 2 μm～4 μm。因此，即使单块定尺的精度选得很高，接长后的总精度仍然不会很高。减小接缝误差就是要消除或减小接缝处磁场的不均匀性，可通过定尺采用非磁性基板或加大绝缘层厚度，在接缝处填充磁性物质，或对靠近接缝处的定尺绕组采取变节距措施等方法来实现。

3. 直线型感应同步器的工作原理

图 5 - 41 为直线型感应同步器的绕组原理图。滑尺上有正弦和余弦励磁绕组，在空间位置上相差 1/4 节距。定尺和滑尺绕组的节距相同，即 $W=2\tau$(一般为 2 mm)。若滑尺绕组加励磁电压时，由于电磁感应，在定尺绕组上就会产生感应电压，感应电压产生原理如图 5 - 42 所示。

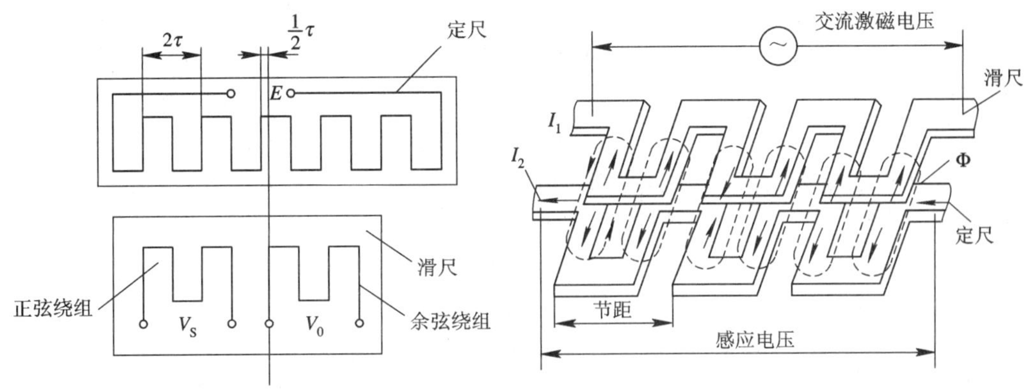

图 5 - 41　直线型感应同步器绕组原理图　　　　图 5 - 42　感应同步器产生感应电压原理图

图 5 - 42 中的电流 I_1 为滑尺上的励磁电流，Φ 为 I_1 产生的耦合磁通，I_2 为定尺绕组由于磁通耦合所产生的感应电流。感应同步器定尺、滑尺绕阻的节距 W 反映了直线位移量(一般为 2 mm)，滑尺相对定尺作相对运动时又是如何将位移变成相应的感应电势信号的呢？

产生感应电势的原理如图 5-43 所示。若定尺和滑尺的绕组(只一个绕组励磁)相重合时，如图中的 A 点，这时感应电势最大；当滑尺相对定尺作平行移动时，感应电势就慢慢减小，在刚好移动 1/4 节距的位置时，即移到 B 点位置，感应电势为零；如果再继续移动到 1/2 节距处，即到 C 点位置，得到的感应电势值与 A 点位置相同，但极性相反；其后，移到 3/4 节距处，即 D 点位置，感应电势又变为零。

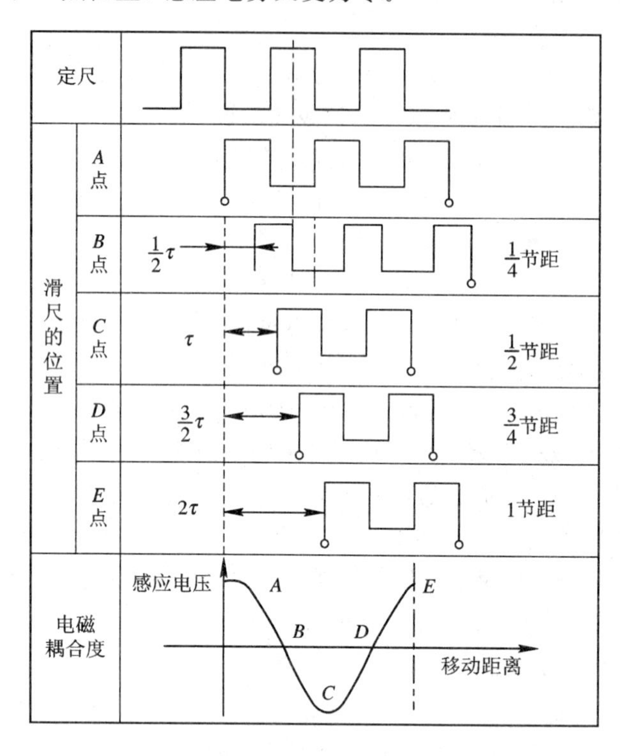

图 5-43 定尺绕组产生感应电势原理图

这样，滑尺在移动一个节距的过程中，感应电势(按余弦波)变化了一个周期。若励磁电压为

$$u = U_{\mathrm{m}} \sin\omega t \tag{5-33}$$

则在定尺绕组产生的感应电势 e 为

$$e = kU_{\mathrm{m}} \cos\theta \cos\omega t \tag{5-34}$$

式中，U_{m} 为励磁电压幅值(V)；ω 为励磁电压角频率(rad/s)；k 为比例常数，其值与绕组间最大互感系数有关；θ 为滑尺相对于定尺在空间的相对角。

在一个节距 W 内，位移 x 与 θ 的关系应为

$$\theta = \frac{2\pi}{W} \times x \tag{5-35}$$

感应同步器就是利用这个感应电势的变化，来检测在一个节距 W 内的位移量的，可见这属于绝对式测量。

4. 感应同步器输出信号的处理方式

感应同步器输出信号的处理方式即用电信号的什么量来标定位移 x，如何在一个节距内测出位移值。

采用不同的励磁方式，可对输出信号采取不同的处理方式，常用的有鉴相方式和鉴幅方式。

1）鉴相方式

鉴相方式是根据感应输出电压的相位来检测位移量的一种工作方式。在滑尺上的正弦、余弦励磁绕组上供给同频率、同幅值、相位相差90°的交流电压，即

$$u_S = U_m \sin\omega t, \quad u_c = U_m \cos\omega t \tag{5-36}$$

u_S 和 u_c单独励磁，定尺绕组上感应电势分别为

$$e_S = kU_m \cos\theta \cos\omega t$$

$$e = kU_m \cos\left(\theta + \frac{\pi}{2}\right)\sin\omega t = - kU_m \sin\theta \sin\omega t \tag{5-37}$$

根据叠加原理，定尺绕组上总输出的感应电势 e 为

$$\begin{aligned} e &= e_S + e_c \\ &= kU_m \cos\theta \cos\omega t - kU_m \sin\theta \sin\omega t \\ &= kU_m \cos(\omega t - \theta) \\ &= kU_m \cos\left(\omega t - \frac{2\pi}{W} \cdot x\right) \end{aligned} \tag{5-38}$$

由上式可知，通过鉴别定尺输出的感应电势的相位，就可测量定尺和滑尺之间的相对位置。例如，定尺输出感应电势与滑尺励磁电压之间相位差为3.6°，在2 mm的情况下，有

$$x = \frac{3.6^\circ}{360^\circ} \times 2\ \text{mm} = 0.02\ \text{mm}$$

它表明滑尺相对定尺节距为零的位置移动了 0.02 mm。目前，大多数 CNC 系统的一个节距(2 mm)定为2000个脉冲，可得到 1 μm 的分辨率。

2）鉴幅方式

鉴幅方式是根据定尺输出的感应电势的振幅变化来检测位移量的一种工作方式。在滑尺的正弦、余弦绕组上供给同频率、同相位，但不同幅值的励磁电压，即

$$u_S = U_m \sin\theta_d \sin\omega t, \quad u_c = U_m \cos\theta_d \sin\omega t \tag{5-39}$$

式中，θ_d 为励磁电压的给定相位角。

同理，两电压分别励磁时，在定尺绕组上产生的输出感应电势分别为

$$e_S = kU_m \sin\theta_d \cos\theta \cos\omega t$$

$$e_S = kU_m \cos\theta_d \cos\left(\theta + \frac{\pi}{2}\right) \cos\omega t = - kU_m \cos\theta_d \sin\theta \cos\omega t \tag{5-40}$$

根据叠加原理，定尺上输出的总感应电势为

$$\begin{aligned} e &= e_S + e_c = kU_m(\sin\theta_d \cos\theta - \cos\theta_d \sin\theta) \cos\omega t \\ &= kU_m \sin(\theta_d - \theta) \cos\omega t \\ &= kU_m \sin\left(\theta_d - \frac{2\pi}{W} \cdot x\right)\cos\omega t \end{aligned} \tag{5-41}$$

若原始状态 $\theta_d = \theta$，则 $e = 0$。然后滑尺相对定尺有一位移，使 $\theta_d = \theta + \Delta\theta$，则感应电势为

$$u_d = kU_m \sin\omega\Delta\theta$$

由此可知，在 Δx 较小的情况下，Δe 与 Δx 成正比，也就是鉴别 Δe 的幅值，即能测量 Δx 的大小。当 Δx 较大时，通过改变 θ_d，使 $\theta_d=\theta$，则 $\Delta e=0$。根据 θ_d 可以确定 θ，从而测量位移量 Δx。

$$\Delta e = kU_m \frac{2\pi}{W}\Delta x \cos\omega t \tag{5-42}$$

5. 感应同步器的特点及使用时应注意的事项

感应同步器的特点及使用范围和光栅的较相似。但与光栅相比，它的抗干扰性较强，对环境要求低，机械结构简单，大量程接长方便，加之成本较低，所以虽然精度不如光栅的好，但在数控机床检测系统中得以广泛应用。

(1) 精度高。因为感应同步器直接对机床位移进行测量，不经过任何机械传动装置，所以测量结果只受本身精度的限制。又由于定尺上感应的电压信号是多周期的平均效应，从而减少了制造绕组局部尺寸误差的影响，也就达到较高的测量精度。目前，直线感应同步器的精度可达±0.01 mm，重复精度为 0.002 mm，灵敏度为 0.0005 mm。

(2) 工作可靠，抗干扰性强。在感应同步器绕组的每个周期内，任何时间都可以给出仅与绝对位置相对应的单值电压信号，不受干扰的影响。此外，感应同步器平面绕组的阻抗很低，使它受外界电场的影响较小。直线式感应同步器金属基尺与安装部件材料(钢或铸铁)的膨胀系数相近，当环境温度变化时，两者的变化规律相同，不影响测量精度。

(3) 维修简单、寿命长。定尺、滑尺之间无接触磨损，在机床上安装简单。使用时需加防护罩，防止切屑进入定、滑尺之间而划伤滑尺与定尺的绕组。不受灰尘、油雾的影响。

(4) 测量距离长。感应同步器可以用拼接的方法来增大测量尺寸。不影响测量，故适合大、中型机床使用。

(5) 工艺性好、成本低、便于成批生产。但与旋转变压器相比，感应同步器的输出信号比较弱，需要一个放大倍数很高的前置放大器。还应注意安装时定尺与滑尺之间的间隙，一般在(0.02～0.25) mm±0.05 mm 以内。在滑尺移动过程中，由晃动所引起的间隙变化也必须控制在 0.01 mm 之内，如间隙过大，必将影响测量信号的灵敏度。

5.3.6 测速发电机

测速发电机是一种旋转式速度检测元件，可将输入的机械转速变为电压信号输出，在数控系统的速度控制单元和位置控制单元中都得到了应用。尤其是常作为伺服电动机的检测传感器，将伺服电动机的实际转速转换为输出电压或输出脉冲与给定电压或参考频率进行比较后，发出速度控制信号，以调节伺服电动机的转速。为了准确反映伺服电动机的转速，就要求测速发电机的输出电压与转速严格成正比。

测速发电机分为直流测速发电机和交流测速发电机。近年来，还采用新原理、新结构制成了霍尔效应测速发电机。下面重点介绍一下直流测速发电机。

直流测速发电机是一种微型直流发电机，其定子、转子结构均和直流伺服电动机基本相同。如果按定子磁极的励磁来分，可以分为电磁式和永磁式两大类。直流测速发电机的工作原理与一般直流发电机相同，如图 5-44 所示，在恒定磁场中，旋转的电枢绕组切割磁通，并产生感应电动势。由电刷两端引出的电枢感应电动势为

$$E_a = C_e \Phi n$$

式中，C_e为电动势系数；Φ 为磁通量；n 为发电机转速。

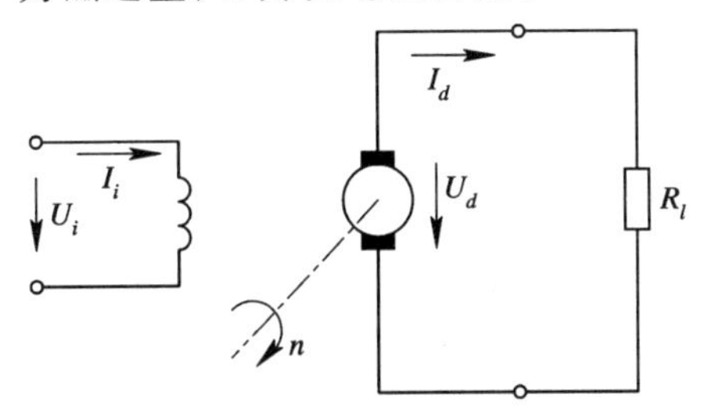

图 5－44　直流测速发电机原理图

空载时，电枢电流 $I_a=0$，直流测速发电机的输出电压和电枢感应电动势相等，即

$$U_d = E_a$$

因而输出电压与转速成正比。

有负载时，电枢电流 I_a 不为 0，直流测速发电机的输出电压为

$$U_d = E_a - I_a R_a \tag{5-43}$$

式中，R_a 为回路总电阻。

显然，接负载后，由于电阻 R_a 上有电压降，测速发电机的输出电压比空载时弱。有负载时，电枢电流为

$$I_a = \frac{U_d}{R_l} \tag{5-44}$$

式中，R_l 为测速发电机负载电阻。

将式(5－44)代入式(5－43)，可得

$$U_d = E_a - \frac{U_2}{R_l} R_a$$

$$U_d = C_e \Phi n - \frac{U_2}{R_l} R_a$$

经整理后，测速发电机的输出电压应为

$$U_d = \frac{C_e \Phi}{1 + R_a / R_l} n = Cn \tag{5-45}$$

式中，C 为定义系数，$C=\dfrac{C_e \Phi}{1+R_a/R_l}$。

在理想情况下，C_e、Φ、R_a、R_l 均为常数，所以系数 C 也为一常数，因而从式(5－45)中可以看出测速发电机的输出电压与转速严格成正比。图 5－45(a)为理想情况下直流测速发电机在带负载时的输出特性。可以看出，对于不同的负载电阻，测速发电机的输出特性的斜率也有所不同，它随负载的减小而降低。

在实际运行中，直流测速发电机的输出电压与转速间并不能严格保证正比关系。这是因为加上负载后，直流测速发电机电枢反应的去磁作用消弱了磁场磁通，磁通 Φ 不再是常数，它随负载的大小而改变。这样，测速发电机的输出电压就不再和转速 n 严格成正比，其输出特性如图 5－45(b)中的虚线所示。另一个原因是，因为电刷的接触压降，使得发电机在低转速时输出电压变得很小，导致在这个低速范围内测速发电机虽有转速输入信号，但输出电压却很小，如图 5－45(b)所示，这在发电机的输出特性上显现为一不灵敏区。图

5－45(b)是考虑了电枢反应和电刷接触压降后直流测速发电机的输出特性。当然，为了改善其输出特性，常常相应地采取某些措施。

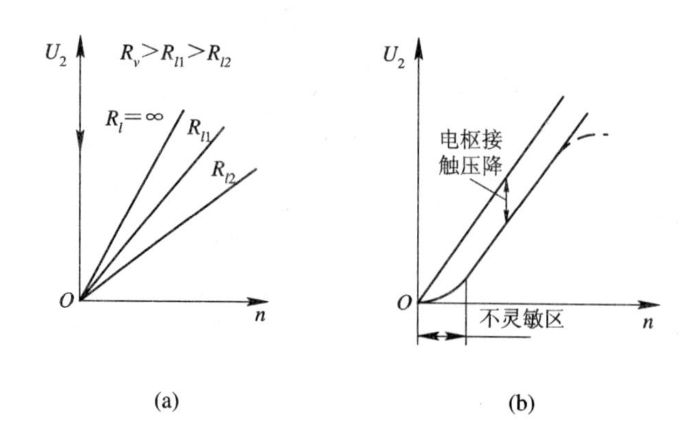

图 5－45　直流测速发电机的输出特性
(a) 理想情况；(b) 实际情况

直流测速发电机的优点是易于得到线性的输出特性而无相位误差，因此适用于许多自控系统；缺点是换向器与电刷相对滑动接触，易造成机械磨损。在数控系统中，测速发电机常用于伺服电动机的转速测量。在检测时，往往与伺服电动机同轴接在一起，其输出电压可作为转速反馈的模拟信号，送至比较环节与给定信号比较，再发出速度控制信号，以调节伺服电动机的转速。

思考与练习题

1. 数控机床中常用于检测的位移传感器有哪些？各有什么特点？

2. 在光栅测量中，若指示光栅相对于标尺光栅逆时针偏转一个角度，当标尺光栅左右移动时，产生的莫尔条纹将如何移动？

3. 在编码器测量中，如果实现辨向的电路中有一路光电元件损坏，将会出现什么现象？

4. 绝对式和相对式编码器各自的优缺点有哪些？

5. 透射式光栅的检测原理是什么？

6. 开环数控系统常用的伺服电机是什么？有哪些特点？

7. 步进电动机的工作原理是什么？

8. 反应式步进电动机有哪些主要技术参数？如何选择步进电动机？

9. 伺服电机有哪些特点，与普通电机的区别是什么？

10. 比较直、交流伺服电机各自的优缺点，说明为什么交流伺服电机调速将取代直流伺服电机？

第6章

数控机床的机械结构

6.1 概　　述

1. 数控机床机械结构的主要组成

由于数控机床主轴驱动、进给驱动和CNC技术的发展，以及为适应高效率生产的需要，数控机床的机械结构已经从初期对通用机床局部结构的改进，逐步发展到形成数控机床的独特的机械结构。

数控机床的机械结构主要由下列各部分组成：

(1) 机床基础部件，又称为机床大件，通常是指床身、底座、立柱、横梁、滑座和工作台等。

(2) 主运动传动系统。

(3) 进给运动传动系统。

(4) 实现某些部件动作的辅助功能的系统和装置，如液压、气动、润滑、冷却等系统和排屑、防护等装置。

(5) 刀架或自动换刀(ATC)。

(6) 工件实现回转、定位装置和附件，如数控回转工作台。

(7) 特殊功能装置，如刀具破损监控、精度检测和监控装置。

(8) 各种反馈装置和元件。

2. 数控机床机械结构的主要特点

为了保证高精度、高效率的加工，数控机床的结构应具有以下特点：

(1) 高刚度。由于数控机床经常在高速和连续重载切削条件下工作，因此要求机床的床身、主轴、立柱、工作台和刀架等主要部件具有很高的刚度，工作中应无变形和振动。例如，床身应合理布置加强肋，以承受重载与重切削力；工作台与溜板应具有足够的刚度，能承受工件重量，并使工作平稳；主轴在高速下运转，应能承受较大的径向扭矩和轴向推力；立柱在床身上移动时应平稳，且能承受大的切削力；刀架在切削加工中应十分平稳而无振动。

(2) 高灵敏性。数控机床在加工过程中，要求精度比通用机床高，因而运动部件应具有高灵敏度。导轨部件通常采用滚动导轨、塑料导轨、静压导轨等，以减少摩擦力，并使低速运动时无爬行现象。由电动机驱动，经滚珠丝杠或静压丝杠带动数控机床的工作台、刀架等部件的移动，主轴既要在高刚度、高速下回转，又要具有高灵敏性，因而多数采用滚动轴承或静压轴承。

（3）高抗震性。数控机床的运动部件，除了应具有高刚度、高灵敏度外，还应具有高抗振性，在高速重载下应无振动，以保证加工工件的高精度和高表面质量。

（4）热变形小。机床的主轴、工作台、刀架等运动部件，在运动中常易产生热量，为保证数控机床部件的运动精度，要求机床的主轴、工作台、刀架等运动部件的发热量要小，以防止产生热变形。为此，立柱一般采用双臂框式结构，在提高刚度的同时使零件结构对称，防止因热变形而产生倾斜偏移。通常采用恒温冷却装置，减少主轴轴承在运转中产生的热量。为减少电动机运转发热的影响，在电动机上安装有散热装置和热管消热装置。

（5）高精度保持性。在高速、强力切削下满载工作时，为保证机床长期具有稳定的加工精度，要求数控机床具有较高的精度保持性。除了应正确选择有关零件的材料，以防止使用中的变形和快速磨损外，还要求采取一些工艺性措施，如淬火、磨削导轨、粘贴抗磨塑料导轨等，以提高运动部件的耐磨性。

（6）高可靠性。数控机床应能在高负荷下长时间无故障地连续工作，因而对机床部件和控制系统的可靠性提出了很高的要求。柔性制造系统中的数控机床可在 24 小时运转中实现无人管理，可靠性显得更为重要。因此除保证运动部件不出故障外，频繁动作的刀库、换刀机构、托盘、工件交换装置等部件，必须保证能长期而可靠的工作。

（7）工艺复合化和功能集成化。所谓“工艺复合化”，简单地说，就是“一次装夹、多工序加工”。“功能集成化”主要是指数控机床的自动换刀机构和自动托盘交换装置的功能集成化。随着数控机床向柔性化和无人化发展，功能集成化的水平更高地体现在工件自动定位、机内对刀、刀具破损监控、机床与工件精度检测和补偿等功能上。

现代数控机床的发展趋势是高精度、高效率、高自动化程度以及智能化、网络化。由于生产率发展的需要，数控机床的机械结构随着数控技术的发展，两者相互促进，相互推动，发展了不少不同于普通机床的、完全新颖的机械结构和部件。

6.2 数控机床的主轴部件

6.2.1 数控机床的主传动系统

数控机床的主传动系统包括主轴电动机、传动系统和主轴组件。与普通机床的主传动系统相比，数控机床在结构上比较简单，这是因为其变速功能全部或大部分由主轴电动机的无级调速来承担，省去了繁杂的齿轮变速机构，有些只有二级或三级齿轮变速系统用以扩大电动机无级调速的范围。

1. 对数控机床主传动系统的要求

（1）调速范围。各种不同的车床对调速范围的要求不同。多用途、通用性大的机床要求主轴的调速范围大，不但有低速大转矩功能，而且还要有较高的速度，如车削加工中心。

（2）热变形。电动机、主轴及传动件都是热源。低温升、小的热变形是对主传动系统要求的重要指标。

(3) 主轴的旋转精度和运动精度。主轴的旋转精度是指装配后，在无载荷、低速转动条件下测量主轴前端和300 mm处的径向和轴向跳动值。主轴在工作速度旋转时测量上述两项精度称为运动精度。数控车床要求有高的旋转精度和运动精度。

(4) 主轴的静刚度和抗震性。由于数控机床加工精度较高，主轴的转速又很高，因此对主轴的静刚度和抗震性要求较高。主轴的轴径尺寸、轴承类型及配置方式，轴承预紧量大小，主轴组件的质量分布是否均匀及主轴组件的阻尼等对主轴组件的静刚度和抗震性都会产生影响。

(5) 主轴组件的耐磨性。主轴组件必须具有足够的耐磨性，使之能够长期保持精度。凡有机械摩擦的部件，如轴承、锥孔等都应有足够高的硬度，轴承处还应有良好的润滑。

2. 数控机床主传动系统配置方式

数控机床的主传动要求具有较宽的调速范围，以保证在加工时能选用合理的切削用量，并获得最佳的表面加工质量、精度和生产率。数控机床的调速是按照控制指令自动进行的，因此变速机构必须适应自动操作要求。在主传动系统中，目前多采用交流主轴电动机和直流主轴电动机无级调速系统，为扩大调速范围，适应低速大转矩的要求，也经常采用齿轮有级调速和电动机无级调速相结合的调速方式。

数控机床主传动系统主要有四种配置方式，如图6－1所示。

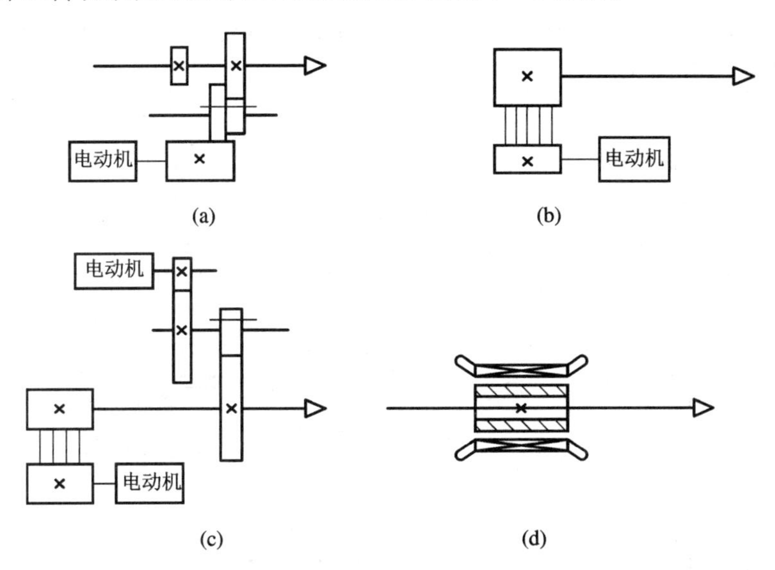

图6－1　数控机床主传动的四种配置方式

(a) 齿轮变速；(b) 带传动；(c) 两个电动机分别驱动；(d) 内装电动机主轴传动结构

(1) 带有变速齿轮的主传动(见图6－1(a))。这是大中型数控机床较常采用的配置方式，通过少数几对齿轮传动，扩大变速范围。当需扩大这个调速范围时常用变速齿数的办法来扩大调速范围，滑动齿轮的移位大都采用液压拨叉或直接由液压缸带动齿轮来实现。

(2) 通过带传动的主传动(见图6－1(b))。这种传动主要用在转速较高、变速范围不大的机床，电动机本身的调速就能够满足要求，不用齿轮变速，可以避免由齿轮传动时所引起的振动和噪声。它适用于对高速、低转矩特性有要求的主轴。常用的传动带是同步齿形带。

(3) 用两个电动机分别驱动主轴(见图 6 - 1(c))。这是上述两种方式的混合传动，具有上述两种性能，高速时由一个电动机通过带传动；低速时，由另一个电动机通过齿轮传动，齿轮起到降速和扩大变速范围的作用，这样就使恒功率区增大，扩大了变速范围，避免了低速时转矩不够且电动机功率不能充分利用的问题。但两个电动机不能同时工作，这也是一种浪费。

(4) 内装电动机主轴传动结构(见图 6 - 1(d))。该结构中主轴和电动机转子装到一起，省去了电动机和主轴的传动件，主轴只承受扭矩而没有弯矩。它用于变速范围不大的高速主轴，但电动机发热对主轴的影响较大，需专门有一套主轴冷却装置冷却。

6.2.2 主轴部件

主轴是机床的重要部件，其结构的先进性已成为衡量机床水平的标志之一。因此，合理地选择主轴结构十分重要。数控机床的主轴部件一般包括主轴、主轴轴承和传动件等。对于加工中心，主轴部件还包括刀具自动夹紧装置、主轴准停装置和主轴装刀孔吹净装置。

1. 主轴轴承的配置形式

数控机床主轴轴承主要有以下几种配置形式：

(1) 前支承采用双列短圆柱滚子轴承和 60°角接触双列向心推力球轴承，后支承采用向心推力球轴承，如图 6 - 2(a)所示。这种配置形式的主轴刚性好，可以满足强力切削的要求，广泛应用于各类数控机床的主轴。

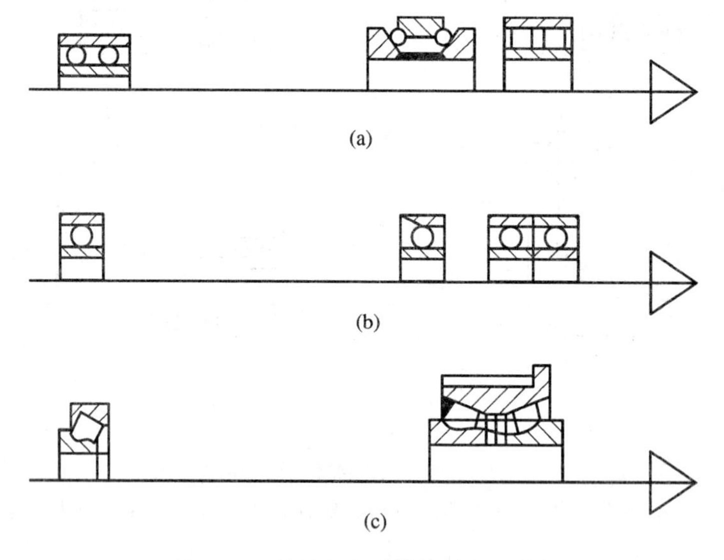

图 6 - 2 数控机床主轴轴承配置形式
(a) 前支承采用 60°角接触双列向心推力球轴承；
(b) 前支承采用高精度双列向心推力球轴承；
(c) 前支承采用双列圆锥滚子轴承

(2) 前支承采用高精度双列向心推力球轴承，如图 6 - 2(b)所示。该种配置形式的承载能力小，适应于高速、轻载和精密的数控机床主轴。

(3) 前支承采用双列圆锥滚子轴承，后支承采用单列圆锥滚子轴承，如图 6 - 2(c)所示。这种配置的承载能力强，安装和调整方便，但主轴的转速不能太高，适用于中等精度、低速和重载的数控机床。

在主轴的结构上必须处理好卡盘或刀具的安装、主轴的卸荷、主轴轴承的定位、间隙调整、主轴部件的润滑和密封等问题，对于某些立式数控加工中心，还必须处理好主轴部件的平衡问题。

对于数控镗铣床主轴，主轴上还必须设计刀具装卸、主轴准停和主轴孔内的切屑清除装置。

2. 主轴端部的结构形状

主轴端部是指主轴前端，它的形状取决于机床的类型、安装夹具或刀具的形式，并应保证夹具或刀具安装可靠，装卸方便，具有较高的定位精度和连接刚度，同时也能传递足够的扭矩。轴端结构应使悬伸长度尽量短，以便于提高主轴刚度。由于刀具、卡盘或夹具已经标准化，机床的主轴端部结构形状和尺寸也已标准化。

图 6 - 3 给出了机床常用的主轴端部结构。图中，(a)为车床主轴端部，卡盘靠前端的短圆锥面和凸缘端面定位，用拔销传递扭矩，卡盘装有固定螺栓，卡盘装于主轴端部时，螺栓从凸缘上的孔中穿过，转动快卸卡板将数个螺栓同时卡住，再拧紧螺母将卡盘固牢在主轴端部。主轴为空心前端有莫氏锥度孔，用以安装顶尖或心轴；(b)为铣、镗类机床的主轴端部，铣刀或刀杆在前端 7 ∶ 24 的锥孔内定位，并用拉杆从主轴后端拉紧，而且由前端的端面键传递扭矩；(c)为外圆磨床砂轮主轴的端部；(d)为内圆磨床砂轮主轴端部；(e)为钻床与普通镗床主轴端部，刀杆或刀具由莫氏锥孔定位，用锥孔后端第一扁孔传递扭矩，第二个扁孔用以拆卸刀具。但在数控镗床上要使用(b)的形式，因为，7 ∶ 24 的锥孔没有自锁作用，便于自动换刀时拔出刀具。

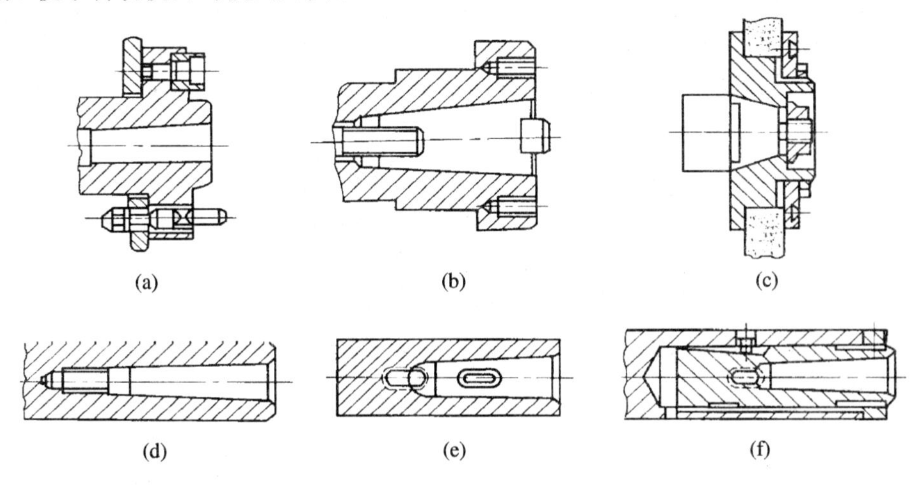

图 6 - 3　常用的主轴轴端结构

3. 主轴的准停装置

主轴准停功能又称为主轴定位功能，即当主轴停止时，控制其停于固定位置，这是自动换刀所必需的功能。在自动换刀的镗铣加工中心上，切削的转矩通常是通过刀杆的端面键来传递的。这就要求主轴具有准确定位于圆周上特定角度的功能，如图 6 - 4 所示。当加工阶梯孔或精镗孔后退刀时，为防止刀具与小阶梯孔碰撞或拉毛已精加工的孔表面必须先让刀，再退刀，而要让刀刀具必须具有准停功能，如图 6 - 5 所示。主轴准停功能分为机械准停和电气准停。

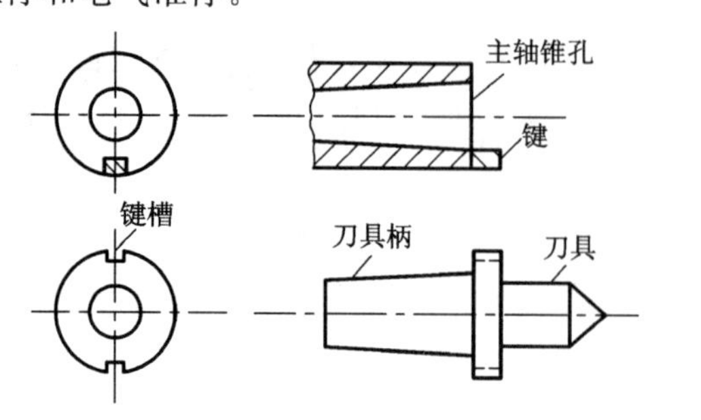

图 6 - 4　主轴准停换刀示意图

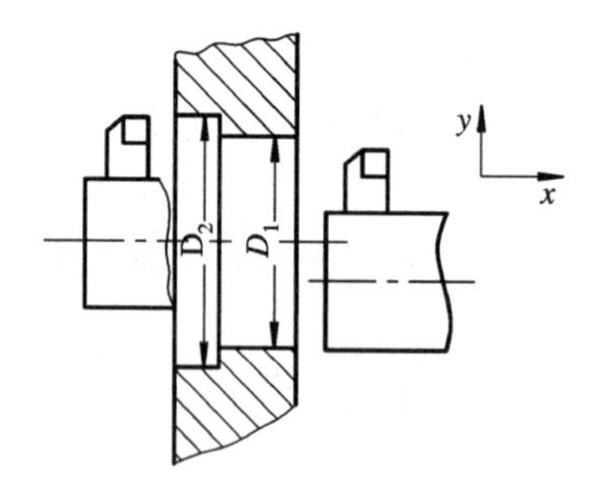

图 6 - 5　主轴准停镗背孔示意图

6.3　数控机床的进给传动系统

6.3.1　数控机床对进给传动系统的要求

数控机床进给传动系统承担了数控机床各直线坐标轴、回转坐标轴的定位和切削进给。无论是点位控制、直线控制还是轮廓控制，进给系统的传动精度、灵敏度和稳定性直接影响被加工工件的最后轮廓精度和加工精度。为此，数控机床的进给传动系统必须满足下列要求：

(1) 传动精度高。从机械结构方面考虑，进给传动系统的传动精度主要取决于传动间隙和传动件的精度。传动间隙主要来自于传动齿轮副、丝杠螺母副之间，因此进给传动系统中广泛采用施加预紧力或其他消除间隙的措施。缩短传动链及采用高精度的传动装置，也可提高传动精度。

(2) 摩擦阻力小。为了提高数控机床进给系统的快速响应性能，必须减小运动件之间的摩擦阻力和动、静摩擦力之差。欲满足上述要求，数控机床进给系统普遍采用滚珠丝杠螺母副、静压丝杠螺母副，滚动导轨、静压导轨和塑料导轨。

(3) 运动部件惯量小。运动部件的惯量对伺服机构的启动和制动特性都有影响。因此，在满足部件强度和刚度的前提下，应尽可能减小运动部件的质量、减小旋转零件的直径，以降低其惯量。

6.3.2　导轨

机床导轨是机床的基本结构之一，也是机床的重要部件之一。机床加工精度和使用寿命在很大程度上取决于机床导轨的质量，数控机床的导轨则有更高的要求。如在高速进给时不振动，低速进给时不爬行，具有很高的灵敏度，能在重载下长期连续工作，耐磨性要高，精度保持性要好等。目前，现代数控机床使用的导轨，从类型上仍分为滑动导轨、滚动导轨和液体静压导轨三种，但在材料和结构上已发生了质的变化，不同于普通机床的导轨。

1. 滑动导轨

1）滑动导轨的结构

图 6 - 6 为滑动导轨的常见截面形状，主要有矩形、三角形、燕尾槽形和圆柱形。矩形导轨(见图 6 - 6(a))承载能力大、制造简单，水平和垂直方向上的位置精度互不相关，侧面间隙不能自动补偿，必须设置间隙调整机构。三角形导轨(见图 6 - 6(b))的三角形截面有两个导向面，同时控制垂直方向和水平方向的导向精度。这种导轨在载荷的作用下能自行补偿而消除间隙，其导向精度较其他导轨高。燕尾槽形导轨(见图 6 - 6(c))的高度值最小，能承受颠覆力矩，其摩擦阻力也较大。圆柱形导轨(见图 6 - 6(d))制造容易，磨损后调整间隙较困难。以上截面形状的导轨有凸形和凹形两类。凹形导轨容易存油，但也容易积存切削和尘粒，因此适用于防护良好的环境。凸形导轨需要良好的润滑条件。

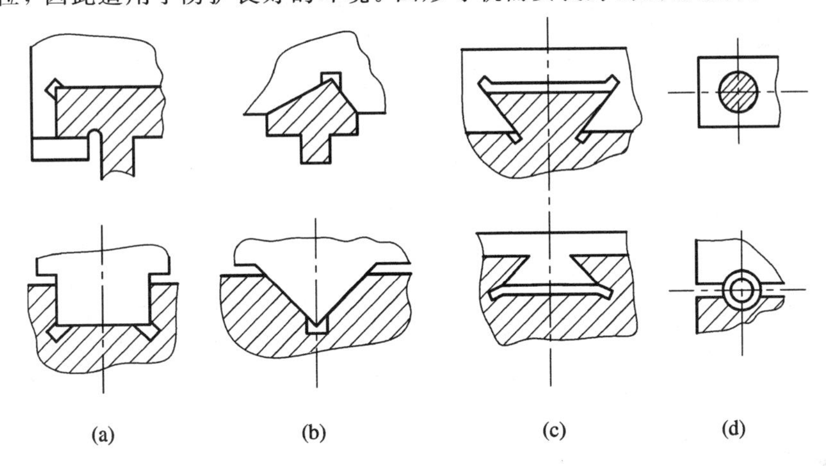

图 6 - 6　滑动导轨截面形状
(a) 矩形；(b) 三角形；(c) 燕尾槽形；(d) 圆柱形

直线运动导轨一般由两条导轨组成，不同的组合形式可满足各类机床的工作要求。数控机床上，滑动导轨的形状主要为三角形-矩形式和矩形-矩形式，只有少部分结构采用燕尾槽式。

2）滑动导轨的材料

传统的铸铁—铸铁滑动导轨，除经济型数控机床外，在其他数控机床上已不采用，取而代之的是铸铁—塑料或镶钢—塑料滑动导轨。塑料导轨具有刚度好，动、静摩擦系数差值小，在油润滑状态下其摩擦系数约为 0.06，无爬行，减振性好等特点，其形式主要有塑料导轨板和塑料导轨软带两种。软带是以聚四氟乙烯为基体，加入青铜粉、二硫化钼和石墨等填充剂混合烧结而成的。软带应粘贴在机床导轨副的短导轨面上。由于塑料导轨软带较软，容易被硬物刮伤，因此应用时要有良好的密封防护措施。

2. 滚动导轨

滚动导轨具有摩擦系数低(一般是 0.003 左右)，动、静摩擦系数相差小，几乎不受运动速度变化的影响，定位精度和灵敏度高，精度保持性好等优点；但滚动导轨的抗震性比滑动导轨差，结构复杂，对杂物也较为敏感，需要良好的防护。数控机床常用的滚动导轨有两种：单元式直线滚动导轨和滚动导轨块。

1）单元式直线滚动导轨

图 6－7 是单元式直线滚动导轨的结构。这种滚动导轨由导轨体、滑块、滚珠、保持器、端盖等组成。当滑块沿轨道移动时，滚珠在轨道和滑块之间的圆弧直槽内滚动，并通过端盖内的滚道，从负荷区移到非负荷区，然后继续滚动回到负荷区，不断地循环，从而把导轨体和滑块之间的移动变成了滚珠的滚动。为防止灰尘和脏物进入导轨滚道，滑块两端及下部均装有塑料密封垫。滑块上还有润滑油注油杯。

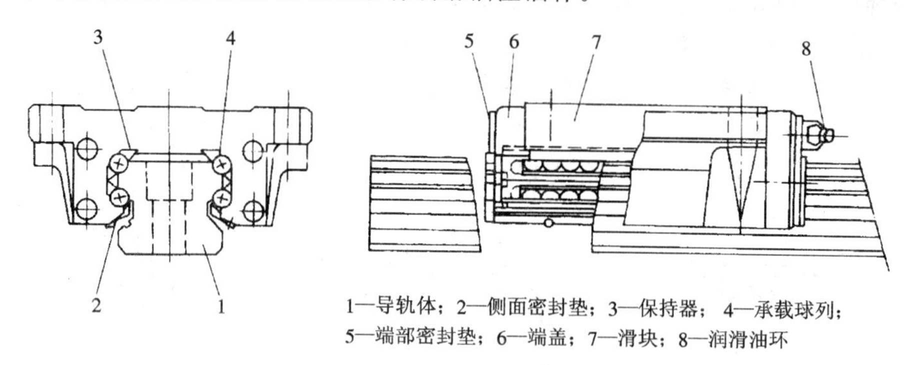

1—导轨体；2—侧面密封垫；3—保持器；4—承载球列；
5—端部密封垫；6—端盖；7—滑块；8—润滑油环

图 6－7　单元式直线滚动导轨结构

2）滚动导轨块

滚动导轨块用滚动体进行循环运动，滚动体为滚珠或滚柱，承载能力和刚度都比直线滚动导轨高，但摩擦系数略大，多用于中等负荷导轨。滚动导轨块由专业厂家生产，有各种规格、形式供用户选用。图 6－8 为滚动导轨块结构示意图。

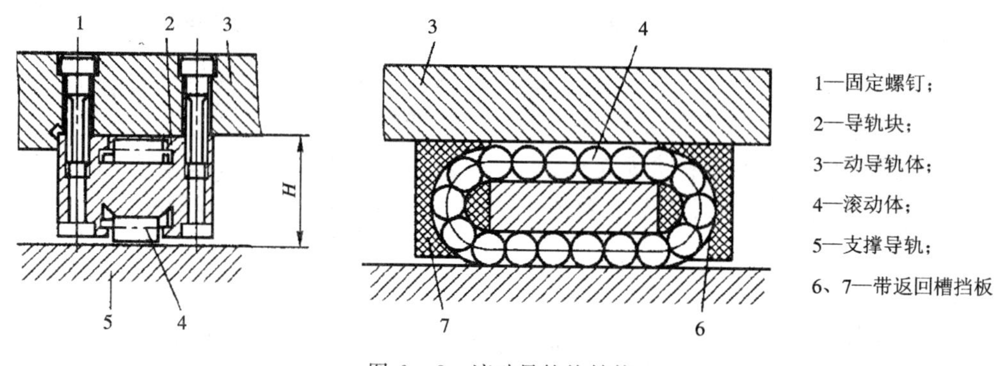

1—固定螺钉；
2—导轨块；
3—动导轨体；
4—滚动体；
5—支撑导轨；
6、7—带返回槽挡板

图 6－8　滚动导轨块结构

3．液体静压导轨

静压导轨在两个相对运动的导轨面间通入压力油，使运动件浮起。工作过程中，导轨面上的油腔中的油压能随着外加负载的变化自动调节，以平衡外加负载，保证导轨面间始终处于纯液体摩擦状态。

静压导轨的摩擦系数极小，约为 0.0005，功率消耗少。由于导轨工作在液体摩擦状态，故导轨不会磨损，因而导轨的精度保持性好，寿命长。油膜厚度几乎不受速度的影响，油膜承载能力大、刚性高、吸振性良好，导轨运行平稳，既无爬行，也不会产生振动。但静压导轨结构复杂，并需要一套过滤精度高的液压装置，制造成本较高。

目前，静压导轨较多地应用在大型、重型数控机床上。

6.3.3 传动齿轮间隙消除机构

数控机床进给系统中的减速齿轮，除了本身要求很高的运动精度和工作平稳性以外，还需尽可能消除传动副间的传动间隙。否则，齿侧间隙会造成进给系统每次反向运动滞后于指令信号，丢失指令脉冲并产生反向死区，对于加工精度影响很大。因此必须采用各种方法减小或消除齿轮传动间隙。

1. 直齿圆柱齿轮传动间隙的消除

1）偏心套调整法

图 6-9 是偏心轴套式消除传动间隙结构。电机 1 通过偏心套 2 安装在壳体上。转动偏心套 2 使电机中心轴线的位置向上，而从动齿轮轴线位置固定不变，所以两啮合齿轮的中心距减小，从而消除了齿侧间隙。

2）垫片调整法

图 6-10 是用轴向垫片来消除间隙的结构。两个啮合着的齿轮 1 和 2 的节圆直径沿齿宽方向制成略带锥度形式，使其齿厚沿轴线方向逐渐变厚。装配时，两齿轮按齿厚相反变化走向啮合。改变调整垫片 3 的厚度，使两齿轮沿轴线方向产生相对位移，从而消除间隙。

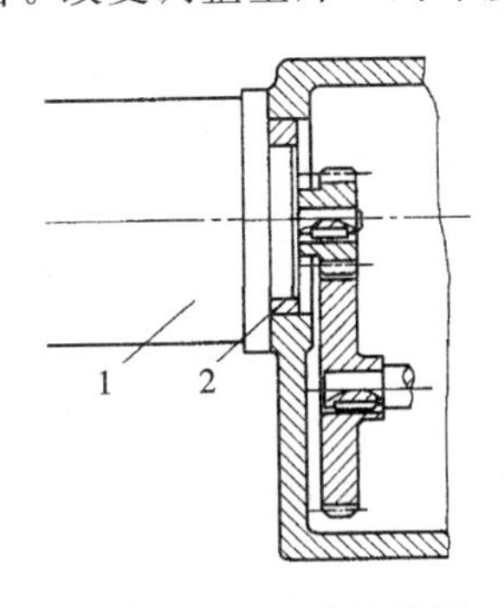

图 6-9　偏心套调整图

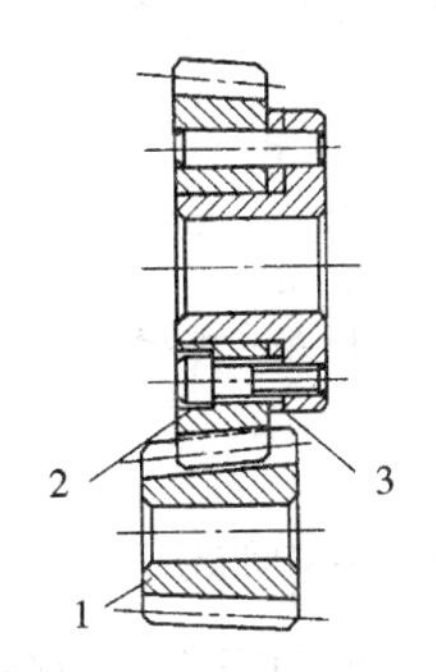

图 6-10　轴向垫片调整

上述两种方法的特点是结构简单，能传递较大的动力，但齿轮磨损后不能自动消除间隙。

3）双片薄齿轮错齿调整法

图 6-11 为双片薄齿轮错齿调整法。在一对啮合的齿轮中，其中一个是宽齿轮（图中未示出），另一个由两薄片齿轮组成。薄片齿轮 1 和 2 上各开有周向圆弧槽，并在两齿轮的槽内各压配有安装弹簧 4 的短圆柱 3。在弹簧 4 的作用下使齿轮 1 和 2 错位，分别与宽齿轮的齿槽左右侧贴紧，从而消除了齿侧间隙，但弹簧 4 的张力必须足以克服驱动扭矩。由于齿轮 1 和 2 的轴向圆弧槽及弹簧的尺寸都不能太大，故这种结构不宜传递扭矩，仅用于读数装置。

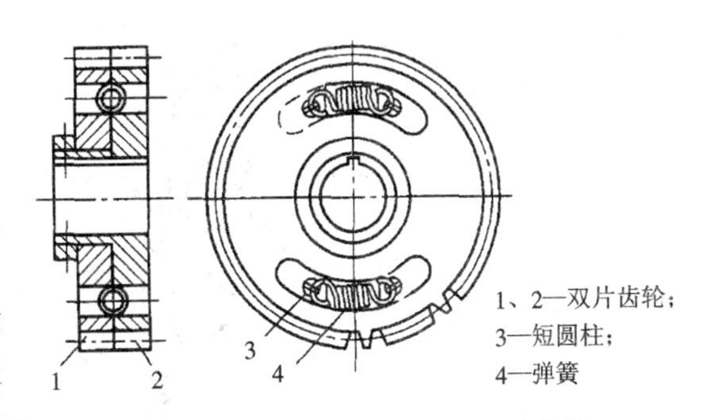

图 6-11 双片薄齿轮错齿消除间隙结构

2. 斜齿圆柱齿轮传动间隙的消除

1）垫片调整法

如图 6－12 所示，宽齿轮同时与两个相同齿数的薄片斜齿轮啮合，薄片斜齿轮通过平键与轴连接，相互间不能转动。通过调整薄片斜齿轮之间垫片的厚度，然后拧紧螺母，使它们的螺旋齿产生错位，其左右两齿面分别与宽齿轮的齿槽左右两齿面贴紧消除齿侧间隙。

2）轴向压簧调整法

图 6－13 为轴向压簧错齿调整法，原理同 1)，其特点是齿侧隙可以自动补偿，达到无间隙传动，但轴向尺寸较大，结构不紧凑。

1—宽齿轮；
2—垫片；
3、4—薄片斜齿轮

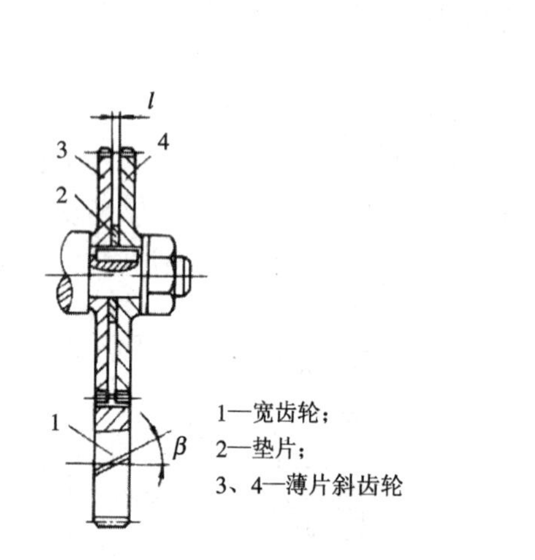

图 6－12　垫片调整间隙法

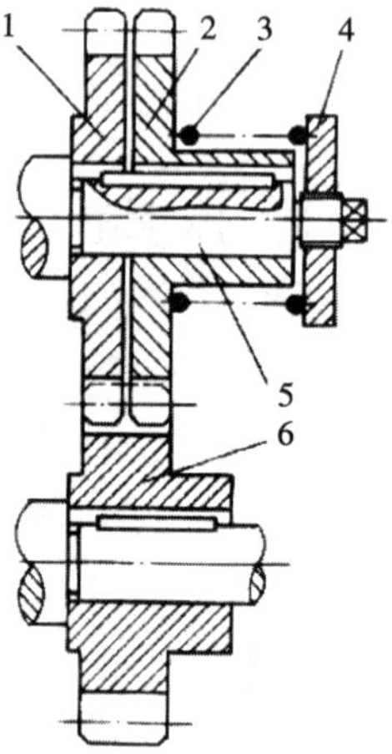

1、2—薄片斜齿轮
3—弹簧；
4—螺母；
5—轴；
6—宽齿轮

图 6－13　轴向压簧调整间隙法

3. 圆锥齿轮传动间隙的消除

锥齿轮传动间隙可以采用轴向压簧调整法消除，如图 6－14 所示，两个锥齿轮相互啮合。在其中一个锥齿轮的传动轴上装有压簧，调整螺母可改变压簧的弹力。锥齿轮在弹力的作用下沿轴向移动，从而达到消除齿侧间隙的目的。

1、2—锥齿轮；
3—弹簧；
4—螺母；
5—轴

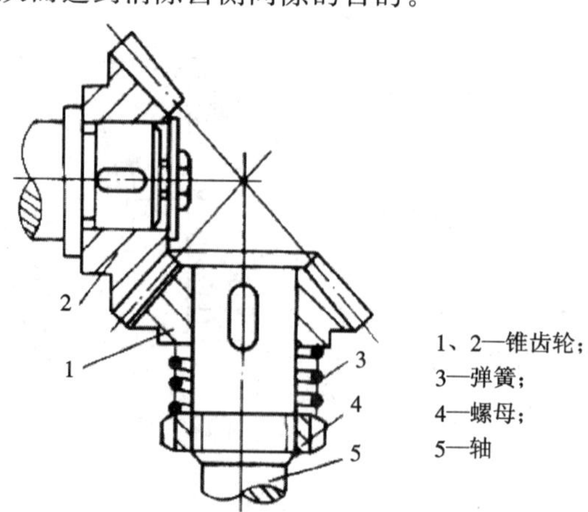

图 6－14　轴向压簧消除间隙结构

6.3.4 滚珠丝杠螺母副

1. 滚珠丝杠的结构和工作原理

滚珠丝杠螺母副是实现回转运动与直线运动相互转换的传动装置。图 6 - 15 是滚珠丝杠传动原理图，其工作原理是：在丝杠和螺母上加工有弧形螺旋槽，当把它们套装在一起时形成螺旋通道，并且滚道内填满滚珠。

当丝杠相对于螺母旋转时，两者发生轴向位移，而滚珠则可沿着滚道流动，按照滚珠返回的方式不同可以分为内循环式和外循环式两种。内循环式(见图 6 - 15(a))带有反向器，返回的滚珠经过反向器和丝杠外圆返回。外循环式(见图 6 - 15(b))的螺母旋转槽的两端由回珠管连接起来，返回的滚珠不与丝杠外圆相接触，滚珠可以做周而复始的循环运动，在管道的两端还能起到挡珠的作用，用以避免滚珠沿滚道滑出。

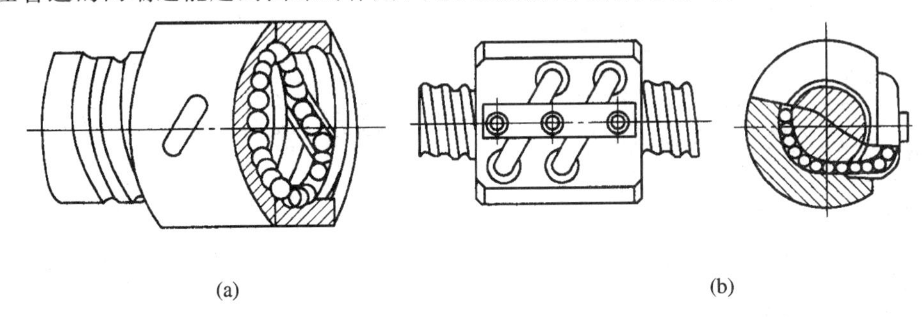

图 6 - 15　滚珠丝杠传动原理图

(a) 内循环方式；(b) 外循环方式

滚珠每一个循环闭路称为列。每个滚珠循环闭路内所含导程数称为圈数。内循环滚珠丝杠副的每个螺母有 2 列、3 列、4 列、5 列等几种，每列只有一圈。外循环每列有 1.5 圈、2.5 圈、3.5 圈等几种，剩下的半圈作回珠用。外循环滚珠丝杠螺母副的每个螺母有 1 列 2.5 圈、1 列 3.5 圈、2 列 1.5 圈、2 列 2.5 圈，种类很多。

在传动时，滚珠与丝杠、螺母之间基本上是滚动摩擦，所以具有下述特点：摩擦损失小，传动效率高，滚珠丝杠副的传动效率可达 92%～96%，是普通丝杠传动的 3～4 倍；传动灵敏，运动平稳，低速时无爬行，滚珠丝杠螺母副滚珠与丝杠、螺母之间基本上是滚动摩擦，其动、静摩擦系数基本相等，并且很小，移动精度和定位精度高；使用寿命长；轴向刚度高，滚珠丝杠螺母副可以完全消除间隙传动，并可预紧，因此具有较高的轴向刚度；具有传动的可逆性，既可以将旋转运动转化为直线运动，也可以把直线运动转化为旋转运动；不能实现自锁，当用于垂直位置时，必须加有制动装置；制造工艺复杂，成本高。

2. 滚珠丝杠螺母副间隙的调整方法

滚珠丝杠的传动间隙是轴向间隙。为了保证反向传动精度和轴向刚度，必须消除轴向间隙。消除间隙的方法常采用双螺母结构，利用两个螺母的相对轴向位移，使两个滚珠螺母中的滚珠分别贴紧在螺旋滚道的两个相反的侧面上。用这种方法预紧消除轴向间隙时，应注意预紧力不宜过大，预紧力过大会使空载力矩增加，从而降低传动效率，缩短使用寿命。此外还要消除丝杠安装部分和驱动部分的间隙。

常用的双螺母丝杠消除间隙的方法有以下几种。

1）垫片调整间隙法

如图 6 - 16 所示，调整垫片厚度使左、右两螺母产生方向相反的位移，并使两个螺母中的滚珠分别贴紧在螺旋滚道的两个相反的侧面上，即可消除间隙和产生预紧力。这种方法结构简单、刚性好，但调整不便，滚道有磨损时不能随时消除间隙和进行预紧。

2）螺纹调整间隙法

如图 6 - 17 所示，左、右螺母和螺母座上加工有键槽，采用平键连接，使螺母在螺母座内可以轴向滑移而不能相对转动。调整时，只要拧动圆螺母使螺母沿轴向移动一定距离，就可以改变两螺母的间距，即可消除间隙并产生预紧力。调整完毕后，用圆螺母将其锁紧，可以防止在工作中螺母松动。这种调整方法具有结构简单、工作可靠、调整方便的优点，但调整预紧量不能控制。

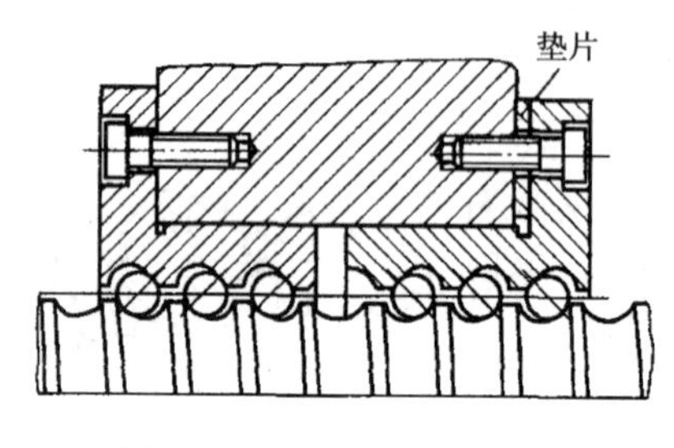

图 6 - 16　垫片调整间隙法

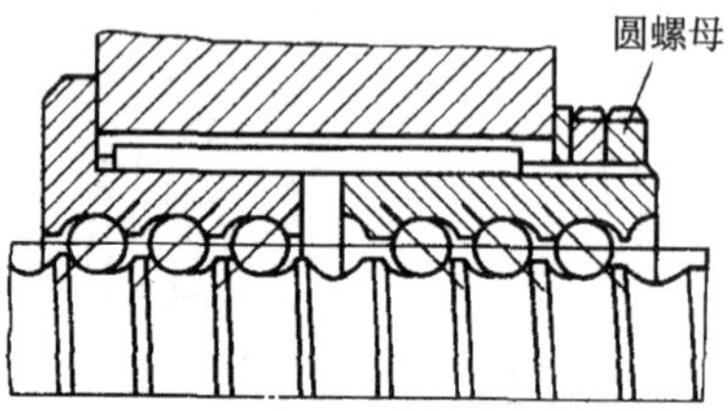

圆螺母

图 6 - 17　螺纹调整间隙法

3）齿差调整间隙法

如图 6 - 18 所示，在左、右两个螺母的凸缘上各加工有圆柱外齿轮，分别与左右内齿圈相啮合，两内齿圈分别紧固在螺母座的左、右端面上，所以左、右螺母不能转动。两螺母凸缘齿轮的齿数不相等，相差一个齿。调整时，先取下内齿圈，让两个螺母相对于螺母座同方向都转动一个齿，然后再插入内齿圈并紧固在螺母座上，则两个螺母便产生相对角位移，使两螺母轴向间距改变，实现消除间隙和预紧。这种调整方法能精确调整预紧量，调整方便、可靠，但结构尺寸较大，多用于高精度的传动。

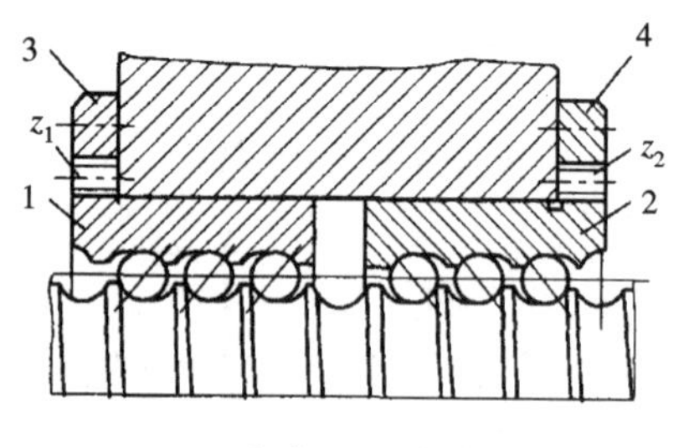

1—左齿；2—右齿；

3—左螺母端面；4—右螺母端面

图 6 - 18　齿差调隙式

6.4　数控机床的自动换刀装置

数控机床为了进一步提高生产率，压缩非切削时间，已逐步发展为在一台机床上一次装夹完成多任务工序或全部工序的加工。为完成对工件的多任务、多工序加工而设置的存储及更换刀具的装置称为自动换刀装置（Automatic Tool Changer，ATC），它是加工中心上必不可少的部分。为了相应降低整机的价格，用户应在满足使用条件的前提下，尽量选用结构简单和可靠性高的 ATC。自动换刀装置应当满足的基本要求：刀具换刀时间短且换刀可靠、刀具重复定位精度高、足够的刀具储存量、刀库占地面积小。

6.4.1　自动换刀装置的形式

根据数控机床的形式、工艺范围不同，自动换刀装置的形式也不同，主要有以下几种。

1. 回转刀架自动换刀装置

数控机床上使用的回转刀架是一种最简单的自动换刀装置。根据不同的适用对象，刀架可设计为四方形、六角形或其他形式。回转刀架可分别安装四把、六把以及更多的刀具，并按数控装置发出的脉冲指令回转、换刀。

图 6-19 为 CK7815 型数控车床自动回转刀架，其工作原理如下：当电动机 11 通电时，尾部的电磁制动器在 30 ms 以后松开，电动机开始转动，通过齿轮 10、9、8 带动蜗杆 7 旋转，从而使蜗轮 5 转动。蜗轮内孔有螺纹，与轴 6 上的螺纹配合。这时轴 6 不能回转，当蜗轮转动时，使得轴 6 沿轴向向左移动，因为刀架 1 与轴 6、活动鼠牙盘 2 是固定在一起的，所以刀盘和鼠牙盘也向左移动，鼠牙盘 2 和 3 脱开。在轴 6 上有两个对称槽，内装滑块 4，在鼠牙盘脱开后，蜗轮转到一定角度与蜗轮固定在一起的圆盘 14 上的凸起便碰到滑块 4，蜗轮便通过 14 上的凸块带动滑块 4，连同轴 6、刀盘一起进行转位。当转到要求位置之后，刷形选位器发出信号，使电动机反转，圆盘 14 上的凸块与滑块脱离，不再带动轴 6 转动，蜗轮与轴 6 上的螺纹使轴 6 右移，鼠牙盘 2、3 结合定位，电磁制动器通电，维持电动机轴上的反转力矩，以保证鼠牙盘之间有一定的压紧力。最后电动机断电，同时轴 6 右端的小轴 13 压下微动开关 12，发出转位结束信号。刀架的选位由刷形选位器进行选位。松开、夹紧位置检测则由微动开关 12 实行。整个刀架是一个纯电器系统，结构简单。

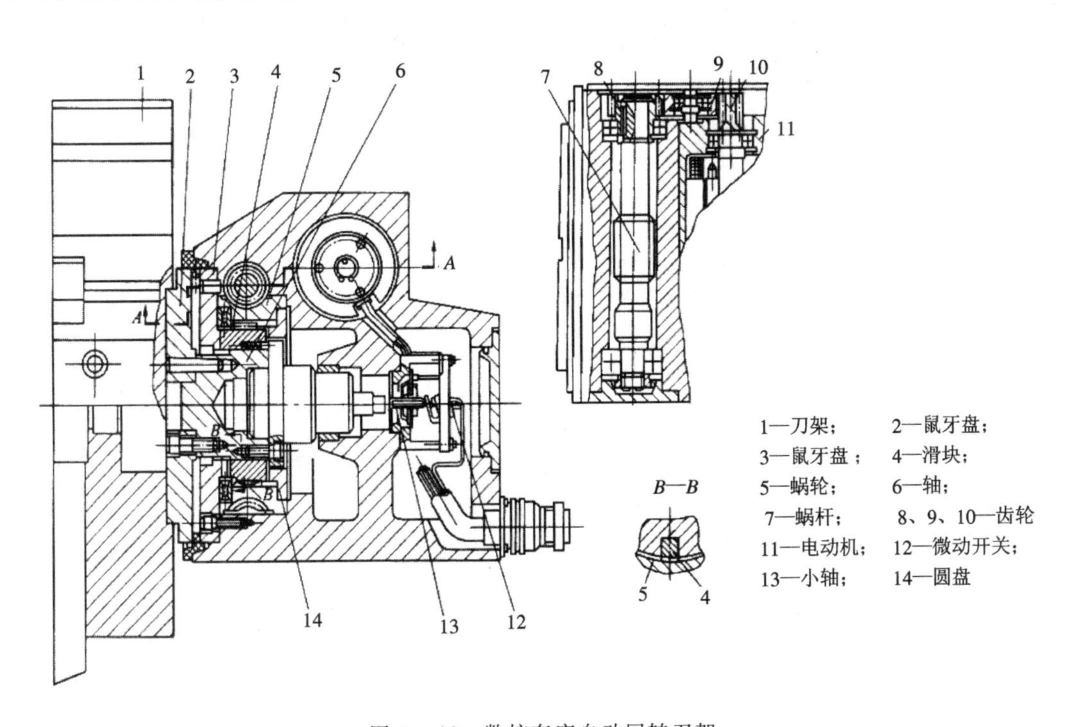

图 6-19　数控车床自动回转刀架

2. 转塔式自动换刀装置

在带有旋转刀具的数控机床中，转塔刀具上装有主轴头。主轴头通常有卧式和立式两种，常用转塔的转位来更换主轴头以实现自动换刀。它是一种比较简单的换刀方式，各个主轴头上预先装有各工序加工所需要的旋转刀具，当收到换刀指令时，各主轴头依次转到加工位置，并接通主运动使相应的主轴带动刀具旋转，而其他处于不加工位置上的主轴都与主运动脱开，如图 6 - 20 所示为转塔头式自动换刀数控机床，它有装八把刀具且绕水平轴转位的转塔式自动换刀装置。转塔式换刀装置的主要优点是省去了自动松夹、卸刀装刀、夹紧以及刀具搬运等一系列复杂的操作，从而减少了换刀时间，提高了换刀的可靠性。但是，由于结构上的原因和空间位置的限制，主轴部件的刚性差且主轴的数目不可能太多。因此，它通常只适用于工序较少、精度要求不太高的数控钻床。

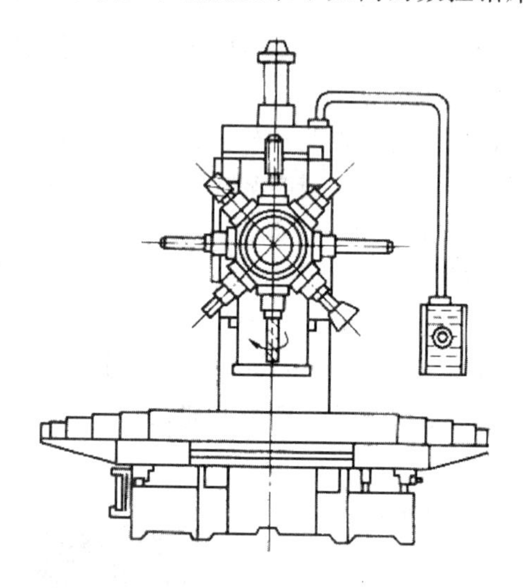

图 6 - 20　转塔头式自动换刀数控机床

3. 带刀库的自动换刀装置

带刀库的自动换刀系统由刀库和刀具换刀机构组成。目前，大量使用的是带有刀库的自动换刀装置，与转塔式换刀装置不同，由于有了刀库，加工中心只需要一个夹持刀具进行切削的主轴。另外，刀库可以存放数量很多的刀具，可进行复杂零件的多任务工序加工，可明显提高数控机床的适应性和加工效率。这种带刀库的自动换刀装置特别适用于数控钻床、加工中心等机床。

在刀库式自动换刀装置中，为了传递刀库与机床主轴之间的刀具并实现刀具装卸的装置称为刀具的交换装置。刀具的交换方式通常分为两种：机械手交换刀具和由刀库与机床主轴的相对运动实现刀具交换即无机械手交换刀具。刀具的交换方式及它们的具体结构直接影响机床的工作效率和可靠性。

1）无机械手交换刀具方式

无机械手的换刀系统一般是采用把刀库放在主轴箱可以运动到的位置，同时，刀库中刀具的存放方向一般与主轴上的装刀方向一致。换刀时，由主轴运动到刀库上的换刀位置，利用主轴直接取走或放回刀具。图 6 - 21 是一种卧式加工中心无机械手换刀系统的换刀过程。

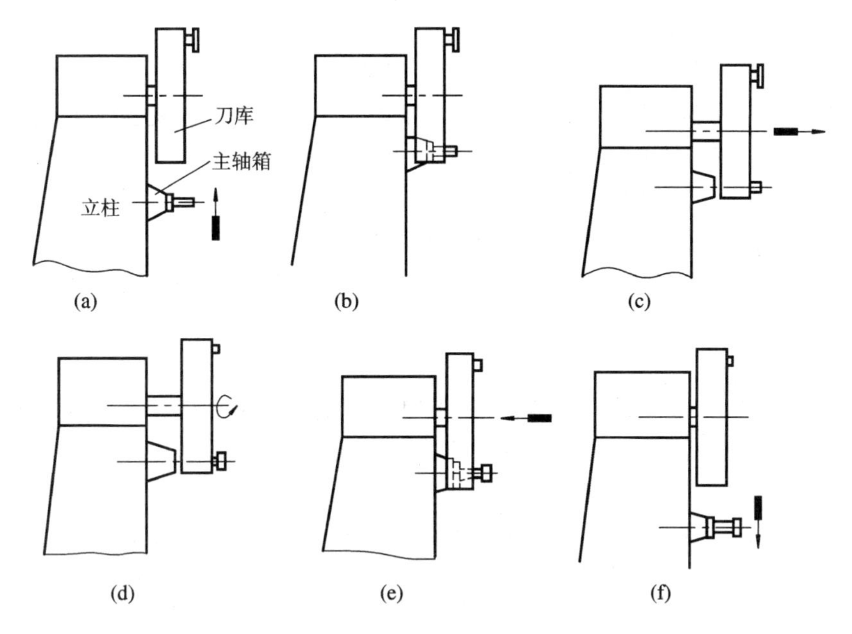

图 6 - 21　无机械手换刀过程

(a) 主轴定位；(b) 松开刀具夹紧装置；(c) 拔出刀具；

(d) 转位、清洁；(e) 夹紧刀具；(f) 主轴回原位

(1) 如图 6 - 21(a)所示，主轴准确定位，主轴箱上升。

(2) 如图 6 - 21(b)所示，当主轴箱上升到顶部换刀位置时，刀具进入刀库的交换位置并固定，主轴上的刀具自动夹紧装置松开。

(3) 如图 6 - 21(c)所示，刀库前移从主轴孔中将需要更换的刀具拔出来。

(4) 如图 6 - 21(d)所示，刀库转位，根据程序指令将下一步加工所需要的刀具前移到换刀的位置，同时主轴孔的清洁装置将主轴上的刀具孔清洁干净。

(5) 如图 6 - 21(e)所示，刀库后退将所选用的刀具插入主轴孔内，主轴上的刀具夹紧装置把刀具夹紧。

(6) 如图 6 - 21(f)所示，主轴箱下降回落到工作位置，准备进行下一步的工作。

无机械手换刀系统的优点是结构简单，成本低，换刀的可靠性较高；缺点是换刀时间长，刀库因结构所限容量不多。这种换刀系统多为中、小型加工中心采用。

2) 带机械手交换刀具方式

采用机械手进行刀具交换方式在加工中心中应用最为广泛。机械手是当主轴上的刀具完成一个工步后，把这一工步的刀具送回刀库，并把下一工步所需要的刀具从刀库中取出来装入主轴继续进行加工的功能部件。对机械手的具体要求是迅速可靠，准确协调。由于不同的加工中心所使用的换刀机械手也不尽相同。从手臂的类型来看，有单臂、双臂机械手，最常用的有如图 6 - 22 所示的几种结构形式。

(1) 图 6 - 22(a)是单臂单爪回转式机械手，带一个夹爪的手臂可自由回转，装刀卸刀均靠这个夹爪进行，因此换刀时间较长。

(2) 图 6 - 22(b)是单臂双爪摆动式机械手，手臂上的一个夹爪只完成从主轴上取下“旧刀”送回刀库的任务，而另一个夹爪则执行由刀库取出“新刀”送到主轴的任务，其换刀

时间较单爪回转式机械手要短。

(3) 图 6 - 22(c)是双臂回转式机械手，手臂两端各有一个夹爪，能够同时完成“抓刀→拔刀→回转→插刀→返回”等一系列动作。为了防止刀具掉落，各机械手的活动爪都带有自锁机构。由于双臂回转机械手的动作比较简单，而且能够同时抓取和装卸机床主轴和刀库中的刀具，因此换刀时间可进一步缩短，是最常用的一种形式。(c)图右边的机械手在抓取刀具或将刀具送入刀库主轴时，其两臂可伸缩。

(4) 图 6 - 22(d)是双机械手，相当于两个单臂单爪机械手，它们相互配合完成自动换刀动作。

(5) 图 6 - 22(e)是双臂往复交叉式机械手。这种机械手的两臂可以进行往复运动，并交叉成一定的角度。一个手臂从主轴上取下“旧刀”送回刀库，另一个手臂由刀库中取出“新刀”装入主轴，整个机械手可沿某导轨直线移动或围绕某个转轴回转，以实现刀库与主轴间的换刀动作。

(6) 图 6 - 22(f)是双臂端面夹紧式机械手。它的特点是靠夹紧刀柄的两个端面来抓取刀具，而其他机械手均靠夹紧刀柄的外圆表面抓取刀具。

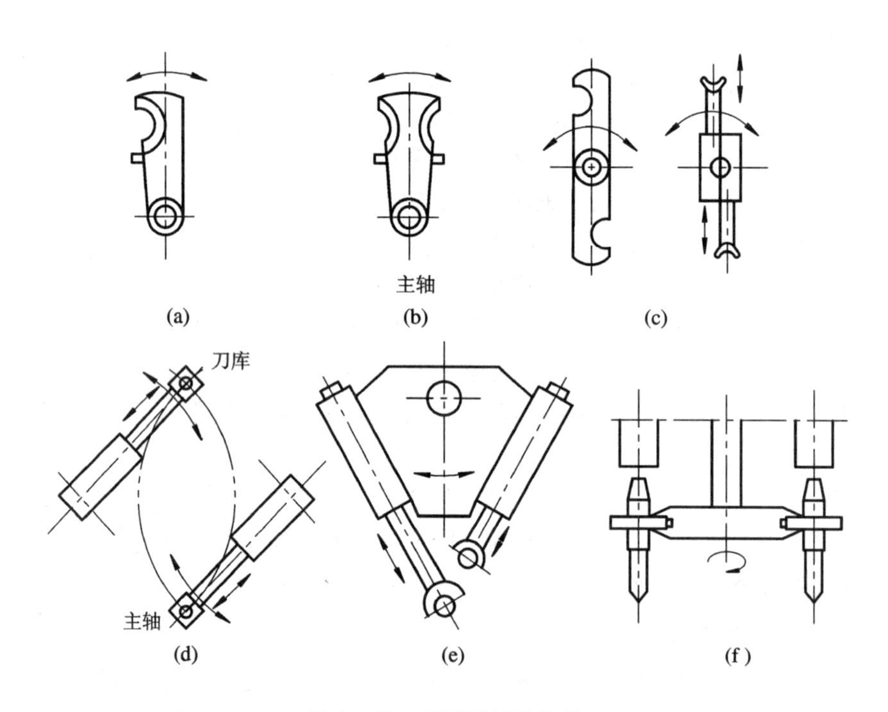

图 6 - 22　双臂机械手结构

(a) 单臂单爪回转式机械手；(b) 单臂双爪摆动式机械手；(c) 双臂回转式机械手；(d) 双机械手；(e) 双臂往复交叉式机械手；(f) 双臂端面夹紧式机械手

6.4.2　刀库

刀库是加工中心自动换刀装置中最主要的部件之一，其容量、布局及具体结构对数控机床的总体设计有很大影响。

1. 刀库的类型

按刀库的结构形式可分为圆盘式刀库、链式刀库和箱型刀库。圆盘式刀库见图 6－23，其结构简单，应用也较多。但因刀具采用单环排列，空间利用率低，因此出现了将刀具在盘中采用双环或多环排列的形式，以增加空间利用率。但这样使刀库的外径扩大，转动惯量也增大，选刀时间也增长，所以，圆盘式刀库一般用于刀具容量较小的刀库。链式刀库如图 6－24 所示，它适用于刀库容量较大的场合。链的形状可以根据机床的布局配置，也可将换刀位突出以利于换刀。当需要增加链式刀库的刀具容量时，只需增加链条的长度，在一定范围内，无需变更刀库的线速度及惯量。一般刀具数量为 30～120 把时都采用链式刀库。箱型刀库的结构也比较简单，有箱型和线型两种，如图 6－25 和图 6－26 所示。箱型刀库一般容量比较大，刀库的空间利用率较高，换刀时间较长，往往用于加工单元式加工中心。线型刀库容量小，一般在十几把刀左右，多用于自动换刀的数控车床，数控钻床也有采用。

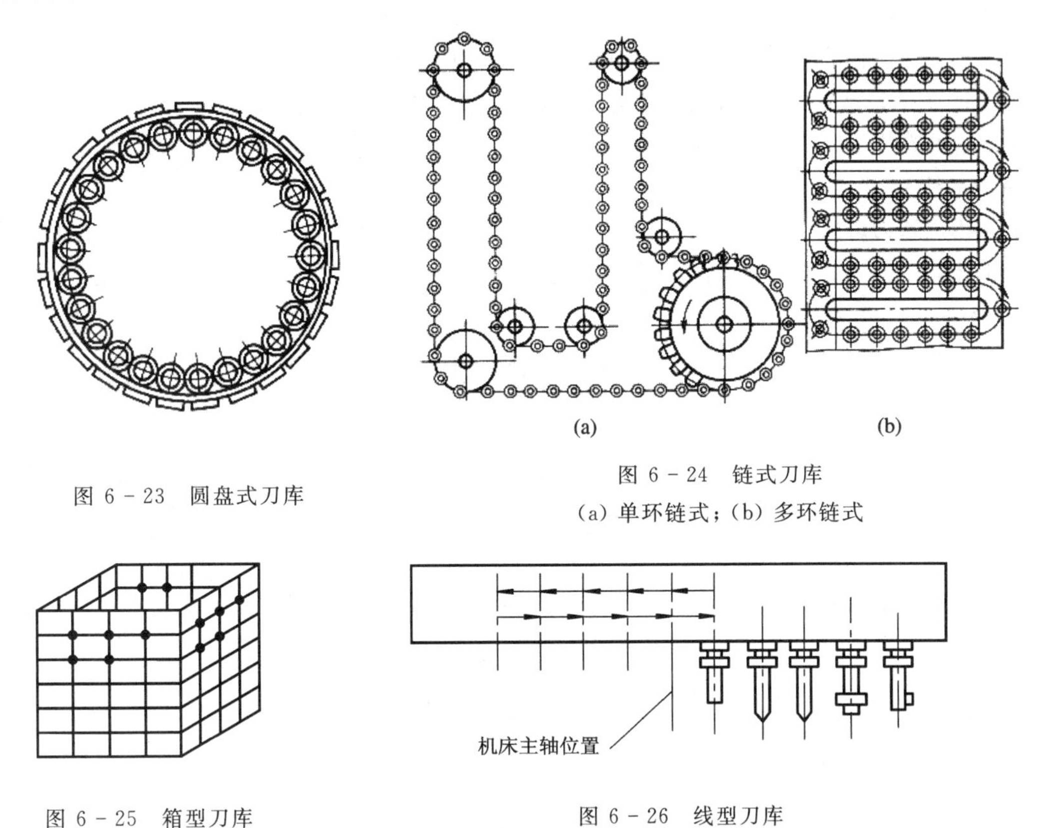

图 6－23　圆盘式刀库

图 6－24　链式刀库
(a) 单环链式；(b) 多环链式

图 6－25　箱型刀库

图 6－26　线型刀库

另外，按设置部位的不同，刀库可以分为顶置式、侧置式、悬挂式和落地式等多种类型。按交换刀具还是交换主轴，刀库可分为普通刀库(简称刀库)和主轴箱刀库。

2. 刀库的容量

所谓刀库的容量，是指刀库能存放的刀具数量。确定刀库的容量首先要考虑加工工艺的需要。对若干种工件进行分析表明，各种加工所必需的刀具数量是：4 把铣刀可完成工件 95%左右的铣削工艺，10 把孔加工刀具可完成 70%的钻削工艺，因此 14 把刀的容量就可完成70%以上工件的钻铣工艺。如果从完成工件的全部加工所需的刀具数目统计，则80%的工件(中等尺寸，一般复杂程度)完成全部加工任务所需的刀具数为40种以下。所以对于一般的中、小型立式加工中心，配有14～40把刀具的刀库就能够满足70%～95%的工件加工需要。

3. 刀具的选择方式

目前，刀具的选择方式主要有顺序选刀方式、固定地址选刀方式和任意选刀方式。

(1) 顺序选刀方式。选用刀具按顺序进行，在每次换刀时，刀库转过一个刀具的位置。这种选刀方式的控制过程简单，但要求加工前严格按加工顺序将各刀具顺次插入刀座。采用顺序选刀方式时，为某一工件准备的刀具不能用于其他工件的加工。

(2) 固定地址选刀方式，又称为刀座编码方式。这种方式对刀库的刀座进行编码，并将与刀座编码相对应的刀具一一放入指定的刀座中，然后根据刀座的编码选取刀具。该方式可使刀柄结构简化，但刀具不能任意排放，一定要插入对应的刀座中。与顺序选择方式相比较，刀座编码方式的刀具在加工过程中可以重复使用。

(3) 任意选刀方式，又称为刀具编码方式，刀具的编码直接编在刀柄上，供选刀时识别，而与刀座无关。刀具可以放入刀库中的任一刀座，在换刀时可以把卸下的刀具就近安放。这种方法简化了加工前的刀具准备工作，也减少了选刀失误的可能性，是目前采用较多的一种方式。

刀库选刀方式一般采用就近移动原则，即无论采取哪种选刀方式，在根据程序指令把下一工序要用的刀具移到换刀位置时，都要向距离换刀最近的方向移动，以节省选刀时间。

6.5 数控机床的回转工作台

为了扩大数控机床的工艺范围，提高生产效率，数控机床除了沿坐标轴 X、Y、Z 三个方向的直线进给运动之外，常常还需要有绕 X、Y、Z 轴的圆周进给运动。数控机床的圆周进给运动一般由回转工作台来实现。回转工作台除了用于进行各种圆弧加工与曲面加工外，还可以实现精确地自动分度。对于加工中心，回转工作台已经成为一个不可或缺的部件。

数控机床中常用的回转工作台有分度工作台和数控回转工作台。

6.5.1 分度工作台

分度工作台是按照数控系统的指令，在需要分度时，工作台连同工件按规定的角度回转，有时也可采用手动分度。分度工作台只能够完成分度运动，而不能实现圆周运动，并且它的分度运动只能回转规定的角度(如90°、60°或45°等)。

数控机床中，分度工作台按定位机构不同，分为定位销式和鼠齿盘式。

鼠齿盘式分度工作台结构如图6-27所示，它主要由工作台面底座、夹紧液压缸、分度液压缸和鼠牙盘等零件组成。鼠牙盘是保证分度精度的关键零件，在每个齿盘的端面有相同数目的三角形齿，两个齿盘啮合时就能自动确定周向和径向的相对位置。

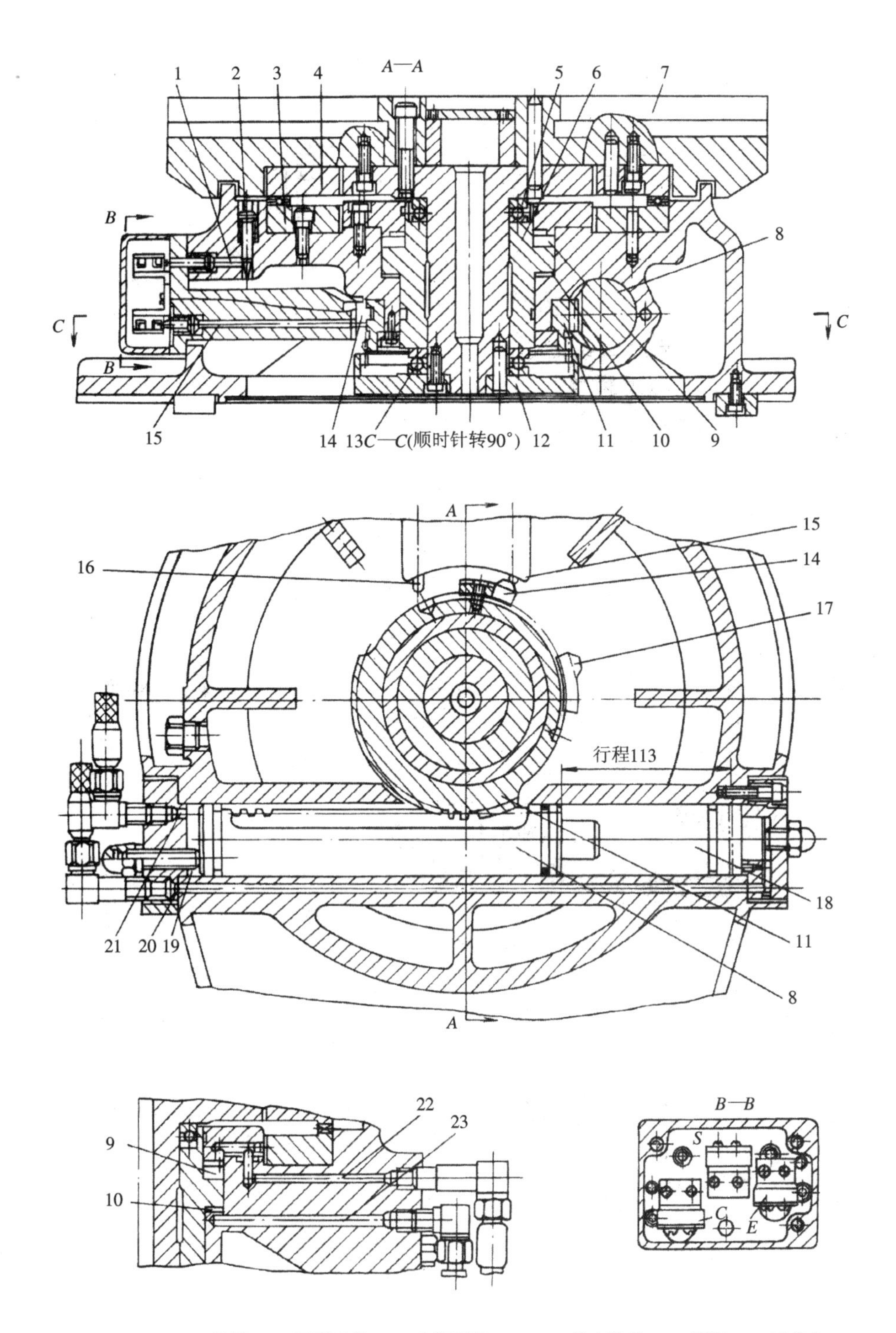

1、2、15、16—推杆；3—下鼠牙盘；4—上鼠牙盘；5、13—推力轴承；6—活塞；7—工作台；8—齿条活塞；9—夹紧液压缸上腔；10—夹紧液压缸下腔；11—齿轮；12—内齿圈；14、17—挡块；18—分度液压缸右腔；19—分度液压缸左腔；20、21—分度液压缸进回油管道 22、23—升降液压缸进回油管道

图 6 - 27　鼠齿盘式分度工作台

(1) 工作台抬起，鼠牙盘脱离啮合。机床需要进行分度时，数控装置发出指令，电磁铁控制液压阀使压力油经孔 23 进入到工作台 7 中央的夹紧液压缸下腔 10，推动活塞 6 向上移动，经推力轴承 5 和 13 将工作台 7 抬起，内齿轮 12 向上套入齿轮 11，上下两个鼠牙盘 4 和 3 脱离啮合，完成分度前的准备工作。

(2) 回转分度。当工作台 7 上升时，推杆 2 在弹簧力的作用下向上移动，使推杆 1 向右移动，微动开关 S_2 复位，使压力油经油孔 21 进入分度油缸左腔 19，推动齿条活塞 8 向右移动，齿轮 11 作逆时针方向转动，与齿轮 11 相啮合的内齿轮 12 转动，分度台也转过相应的角度。回转角度的大小由微动开关和挡块 17 决定，开始回转时，挡块 14 离开推杆 15 使微动开关 S_1 复位，通过电路互锁，始终保持工作台处于上升位置。

(3) 工作台下降，完成定位夹紧。当工作台转到预定位置附近，挡块 17 通过 16 使微动开关 S_3 工作。压力油经油孔 22 进入到压紧液压缸上腔 9，活塞 6 带动工作台 7 下降，上鼠牙盘 4 与下鼠牙盘 3 在新的位置重新啮合并定位压紧。为了保护鼠齿盘齿面不受冲击，液压缸下腔 10 的回油经节流阀可限制工作台的下降速度。

(4) 复位为下次分度做准备。当分度工作台下降时，推杆 2 和 1 启动微动开关 S_2，分度液压缸油腔 18 进压力油，活塞齿条 8 退回，齿轮 11 顺时针转动，挡块 17、14 回到原位，为下次分度做准备。

鼠齿盘式分度工作台具有刚性好、承载能力强、重复定位精度高、分度精度高、能自动定心、结构简单等特点。鼠牙盘制造精度要求高，它分度的度数只能是鼠牙盘齿数的整数倍。这种工作台不仅可与数控机床做成一体，也可作为附件使用，广泛应用于各种加工和测量装置中。

6.5.2 数控回转工作台

为了实现任意角度分度，并在切削过程中能够实现回转，采用了数控回转工作台，主要用于数控镗铣床。从外形上看它与分度工作台没有多大差别，但在内部结构和功能上则有较大的不同。

如图 6-28 所示，数控回转工作台由传动系统、间隙消除装置及蜗轮夹紧装置等组成。它由伺服电动机 1 驱动，经齿轮 2 和 4 带动蜗杆 9、蜗轮 10 使工作台回转。通过调整偏心环 3 来消除齿轮 2 和 4 啮合侧隙。为了消除轴与套的配合间隙，通过楔形拉紧圆柱销 5($A—A$ 剖面)来连接齿轮 4 与蜗杆 9。蜗杆 9 采用螺距渐厚蜗杆，蜗杆齿厚从头到尾逐渐增厚，这种蜗杆的左右两侧具有不同的导程。但因为同一侧的螺距是相同的，所以仍能保持正确的啮合。通过移动蜗杆的轴向位置来调节间隙，实现无间隙传动。

当工作台静止时，必须处于锁紧状态。为此，在蜗轮底部装有八对夹紧块 12 及 13，并在底座上均布着八个小液压缸 14。夹紧液压缸 14 的上腔通入压力油，使活塞向下运动，通过钢球 17 撑开夹紧块 12 及 13，将蜗轮夹紧。当工作台需要回转时，数控系统发出指令，夹紧液压缸 14 上腔的油流回油箱，钢球 17 在弹簧 16 的作用下向上抬起，夹紧块 12 和 13 松开蜗轮，这时蜗轮和回转工作台可按照控制系统的指令作回转运动。

数控回转工作台的导轨面由大型滚珠轴承支撑，并由圆锥滚子轴承及双列圆柱滚子轴承保持回转中心的准确。为消除累积误差，数控回转工作台设有零点，当它作回零运动时首先由安装在蜗轮上的挡块碰撞限位开关，使工作台减速，然后通过感应块和无触点开关

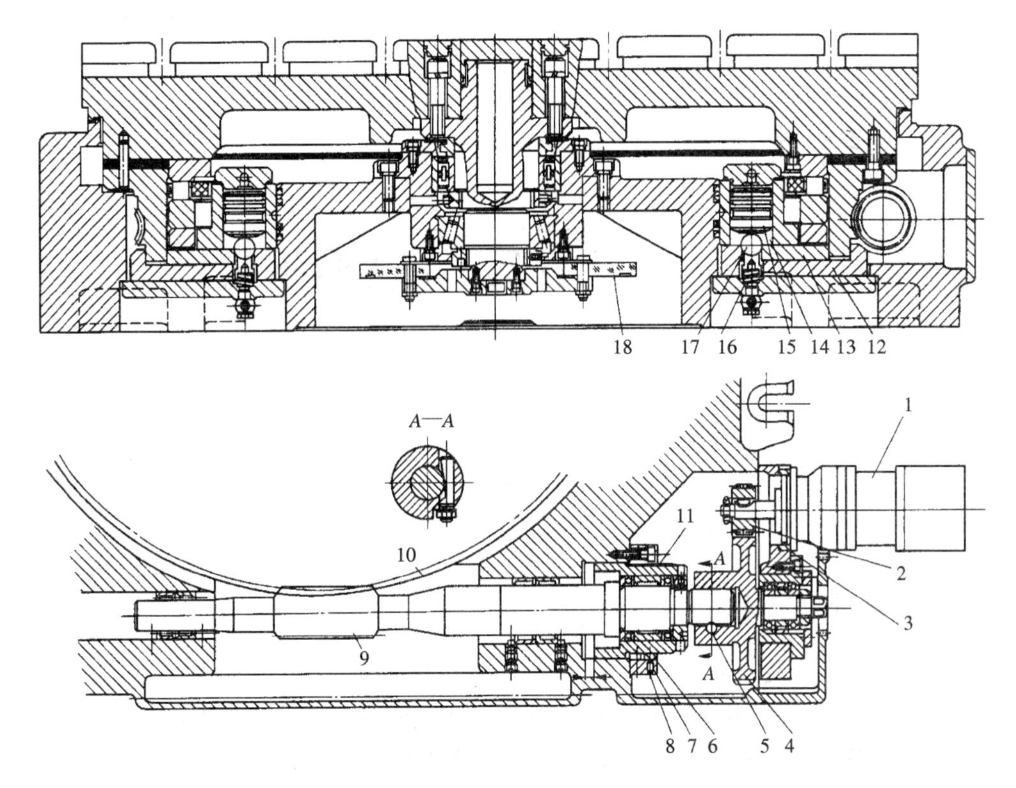

1—电液步进马达；2、4—齿轮；3—偏心环；5—楔形圆柱销；6—压块；7—螺母；8—锁紧螺钉；9—蜗杆；10—蜗轮；11—调整套；12、13—夹紧块；14—夹紧液压缸；15—活塞；16—弹簧；17—钢球；18—光栅

图 6-28　数控回转工作台

的作用使工作台准确停在零点位置上，分度角度位置通常由角度反馈元件圆光栅 18 反馈给数控系统。数控回转工作台可作任意角度的回转和分度，因此能够达到较高的分度精度。

思考与练习题

1. 数控机床对主传动系统有哪些要求？
2. 数控机床的主轴调速方法有哪些？
3. 数控机床对进给传动系统有哪些要求？
4. 数控机床进给系统传动齿轮间隙消除的方法有哪些？各有什么特点？
5. 滚珠丝杠螺母副与普通丝杠螺母副相比有哪些特点？
6. 简述滚珠丝杠螺母副向间隙的调整和预紧方法，常用的结构有哪几种？
7. 数控机床的常用导轨有哪些？各有什么特点？

第 7 章

数控机床的故障诊断

7.1　概　　述

7.1.1　数控机床的故障诊断

数控机床是一个复杂的系统，一台数控机床既有机械装置，又有电气控制部分和软件程序等。由于种种原因，组成数控机床的这些部分不可避免地会发生不同程度、不同类型的故障，导致数控机床不能正常工作。这些原因大致包括：① 机械锈蚀、磨损和损坏；② 元器件老化、损坏和失效；③ 电气元件、插接件接触不良；④ 环境变化，如电流或电压波动、温度变化、液压压力和流量的波动以及油污等；⑤ 随机干扰和噪声；⑥ 软件程序丢失或被破坏。

此外，错误的操作也会引起数控机床不能正常工作。数控机床一旦发生故障，必须及时予以维修，将故障排除。数控机床维修的关键是故障的诊断，即故障源的查找和故障的定位。一般来说，随着故障类型的不同，采用的故障诊断方法也就不同。本章将针对不同类型的数控机床故障，对数控机床故障诊断的一般方法及其原理进行阐述。

7.1.2　数控机床的故障规律

与一般设备相同，数控机床的故障率随时间变化的规律可用图 7-1 所示的浴盆曲线表示。

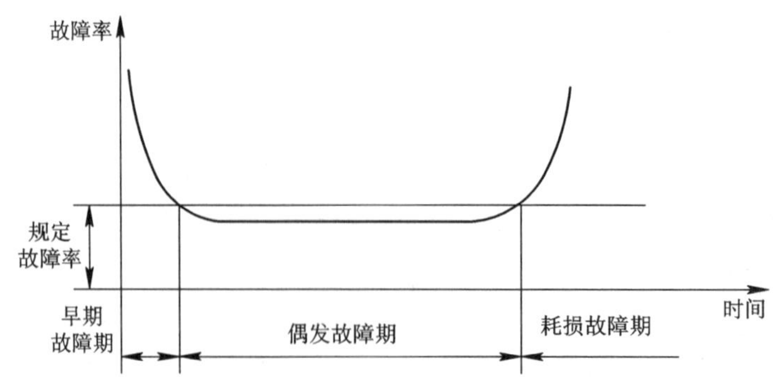

图 7-1　数控机床故障规律浴盆曲线

在整个寿命期内，根据数控机床的故障频度大致分为三个阶段，即早期故障期、偶发故障期和损耗故障期。

1. 故障期

早期故障期的特点是故障发生的频率高，但随着使用时间的增加迅速下降。使用初期之所以故障频繁，原因大致如下：

(1) 机械部分。机床虽然在出厂前进行过运行磨合，但时间较短，而且主要是对主轴和导轨进行磨合。由于零件的加工表面存在着微观的和宏观的几何形状偏差，在完全磨合前，零件的加工表面还比较粗糙，部件的装配可能存在误差，因此，在机床使用初期会产生较大的磨合磨损。

(2) 电气部分。数控机床的控制系统使用了大量的电子元器件，这些元器件虽然在制造厂经过了相当长时间的老化实验和其他方式的筛选，但实际运行时，由于电路的发热、交变负荷、浪涌电流及反电势的冲击，性能较差的某些元器件经不住考验，会因电流冲击或电压击穿而失效，或特性曲线发生变化，从而导致整个系统不能正常工作。

(3) 液压部分。由于出厂后运输及安装阶段时间较长，使得液压系统中某些部位长时间无油，汽缸中润滑油干涸，油雾润滑不可能立即起作用，造成汽缸或油缸可能产生锈蚀。此外，新安装的空气管道若清洗不干净，一些杂质和水分也可能进入系统，从而造成液压气动部分的初期故障。

2. 偶发故障期

数控机床在经历了初期的各种老化、磨合和调整后，开始进入相对稳定的正常运行期。在这个阶段，故障率低且相对稳定，近似常数。偶发故障是由于偶然因素引起的。

3. 损耗故障期

损耗故障期出现在数控机床使用的后期，其特点是故障率随着运行时间的增加而升高。出现这种现象的基本原因是由于数控机床的零部件及电子元器件经过长时间的运行，由于疲劳、磨损、老化等原因，寿命已接近衰竭，从而处于频发故障阶段。

4. 数控机床故障诊断的一般步骤

无论是处于哪一个故障期，数控机床故障诊断的一般步骤都是相同的。当数控机床发生故障时，除非出现危及数控机床或人身安全的紧急情况，一般不要关断电源，要尽可能地保持机床原来的状态，并对出现的一些信号和现象做好记录。故障诊断一般按下列步骤进行：

(1) 详细了解故障情况。例如，当数控机床发生颤振、振动或超调现象时，要弄清楚是发生在全部轴还是某一轴，如果是某一轴，是全程还是某一位置；是一运动就发生还是仅在快速、进给状态某速度、加速或减速的某个状态下发生。为了进一步了解故障，要对数控机床进行初步检查，并着重检查荧光屏上的显示内容、控制柜上的故障显示灯、状态指示灯或报警数码管。当故障情况允许时，最好开机试验，详细观察故障情况。

(2) 根据故障情况进行分析，缩小范围，确定故障源查找的方向和手段。对故障现象进行全面了解后，下一步可根据故障现象分析故障可能存在的位置，即哪一部分出现故障可能导致这种现象。有些故障与其他部分联系较少，容易确定查找的方向，而有些故障原因很多，难以用简单的方法确定出故障源查找方向，这就要仔细阅读有关数控机床的资料，弄清与故障有关的各种因素，确定若干个查找方向，并逐一进行查找。

(3) 由表及里进行故障源查找。故障查找一般是从易到难，从外围到内部逐步进行。所谓难易，包括技术上的复杂程度和拆卸装配方面的难易程度。技术上的复杂程度是指判断其是否有故障存在的难易程度。在故障诊断的过程中，首先应该检查可直接接近或经过简单的拆卸即可进行检查的那些部位，然后检查需要进行大量的拆卸工作之后才能接近和进行检查的那些部位。

7.2　数控机床的故障诊断方法

数控机床是涉及多个应用学科的十分复杂的系统，加之数控系统和机床本身的种类繁多，功能各异，不可能找出一种适合于各种数控机床、各类故障的通用诊断方法。这里仅对一些常用的一般性方法作以介绍，这些方法相互联系，在实际的故障诊断中，对这些方法要综合运用。

1. 根据报警号进行故障诊断

计算机数控系统大都具有很强的自诊断功能。当机床发生故障时，可对整个机床包括数控系统自身进行全面的检查，并将诊断到的故障或错误以报警号或错误代码的形式显示在 CRT 上。

报警号一般包括下列几方面的故障信息：① 程序编制错误或操作错误；② 存储器工作不正常；③ 伺服系统故障；④ 可编程序控制器故障；⑤ 连续故障；⑥ 温度、压力、液位等不正常；⑦ 行程开关状态不正确。

利用报警号进行故障诊断是数控机床故障诊断的主要方法之一。如果机床发生了故障，且有报警号显示在 CRT 上，首先就要根据报警号的内容进行相应的分析与诊断。当然，报警号多数情况下并不能直接指出故障源之所在，而是指出了一种现象，维修人员可以根据所指出的现象进行分析，缩小检查的范围，有目的地进行某个方面的检查。

2. 根据控制系统 LED 灯或数码管的指示进行故障诊断

控制系统的 LED(发光二极管)或数码管指示是另一种自诊断指示方法。如果和故障报警号同时报警，综合二者的报警内容，可更加明确地指出故障的位置。在 CRT 上的报警未出现或 CRT 不亮时，LED 或数码管指示就是唯一的报警内容了。

例如，FANUC10、11 系统的主电路板上有一个七段 LED 数码管，在电源接通后，系统首先进行自检，这时数码管的显示不断改变，最后显示“1”而停止，说明系统正常。如果停止于其他数字或符号上，则说明系统有故障，且每一个符号表示相应的故障内容，维修人员就可根据显示的内容进行相应的检查和处理。

又如，在 SINUMERIK3 系统的 03840 电路板上，有两个监控灯。对于 3T/M 系统左边的灯用于监控，右边灯则无用(常亮)。对于 3TT 系统，左边的灯用于 NC1 的监控，右边的灯则用于 NC2 的监控。

电源接通后监控灯闪亮表示如下故障：

(1) 监控灯以 1 Hz 的频率闪动时，表示 EPROM 有故障。

(2) 监控灯以 2 Hz 的频率闪动时，表示 PC 控制器有故障。

(3) 监控灯以 4 Hz 的频率闪动时，表示 RAM 刷新用电池报警。

电源接通后监控灯常亮，则可能是下列故障之一：

(1) CPU 有故障。

(2) EPROM 有故障。

(3) 机床参数有错误。

(4) 总线系统有故障。

(5) 电路板上有错误的设定码。

(6) 电路板上有硬件故障。

DIALOG4 系统也大量使用 LED 作为状态指示及报警号。在 NC 部分，由 LED 指示灯可以判断各板的工作情况是否正常；在 PC 部分，LED 除作故障指示外，还表示 PC 的输入/输出状态。

3. 根据 PC 状态或梯形图进行故障诊断

现在的数控机床上几乎毫无例外地使用了 PC 控制器，只不过有的与 NC 系统合并起来，统称为 NC 部分。但在大多数数控机床上，二者还是相互独立的，二者通过接口相联系。无论其形式如何，PC 控制器的作用却是相同的，主要进行开关量的管理与控制。控制对象一般是换刀系统，工作台板转换系统，液压、润滑、冷却系统等。这些系统具有大量的开关量测量反馈元件，发生故障的概率较大。特别是在偶发故障期，NC 部分及各电路板的故障较少，上述各部分发生的故障可能会成为主要的诊断维修目标。因此，要熟悉这部分内容，首先要熟悉各测量反馈元件的位置、作用及发生故障时的现象与后果。同时，对 PC 控制器本身也要有所了解，特别是梯形图或逻辑图要尽量弄明白。一旦发生故障，可帮助用户从更深的层次认识故障的实质。

PC 控制器的输入/输出状态的确定方法是每一个维修人员所必须掌握的。因为当进行故障诊断时，经常需要确定一个传感元件是什么状态以及 PC 的某个输出是什么状态。用传统的方法进行测量非常麻烦，甚至难以做到。一般数控机床都能从 CRT 上或 LED 指示灯上非常方便地确定其输入/输出状态。

例如，DIALOG4 系统是用 PC 控制器的输入/输出板上的 LED 指示灯表示其输入/输出状态的。灯亮为“1”，灯熄为“0”，可十分方便地确定出 PC 控制器的输入/输出状态。

4. 根据机床参数进行故障诊断

机床参数也称为机床常数，是通用的数控系统与具体的机床相匹配时所确定的一组数据，它实际上是 NC 程序中未定的数据或可选择的方式。机床参数通常存储于 RAM 中，由厂家根据所配机床的具体情况进行设定，部分参数还要通过调试来确定。机床参数大都随机床以参数表或参数纸带的形式提供给用户。

由于某种原因，如误操作、参数纸带不良等，存储于 RAM 中的机床参数可能发生改变甚至丢失而引起机床故障。在维修过程中，有时也要利用某些机床参数对机床进行调整，还有的参数需要根据机床的运行状况及状态进行必要的修正。因此维修人员对机床参数应尽可能的熟悉，理解其含义，只有在理解的基础上才能很好地利用它，才能正确地进行修正而不致产生错误。

机床参数的内容广泛。如 FANUC10、11、12 系统的机床参数按功能分为以下 26 大类：

(1) 与设定有关的参数。

(2) 定时器。

(3) 与轴控制有关的参数。

(4) 与坐标系有关的参数。

(5) 与进给速度有关的参数。

(6) 与加速/减速有关的参数。

(7) 与伺服有关的参数。

(8) 与 DI/DO(数据输入/输出)有关的参数。

(9) 与 CRT/MDI 及编辑有关的参数。

(10) 与程序有关的参数。

(11) 与 I/O 接口有关的参数。

(12) 与行程极限有关的参数。

(13) 与螺距误差补偿有关的参数。

(14) 与倾斜角补偿有关的参数。

(15) 与平直度补偿有关的参数。

(16) 与主轴控制有关的参数。

(17) 与刀具偏移有关的参数。

(18) 与固定循环有关的参数。

(19) 与缩放及坐标旋转有关的参数。

(20) 与自动拐角倍率有关的参数。

(21) 与单方向定位有关的参数。

(22) 与用户宏程序有关的参数。

(23) 与跳步信号输入功能有关的参数。

(24) 与刀具自动偏移及刀具长度自动测量有关的参数。

(25) 与刀具寿命管理有关的参数。

(26) 与维修有关的参数。

5. 用诊断程序进行故障诊断

绝大部分数控机床都有诊断程序。所谓诊断程序，就是对数控机床各部分包括数控系统本身进行状态或故障检测的软件，当数控机床发生故障时，可利用该程序诊断出故障源所在的范围或具体位置。

诊断程序一般分为三套，即启动诊断、在线诊断(或称后台诊断)和离线诊断。启动诊断是指从每次通电开始到进入正常的运行准备状态为止，CNC 内部诊断程序自动执行的诊断，一般情况下数秒之内即告完成，其目的是确认系统的主要硬件可否正常工作。主要检查的硬件包括 CPU、存储器、I/O 单元等印刷板或模块，以及 CRT/MDI 单元、阅读机、软盘单元等装置或外设。若被检测内容正常，则 CRT 显示表明系统已进入正常运行的基本画面(一般是位置显示画面)；否则，将显示报警信息。在线诊断是指在系统通过启动诊断进入运行状态后由内部诊断程序对 CNC 及与之相连接的外设、各伺服单元和伺服电机等进行的自动检测和诊断。只要系统不断电，在线诊断也就不会停止，在线诊断的诊断范围大，显示信息的内容也很多。一台带有刀库和台板转换的加工中心报警内容有五六百条。本节前面所介绍的报警号及LED指示灯就是启动诊断和在线诊断的内容显示。离线诊断是利用专用的检测诊断程序进行的，旨在最终查明故障原因，精确确定故障部位的高层次诊断，离线诊断的程序存储及使用方法一般不同。如美国A-B公司的8200系统在做离线诊断检查时才把专用的诊断程序读入CNC中作运行检查。而Cincinnati Acramatic850和950则将这些诊断程序与CNC控制程序一同存入CNC中，维修人员可以随意使用键盘调用这些程序并使之运行，在CRT上观察诊断结果。

例如，西德MAHO公司的CNC432数控系统离线诊断专用程序内容包括以下几项：

(1) VIDEO MOD/CRT，用来诊断显示单元的工作状态。

(2) CONTROL PANEL，用来检查控制面板上各个键及旋钮功能是否正常。

(3) PROC MOD INT，用来检查CPU插件内部各电路的功能。

(4) PROC MOD V24，用来检查CPU插件的V24接口电路的功能。

(5) PROC MOD RAM，用来检查CPU插件中RAM的功能是否正常。

(6) MEMORY MOD，用来检查存储器插件功能是否正常。

(7) DIVER MOD1，用来检查X、Y轴伺服电机的插件功能。

(8) DIVER MOD2，用来检查Z、B轴伺服电机的插件功能。

(9) DIVER MOD3，用来检查主轴伺服电机的插件功能。

(10) I/O MOD1，用来检查输入/输出插件功能。

(11) I/O MOD2，用来检查附加输入/输出插件功能。

(12) SERVICE ONLY1，只能由受过专门训练的维修专家进行调用。

在上述的12个诊断程序当中，厂方规定：(1)～(4)可由操作人员进行调试和执行；程序(5)～(11)必须由专业维修人员来调用；而程序(12)只能由受过专门训练的维修专家进行调用和执行；否则，可能给机床和系统造成严重故障。

上述诊断程序的调用和执行并不复杂，首先接通控制系统电源，并按下MANUAL键，再将控制柜内的一个转换开关由“0”打到“1”的位置，即将整个控制系统从工作状态变为诊断状态。按下MENU键，控制系统主菜单即显示在CRT上。将光标移到DIAGNOSTIC项上，按下ENTER键，CRT上即出现12个诊断程序的名称，以供选择。用光标确定要进行诊断的项目，按规定的方法进行诊断运行即可，这里不做详细介绍。

离线诊断是数控机床故障诊断的一个非常重要的手段，它能够较准确地诊断出故障源的具体位置，而许多故障靠传统的方法是不易进行诊断的。需要注意的是，有些厂商不向用户提供离线诊断程序，有些则作为选择订货内容。在机床的考察、订货时要注意这一点。

随着科学技术的发展及CNC技术的成熟与完善，更高层次的诊断技术已经出现。其中最引人注意的是“自修复”、“专家诊断系统”和“通信诊断系统”。这些新技术的发展与应用，无疑会给数控维修特别是故障诊断提供更有效的方法与手段。

6. 其他诊断方法

1) 经验法

虽然数控系统都有一定的自诊断能力，但仅靠这些有时还是不能全部解决问题。自诊断所提供的信息往往并不能确切地指出故障源的具体位置，仅指出一个范围甚至有些故障自诊断无法进行识别。部分数控系统自诊断能力较差，能够进行诊断的范围有限。这就要求维修人员根据自己的知识和经验，对故障进行更深入、更具体的诊断。

在对数控系统和机床组成有了充分的了解之后，根据故障现象大都可以判断出故障诊断的方向。一般说来，驱动系统故障首先检查反馈系统、伺服电机本身、伺服驱动板及指令电压，如测速反馈环、位置反馈环、指令增益、检测倍率和漂移补偿等；自动换刀不能执行则应首先检查换刀基准点的到位情况，液压气压是否正常，有关限位开关的动作是否正常等。

知识和经验要靠平时的学习与维修实践的总结和积累，并无捷径可走，而这些又是数控机床维修必不可少的。因此，维修人员平时应抓紧业务技术学习，提高知识和实践水平。特别是要充分熟悉机床资料，不放过任何有价值的内容。故障排除之后，要总结经验，尽量将故障原因和处理方法分析清楚，并做好记录，这样，维修水平就会很快得到提高。

2）换板法

当经过努力仍不能确定故障源在哪块线路板时，采用换板法是行之有效的。具体说来，就是将怀疑目标用备用板进行更换，或用机床上相同的板进行互换。然后启动机床，观察故障现象是否消失或转移，以确定故障的具体位置。如果故障现象仍然存在，说明故障与所更换的电路板无关，而在其他部位；如果故障消失或转移，则说明更换之板是故障板。

换板之前要认定：

(1) 故障在该板的可能性最大，用其他方法又难以确定其好坏，做到有的放矢，而不能盲目换板。

(2) 该板的输入/输出是正常的，至少要确认电源正常，负载不短路，若将旧板拔下，不经检查和判断就轻易地换上新板，有可能造成新板损坏。

换板时还应注意：

(1) 除非是对系统十分了解，并有相当的把握，否则不要轻易更换 CPU 板及存储器板，这样有可能造成程序和机床参数的丢失，从而扩大故障。

(2) 若是 EPROM 板或板上有 EPROM 芯片，请注意存储器芯片上贴的软件版本标签是否与原板的完全一致；若不一致，则不能更换。

(3) 有些板是通用的，要根据机床的具体情况及使用位置进行设定。因此要注意板上拨动开关的位置是否与原板一致，短路线的设置是否与原板的相同。

总之，换板法一般是行之有效的，是一种常用的故障诊断方法，但要小心谨慎进行，否则，不但可能达不到预期的目的，而且使故障诊断复杂化，甚至可能损坏备件板或引起更严重的后果。

7.3 人工智能在故障诊断中的应用

7.3.1 专家系统的一般概念

一般认为，专家系统是一个或一组能在某些特定领域内，应用大量的专家知识和推理方法求解复杂问题的一种人工智能计算机程序。一般专家系统如图 7-2 所示。

专家系统主要包括两大部分，即知识库和推理机。其中，知识库中存放着求解问题所需

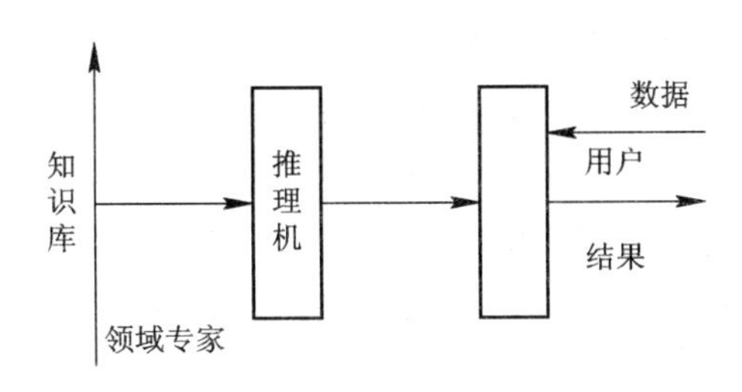

图 7-2　专家系统的基本结构

的知识，推理机负责使用知识库中的知识去解决实际问题。知识库的建造需要知识工程师和领域专家相互合作把领域专家头脑中的知识整理出来，并用系统和知识方法存放在知识库中。当解决问题时，用户为系统提供一些已知数据，并可从系统处获得专家水平的结论。

由此可见，专家系统具有相当数量的权威性知识，能够采取一定的策略，运用专家知识进行推理，解决人们在通常条件下难以解决的问题。它克服了专家缺少，其知识难于永久保存以及专家在解决问题时易受心理、环境等因素影响而使临场发挥不好等缺点。因此，专家系统自从问世以来，发展非常迅速，目前专家系统已经成为人工智能应用最活跃和最成功的领域。经过 20 多年的努力，其应用范畴已遍及各个领域，如疾病诊断、探矿、设计、制造、自动控制、生产过程监视，取得了极大的经济效益，并获得了许多新的发展。

尽管专家系统如此卓有成效地应用于许多领域，但仍处于发展之中，面临着许多问题和困难。目前，主要存在以下几个问题：

(1) 知识获取困难，特别是经验性知识(启发性知识)更难获取。知识获取是专家系统的"瓶颈"，专家在几十年工作成功与失败中，获得了许多宝贵经验。专家凭借这种本领，再加上书本知识，在实践中就可很快地，有时甚至是习惯性地解决一些难题，而要让他们详细地描述解题过程中的思维方法、过程、步骤，并系统地阐述他们这样做的原因，然后再把这些都符号化，这是一件非常困难的事，有时需要很长的时间和很高的代价。

(2) 对人的形象思维难以模拟。一般情况下，专家系统只能模拟人的逻辑思维过程，而对形象的模拟却无能为力。但是，专家在解决问题时，形象思维往往起很大的作用。

(3) 知识领域狭窄。大多数专家系统一般只知道该领域的知识，而对其他领域的知识几乎一无所知。这就导致了在处理接近领域边缘问题时其性能急剧下降，主要原因是软件技术水平的限制。目前，知识表示和处理技术还不完善，每种知识表示方法只适用于某些领域，缺乏一种通用的知识表示方法与处理技术。

7.3.2　数控机床故障诊断的专家系统

从数控机床故障诊断的内容来看，故障诊断专家系统具体可以用于以下三个方面。

(1) 故障监测。当系统主要功能指标偏离了期望的目标范围时，就认为系统发生了故障。该阶段的目的在于监测系统主要功能指标。当主要功能发生异常时检测出来，并按其程度分别给出早期报警、紧急报警，乃至强迫系统停机等处置。

(2) 故障分析，又叫故障分离或状态分析。根据检测到的信息和其他补充测试的辅助信息寻找出故障源。对于不同的要求，故障源可以是零件、部件，甚至是子系统。然后根据这些信息就故障对系统性能指标的影响程度做出估计，综合给出故障等级。

(3) 决策处理，有两个方面的内容。一方面当系统出现与故障有关的征兆时，通过综合分析，对设备状态的发展趋势做出预测；另一方面当系统出现故障时，根据故障等级的评价，对系统做出修改操作和控制或者停机维修的决定。

一个完整的故障诊断专家系统由下面几部分组成。

(1) 数据库。它用于存放监测系统状态的、便于测量的也是必要的测量数据；用于实时监测系统工作正常与否。对于离线分析，数据库可根据推理需要，人为输入。

(2) 知识库。它可以定义为便于使用和管理的形式组织起来的、用于问题求解的知识的集合。通常知识库具有两方面的知识内容：一方面是针对具体的系统而言的，包括系统的结构，系统经常出现故障现象，每个故障现象都是由哪些原因引起的，各种原因引起该故障现象可能性大小的经验数据，判断每一故障是否发生的一些充分及必要条件等；另一方面是针对系统中一般的设备仪器故障诊断的专家经验，内容与前面相仿。基于这两方面的内容，知识库还包含系统规则，这些规则大多是关于具体系统或通用设备有关因果关系的逻辑法则。所以，真实地反映对象系统的知识库建立是专家系统进行快速有效的故障诊断的前提。知识库是专家系统的核心内容。知识库内容，如故障现象对应关系规则的建立，有些在理论上是严格的，有些取决于该领域专家的经验。

(3) 知识库的管理。建立和维护知识库，并能根据运行的中间结果及知识获取程序结果及时修改和增删知识库，对知识库进行一致性检验。

(4) 人机接口系统。可将系统运行过程中、系统出现故障后观察到的现象或系统进行调整或变化后的信息输入到知识库获取模块，或将新的经验输入，以实时调整知识库。还可通过人机接口启动解释系统工作。

(5) 推理机制。在数据库和知识库的基础上，综合运用各种规则，通过一系列推理尽快寻找故障源。

(6) 解释系统。可以解释各种诊断结果的推理实现过程，并能解释索取各种信息的必要性等。解释系统是专家系统区别于系统方法的显著特征，它能把程序设计者的思想及专家的推理思想显示给用户。

(7) 控制部分。使用各部分功能块协调工作，在时序上进行安排和控制。

对于在线实时诊断系统，数据库的内容是实时检测到的目前系统的工作数据。对于离线诊断，数据库的内容既可以是保存的故障发生时检测到的数据，也可以是人为检测的一些特征数据。人机接口系统可为知识库提供系统实时运行时或发生故障时观察到的一些事实现象。专家系统诊断程序在知识库和数据库的基础上，通过推理机制，综合利用各种规则，必要时还可调用各种应用程序，并在运行时向用户索取必要的信息，可尽快地直接找出最后故障，或最有可能的故障，再由人确定最后的故障。

7.3.3 人工神经元网络在故障诊断中的应用

1. 人工神经元网络原理

人工神经元网络(简称神经网络)是人们在对人脑思维研究的基础上，用数学方法将其简化、抽象并模拟，能反映人脑基本功能特性的一种并行分布处理连接网络模型。神经元网络处理信息的思想方法同传统的冯·诺依曼计算机所用的思维方法是完全不同的。它的存储方式不同，即一个信息不是放在一个地方，而是分布在不同的位置。网络的某一地方也不止存储一个信息，它的信息是分布存储的。这种存储方式决定了神经元网络中的每一个神经元都是一个信息处理单元，它可根据接收到的信息独立运算，然后把结果传输出去，这是一个并行处理。神经元做运算的规则通常是根据物理学、神经生物学、心理学的定理或规则。

神经元网络的这种信息存储和处理方式还有这样的优点，即网络能够通过不完整的或模糊的信息，联想起一个完整、清晰的图像来。这样，即使网络某一部分受到破坏，仍能恢复原来信息。这就是说网络具有联想记忆功能。

神经元之间的连接强度通常称为权，这种权可以事先定出，也可以不断改变。它可以为适应周围环境而不断变化，这种过程称为神经元的学习过程。这种学习可以是有教师的学习，也可以是无教师的学习。神经元网络的这种自学习方法与传统的以符号处理为基础的人工智能的、要求人告诉机器每步行动的方法是完全不同的。

设计一个人工神经元网络，只要给出神经元网络的拓扑结构，即神经元之间的连接方式及网络的神经元个数，神经元的权值可以给定或者给出学习规则由神经元网络自己确定，再给出神经元的运算规则。这样便建成一个神经网络，它可以用来进行信息处理。

用神经元网络建立专家系统，不需要组织大量的产生式规则，机器可以自组织、自学习。这对用传统的方法建立专家系统最感困难的知识获取问题，是一种新的有效解决途径。

下面对人工神经元网络的结构及其工作原理作一简单介绍。

神经元是人工神经元网络的基本处理单元，它一般是一个多输入/单输出的非线性器件，其结构模型如图 7 - 3 所示。

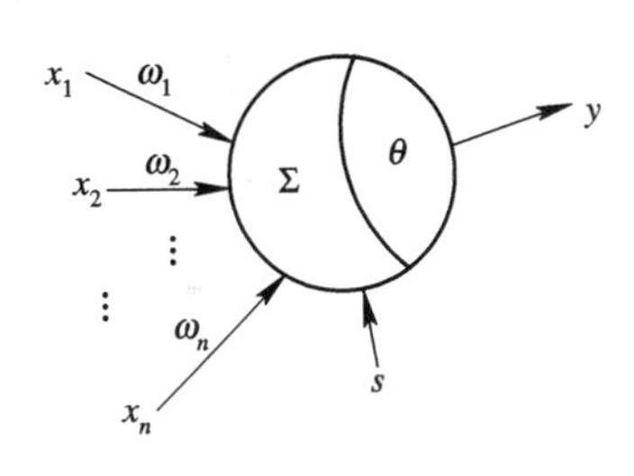

图 7 - 3　神经元结构模型

图 7 - 3 中，$\{x_1, x_2, \cdots, x_n\}^T$ 为输入矢量；y 为输出；$\{\omega_1, \omega_2, \cdots, \omega_n\}^T$表示输入到输出的连接权值；$\theta$ 为阈值；s 为外部输入。一般输入与输出之间的关系可表示为 $y=f(\sigma)$，$\sigma = \sum_{i=1}^{n} \omega_i x_i + \theta$。$f(\sigma)$为一激发函数，它通常取下列三种形式。

（1）值型，即 f 为一阶函数，如图 7 - 4(a)所示，其表达式为

$$f(\sigma) = \begin{cases} 1 & (\sigma > 0) \\ 0 & (\sigma < 0) \end{cases}$$

这也是最早提出的二值离散型神经元模型。

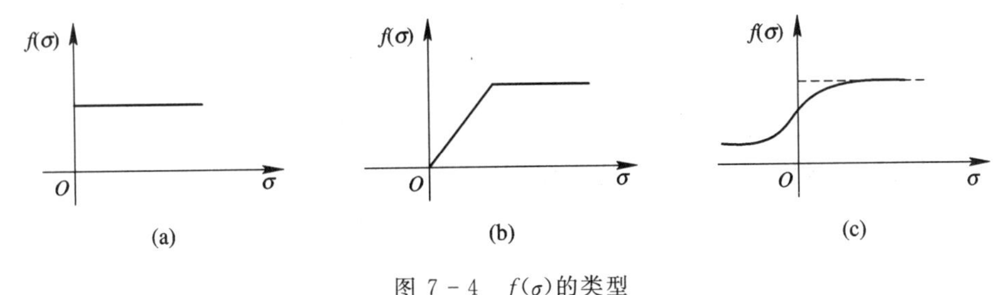

图 7 - 4　$f(\sigma)$的类型

(a) 值型；(b) 段线性型；(c) S 状

（2）段线性型，如图 7 - 4(b)所示。

(3) S状。这种激发函数一般取连续值，常用对数或正切等S状曲线。如最常用的也叫 $f(\sigma)=\left\{\frac{1}{1+e^{-\sigma}}\right.$ Sigmoid函数，这类曲线反映了神经元的饱和特性，如图7-4(c)所示。

一个神经网络是由多个神经元相互连接而成的，它们的连接有以下四种形式(见图7-5)。

(1) 不含反馈的前向网络。如图7-5(a)所示，神经元分层排列，由输入层、隐层(中间层)和输出层组成。每一层的神经元只接受前一层的输入，输入模式经过各层的顺序变换后，得到输出层的输出，其中隐层可以是多层。

(2) 有反馈的前向网络。如图7-5(b)所示，这种神经网络可以将输出层直接反馈到输入层。

(3) 层内相互结合的前向网络。如图7-5(c)所示，同一层内的神经元之间的相互制约，以实现同一层内的横向控制。

(4) 层内相互结合型网络。如图7-5(d)所示，这种网络在任意两个神经元之间都可以互连。输入信号经过这种网络时，要经过多次往返传递，网络经过若干次变化才能达到某种平衡状态。

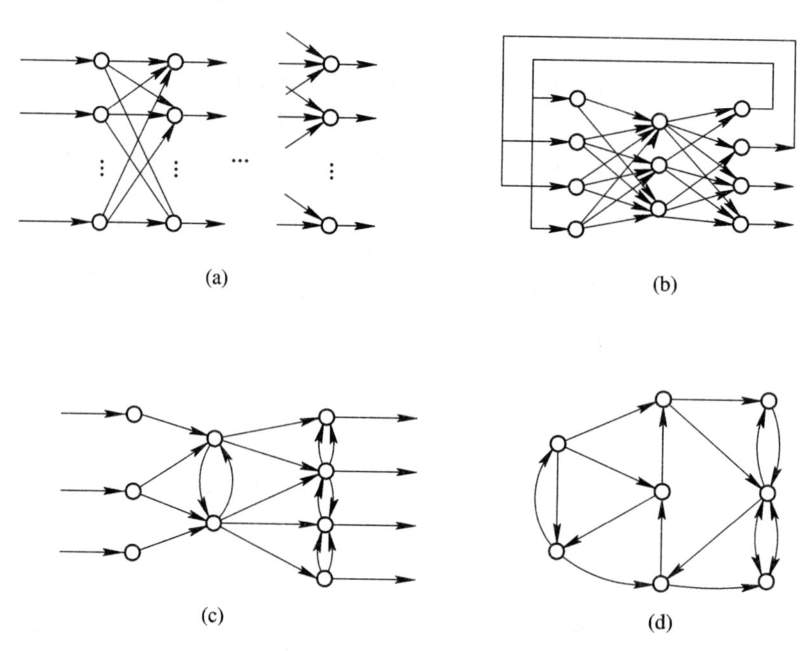

图7-5　神经网络的连接形式

(a) 不含反馈的前向网络；(b) 有反馈的前向网络；

(c) 层内相互结合的前向网络；(d) 层内相互结合型网络

神经网络的工作过程是这样的，给 N 组训练样本 $\{X_k, Y_k\}$，其中 $X=\{x_1, x_2, \cdots, x_m\}^{\mathrm{T}}$，$Y=\{y_1, y_2, \cdots, y_m\}^{\mathrm{T}}$，$k=1, 2, \cdots, N$，并给初始权值 W，网络按照

$$Y_i = f\left(\sum_{i=1}^{n}\omega_{ij} x_{ij} + \theta_j\right)$$

从输入经隐层到输出逐层计算，最后计算出网络的输出 $Y=\{y_1, y_2, \cdots, y_m\}$，然后网络再

按照一定的算法修正权系数 W，使实际输出 Y 与期望输出 Y 之间的误差满足要求的值。给网络足够的训练样本，经过训练后，神经网络就建立起来了。以后再给网络新的输入信号，网络就会求出输出结果。我们将网络修正权值 W 的过程叫做网络的学习，学习的目的是使网络的实际输出更接近期望输出。学习的算法也有多种，一般常用的有相关的规则(常用 Hebb 规则)、纠错规则(δ 规则)和无教师学习三种学习规则。

神经网络中，虽然各种神经元的结构相同，但激发函数 $f(\sigma)$ 、网络互连形式以及学习规则的不同都导致了神经网络在种类上有很大的差异，因此至今已有 30 余种神经网络模型。典型的有 Hopfield 模型(HNN)、MP 模型、BP 模型(反向传播算法)、AM 模型(联想记忆)和 ART 模型(自适应共振理论)等。

2. 神经元网络用于数控机床的故障诊断

采用神经元网络进行数控机床故障诊断的原理：将数控机床的故障症状作为神经元网络的输入，将查得的故障原因作为神经元网络的输出，对神经元网络进行训练。神经元网络经过学习将得到的知识以分布的方式隐式地存储在各个网络上，其每个输出对应一个故障原因。当数控机床出现故障时，将故障现象或数控机床的症状输入到该故障诊断神经元网络中，神经元网络通过并行、分布计算，便可将诊断结果通过神经元网络的输出端输出。由于神经元网络具有联想、容错、记忆、自适应、自学习和处理复杂多模式故障的优点，因此非常适用于诊断像数控机床故障等情况，它是数控机床故障诊断新的发展途径。

将神经元网络和专家系统结合起来，发挥两者各自的优点，则更有助于数控机床的故障诊断工作的开展。

思考与练习题

1. 简述数控机床的故障规律曲线为什么会是如图 7-1 所示的那样。
2. 简述数控机床故障诊断的一般步骤。
3. 数控机床故障诊断的一般方法有哪些?
4. 采用换板法进行数控机床故障诊断时应注意什么问题?
5. 数控机床故障诊断专家系统的基本组成包括哪些部分?
6. 简述人工神经网络的工作原理。

参 考 文 献

[1] 王润孝，秦现生．机床数控原理与系统[M]．西安：西北工业大学出版社，1997.

[2] 王洪．数控加工程序编制[M]．北京：机械工业出版社，2003.

[3] 李善术．数控机床及其应用[M]．北京：机械工业出版社，2001.

[4] 马立克，张丽华．数控编程与加工技术[M]．大连：大连理工大学出版社，2004.

[5] 王平．数控机床与编程实用教程[M]．北京：化学工业出版社，2004.

[6] 王永章，等．数控技术[M]．北京：高等教育出版社，2001.

[7] 郑晓峰．数控技术及应用[M]．北京：机械工业出版社，2004.

[8] 何玉安．数控技术及应用[M]．北京：机械工业出版社，2004.

[9] 陈富安．数控机床原理与编程[M]．西安：西安电子科技大学出版社，2004.

[10] 晏初宏．数控机床[M]．北京：机械工业出版社，2002.

[11] 王维．数控加工工艺及编程[M]．北京：机械工业出版社，2004.

[12] 彭晓南．数控技术[M]．北京：机械工业出版社，2001.

[13] 全国数控培训网络天津分中心主编．数控原理[M]．北京：机械工业出版社，2000.